U0918978

普通高等教育"十二五"工程训练系列规划教材

金工实习核心能力训练项目集

主　编　高　琪
副主编　张　飞　高　鸣
参　编　陆　斌　祖英利　万金贵　李　颖
主　审　瞿志豪

机 械 工 业 出 版 社

本书是配合金工实习教学要求而编写的。全书共分10个模块，分别是钳工基本技能训练、车工基本技能训练、铣工基本技能训练、刨工基本技能训练、磨工基本技能训练、砂型铸造基本技能训练、锻压基本技能训练、焊条电弧焊基本技能训练、热处理基本技能训练以及数控加工基本技能训练，本书编写的指导思想是以岗位技术与技能培训为基础，以提高学生实践动手能力为主线，各模块的组织以突出针对性、典型性和实用性为原则，为学生毕业后求职打下良好基础。

本书适用于普通高等院校机类、近机类以及非机类各专业的金工实习教学和实习指导，也可供工程技术人员参考使用。

图书在版编目（CIP）数据

金工实习核心能力训练项目集/高琪主编．—北京：机械工业出版社，2012.3（2017.1重印）

普通高等教育“十二五”工程训练系列规划教材

ISBN 978-7-111-37868-6

Ⅰ.①金…　Ⅱ.①高…　Ⅲ.①金属加工－实习－高等学校－教学参考资料　Ⅳ.①TG-45

中国版本图书馆CIP数据核字（2012）第055751号

机械工业出版社（北京市百万庄大街22号　邮政编码100037）
策划编辑：丁昕祯　责任编辑：丁昕祯　余　皞
版式设计：霍永明　责任校对：张　媛
封面设计：张　静　责任印制：常天培
北京机工印刷厂印刷（三河市南杨庄国丰装订厂装订）
2017年1月第1版第5次印刷
184mm×260mm·11印张·267千字
标准书号：ISBN 978-7-111-37868-6
定价：23.00元

前　言

本书是配合金工实习教学要求而编写的。全书共分10个模块，分别是钳工基本技能训练、车工基本技能训练、铣工基本技能训练、刨工基本技能训练、磨工基本技能训练、砂型铸造基本技能训练、锻压基本技能训练、焊条电弧焊基本技能训练、热处理基本技能训练以及数控加工基本技能训练。

本书本着“通俗、实用、可操作”的编写原则，重点列举了常用的机械加工工艺以及热加工现场典型零件的操作方法和加工全过程，根据各实习工种基本能力的需求统筹材料，将各工种以模块的形式划分；每个模块内设若干个实习项目，按照由易到难的顺序递进；每个项目组织内容包括训练目的、实习作业件、重难点分析、工艺卡、容易产生的问题与注意事项、评分表。特别要提出的是，为了加强学生的安全意识，在每个模块前都加有安全文明生产知识以及各工种的伤害、安全隐患及操作规范。另外，每个项目后还附有实习训练件，以便于实习教学。

本书编写有以下特点：

1）内容图文并茂，形象直观，文字简明扼要，通俗易懂，尽量淡化理论知识，凸现实习的特点。

2）让学生在项目的引领下，由浅入深地逐步掌握机械加工的基本操作技能及相关的工艺知识，避免理论教学与实践脱节。

3）项目训练的内容，力求具有针对性、典型性和实用性，有效地把实习中的基础知识与操作技能进行融合。

4）注重基本技能的培养，让学生在金工实习的教学过程中，掌握完成简单生产任务的技能，并能独立分析和解决生产现场的一般问题。

5）通过对各工种伤害、安全隐患及操作规范的描述，有利于加强学生实习的安全意识。

本书由上海第二工业大学与上海应用技术学院共同编写，参与编写的教师及分工为：高琪（模块一、模块八）；张飞（模块六、模块十）；陆斌（模块三）；高鸣（模块二）；祖英利（模块四、模块五）；万金贵（模块七）；李颖（模块九）。

本书由高琪担任主编，并负责全书统稿，由上海第二工业大学瞿志豪副校长担任主审。在编写的过程中，还得到了曹锋、陆翔宇、张宏根技师和李蓓华老师的大力帮助，在此一并深表谢意。

由于编者的水平和经验有限，书中可能会存在一些不妥之处，恳请同行和读者批评指正。

编　者

目　录

模块一　钳工基本技能训练

内容一　实习安全

一、钳工伤害、安全隐患及操作规范（表1-1）

表1-1　钳工伤害、安全隐患及操作规范

序号	伤害	安全隐患	操作规范
1	绞伤	头发、衣物等卷入旋转的钻头	禁止穿宽松的衣服、长发必须用标准的安全帽保护起来，身体远离钻床的旋转部件；在起动钻床前，要脱下领带、手表和手镯，操作钻床时严禁戴手套
2	砸伤	工具、工件、錾削时的切屑、拆装的零部件等易掉落	对使用的工具应进行检查、工具要按要求正确摆放、工件应该装夹牢固、注意控制切屑的飞溅方向
3	铁屑进入眼睛	细小铁屑易乱飞	切屑用刷子清扫、不要用嘴吹，使用砂轮机时必须戴好防护眼镜
4	划伤	工件毛刺、钻头刃、长条铁屑易划伤	正确清理毛刺，用锉刀或去毛刺工具去除毛刺；长条铁屑用钩子钩断后，用毛刷清除，不要用手清除或拉断铁屑
5	触电	清洁钻床、加注润滑油时触电	清洁钻床或加注润滑油时，必须切断电源

二、钳工安全文明生产知识

（一）钳工技术安全操作规程

1）实习时必须穿戴劳保用品，按指定的工作位置进行实习。

2）钳台要安装安全网，錾削时要戴防护眼镜，防止碎屑飞出伤人。

3）在使用工具时，发现工具已损坏或有其他故障时，要停止使用，及时报告指导老师修理或更换。

4）锉、锯、钻等工作产生的切屑及铁渣清除时要用刷子。不得用嘴吹铁屑，防止铁屑飞入眼睛；也不得用手去清除铁屑，以防止手扎入铁刺。

5）锯削时，锯条松紧要适当，防止锯条折断弹出伤人，被锯削下的部分要防止跌落砸在脚上。

6）使用钻床时，要严格遵守有关安全操作规程。严禁戴手套操作，不准多人操作。操作结束后，及时关闭开关，切断电源。

7）使用砂轮机时必须戴好防护眼镜，磨削时不能用力过猛，以免出现伤害事故。

8）錾子、手锤子头部和锤子柄部都不应沾油，防止滑出伤人。

9）实习场地要保持清洁，养成文明生产实习的习惯。

10）实习结束后要全面清扫实习场地，并整理好自己使用的工具、材料等。

（二）钳工技能的学习方法与要求

1. 工具和量具的摆放

工作时，钳工工具一般都放置在台虎钳的右侧，量具放置在台虎钳的正前方。如图1-1所示。

要求：①工具均平行摆放，并留有一定间隙；②工作时，量具均平放在量具盒上；③若量具数量多时，可放在台虎钳的左侧。

注意：①工具、量具不得混放；②摆放时，工具的柄部均不得超出钳工台面，以免被碰落砸伤人员或损坏工具；③工具、量具要放在规定的部位，使用时要轻拿轻放，用完后要擦拭干净，做到文明生产。

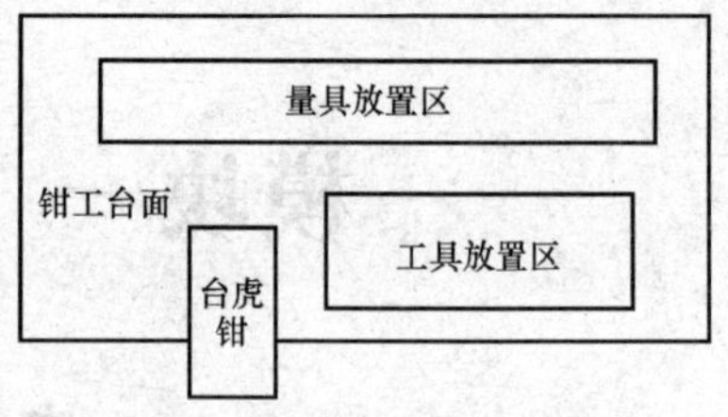

图 1-1　工具和量具摆放示意图

2. 学习方法

钳工基本操作项目较多，各项技能的学习、掌握都具有一定的依赖性，因此要求学生必须循序渐进、由易到难、由简单到复杂、一步一步地严格按照每个项目要求进行操作、学习，不能偏废任何一方面；还要自觉遵守纪律，有吃苦耐劳的精神，只有这样才能很好地完成基本训练。

内容二　项 目 实 例

项目一　制作錾口锤头

一、训练目的

1） 通过本项目训练掌握划线、锯削、锉削、钻孔等钳工基本操作技能。

2） 熟悉钳工常用工具、量具的使用方法。

3） 练习锉削凹凸圆弧等操作技能。

二、作业件

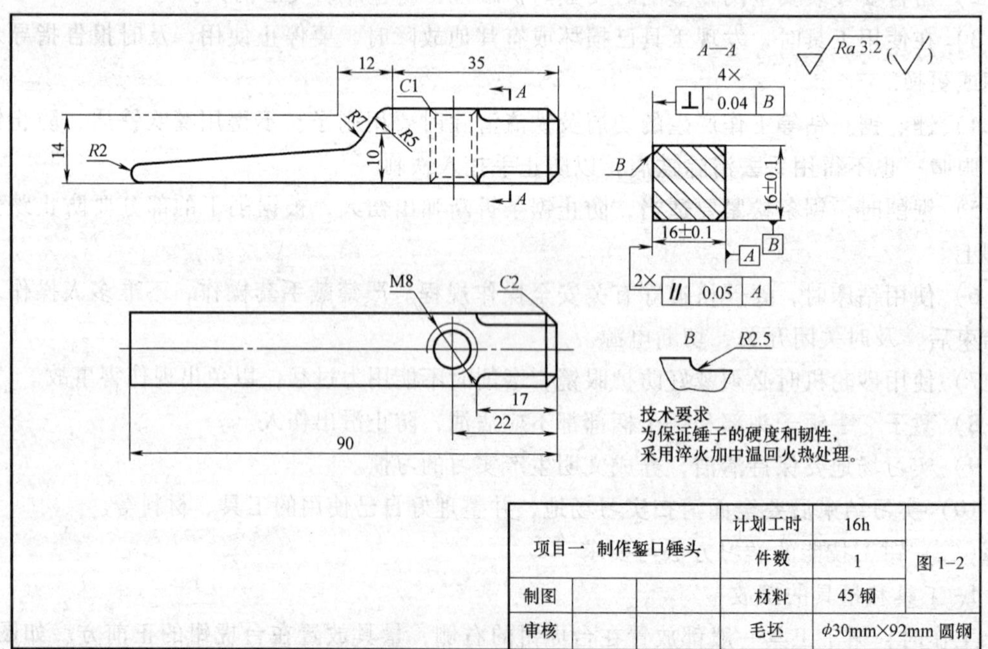

图 1-2　錾口锤头

三、加工重难点分析

1. 在圆钢上立体划线

1）借助V形铁和高度游标卡尺划线，具体划线高度计算方法如下：

根据图1-3a，由数学知识可得：$h=H-x$，$x=D/2-L/2$。已知：$D=30\text{mm}$，$L=16\text{mm}$。

所以：$$h=H-(30/2-16/2)\ \text{mm}=H-7\text{mm}$$

式中，H为游标卡尺测量工件最高点的高度值。

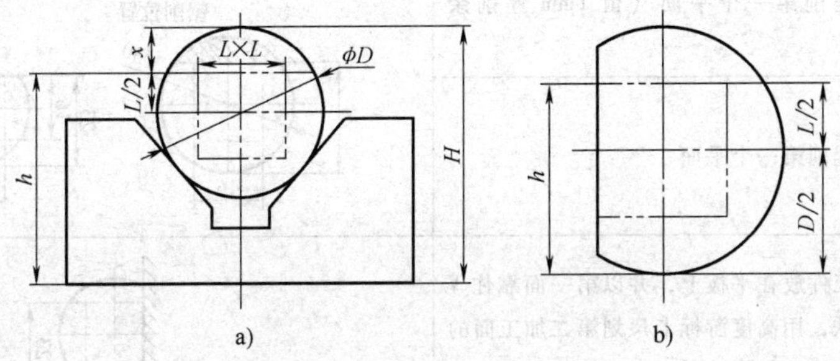

图1-3　划线高度的计算

2）根据图1-3b，由数学知识可得：$h=D/2+L/2$。已知：$D=30\text{mm}$，$L=16\text{mm}$。

所以：$h=D/2+L/2=30/2\text{mm}+16/2\text{mm}=23\text{mm}$

2. 圆弧锉削

圆弧锉削的操作难度较大，需要特别控制力度。开始练习时，应用较小的力锉削，把主要注意力放在控制锉刀的多个运动上，使锉刀运动协调，圆弧质量才能保证。

四、工艺卡（表1-2）

表1-2　制作錾口锤头工艺卡

<table>
<tr><td>零件图号</td><td>图1-2</td><td colspan="2" rowspan="2">项目一　制作錾口锤头</td><td>机床型号</td><td colspan="3">钻床Z512B-2</td></tr>
<tr><td>计划工时</td><td>16h</td><td>毛坯材料</td><td>45钢</td><td>毛坯尺寸</td><td>ϕ30mm×92mm圆钢</td></tr>
<tr><td colspan="4">工具、夹具表</td><td colspan="4">量具表</td></tr>
<tr><td>1</td><td>划针、划规</td><td>7</td><td>平口钳，软钳口</td><td>1</td><td colspan="3">游标卡尺（0~150mm）</td></tr>
<tr><td>2</td><td>方箱、平板</td><td>8</td><td>ϕ6.7、ϕ10麻花钻</td><td>2</td><td colspan="3">金属直尺、直角尺</td></tr>
<tr><td>3</td><td>锯弓、锯条</td><td>9</td><td>M8丝锥、铰杠</td><td>3</td><td colspan="3">高度游标卡尺（0~300mm）</td></tr>
<tr><td>4</td><td>扁锉、半圆锉、圆锉</td><td>10</td><td>划线液</td><td>4</td><td colspan="3">刀口形直尺</td></tr>
<tr><td>5</td><td>样冲、锤子</td><td>11</td><td>润滑油</td><td>5</td><td colspan="3">塞尺</td></tr>
<tr><td>6</td><td>毛刷、锉刀刷</td><td></td><td></td><td>6</td><td colspan="3">半圆样板</td></tr>
<tr><td>工序</td><td>工步</td><td colspan="2">工序内容</td><td colspan="4">备注</td></tr>
<tr><td>1. 检查备料</td><td>1</td><td colspan="2">检查备料毛坯的各项尺寸，确定加工顺序</td><td colspan="4">1
4
ϕ30
2
3</td></tr>
</table>

（续）

工序	工步	工序内容	备注
2. 锯、锉长方体	1	毛坯放在V形铁上，用高度游标卡尺划第一加工面的加工线，并打样冲眼	
	2	锯削第一个平面（留1mm锉削余量）	
	3	锉削第一个平面	
	4	工件放在平板上，并以第一面靠住V形铁，用高度游标卡尺划第二加工面的加工线，打样冲眼	
	5	锯削第二个平面（留1mm锉削余量）	
	6	锉削第二个平面	
	7	工件放置在平板上，用高度游标卡尺划第三、第四加工面的加工线，并打样冲眼	
	8	锯削第三个平面（留1mm锉削余量）	
	9	锉削第三个平面	
	10	锯削第四个平面（留1mm锉削余量）	
	11	锉削第四个平面	
	12	精锉长方体（采用软钳口保护工件已加工表面）。精锉顺序：基准面→相邻侧面1→相邻侧面2→平行面（基准面的相对面）	
	注意事项：1）为了保证锯削的准确性，高度游标卡尺在划线时应尽可能划成封闭形状； 2）对初学者，锯削时应留有一定的锉削余量，一般控制在1～2mm。		

（续）

工序	工步	工序内容	备注
	1	锉削基准面 K_1（16mm×16mm 的端面） 要求：1）K_1 面平面度； 2）K_1 面与相临 4 个面的垂直度	
	2	划线（划出锤头斜面）：以 K_1 平面为基准，划出 38mm、44mm、90mm 的加工界线；以 K_2 平面为基准，划出 4mm、8mm、15mm，以确定划斜面的三个点（为锉削圆弧留余量），划出锤头斜面（大、小斜面位置），同时划对称面（共两面）	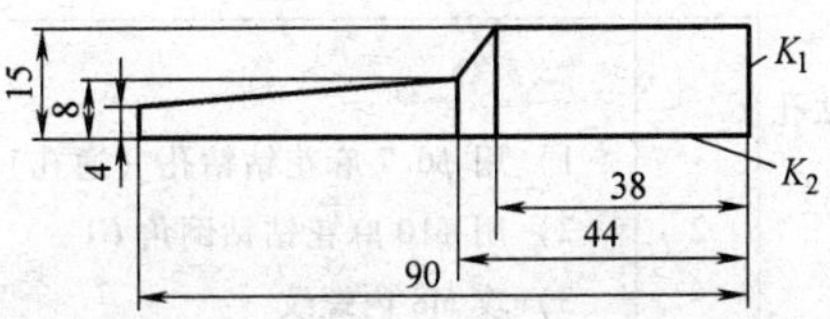 15　8　4　38　44　90　K_1　K_2
3. 锯、锉斜面、倒角	3	锯斜面，留 0.5mm 锉削余量	锯削时工件倾斜装夹，要求锯缝（斜面）与钳口侧面平行，与钳口上面垂直；夹持在钳口左侧，伸出钳口不应过长
	4	粗锉、细锉斜面	锉斜面时工件水平装夹，要求斜面与钳口上面平行，与钳口侧面垂直
	5	1）划线。以 K_1 为基准划出 17mm、R2.5 以及 C2 倒角的加工界线。 2）锉削倒角。用圆锉按线粗锉 R2.5 圆弧，然后用粗、细板锉粗、细锉倒角，再用圆锉细加工 R2.5 圆弧；最后用推锉法进行修正；注意锉削顺序（相对面锉削）。 3）锉削锤子端部 K_1 面 C2 倒角。 4）以 K_1 面为基准，锉至 90mm 长度，注意留 0.5mm 左右余量	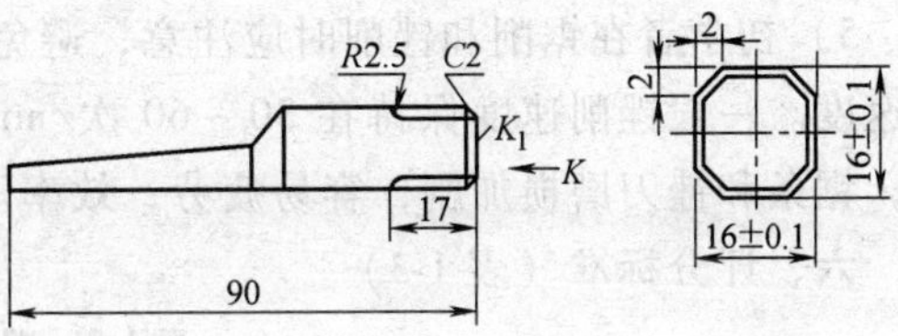 R2.5　C2　K_1　K　17　90　2　2　16±0.1　16±0.1
4. 圆弧锉削	1	划圆弧线。三处圆弧圆心坐标确定（如右图所示）；R7 圆弧的圆心不在工件上，可以选择一个等厚的硬木块夹在工件旁，以完成找圆心和划线工作	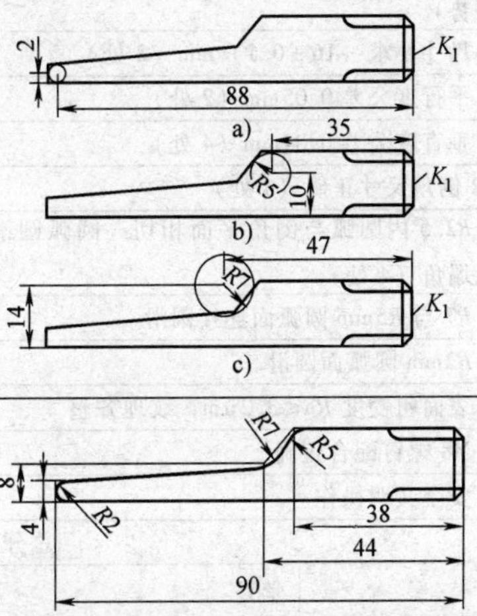 2　88　K_1 a) 35　R5　10　K_1 b) 47　R7　14　K_1 c)
	2	锉外圆弧（用半径样板检测工件圆弧的质量）	 R7　R5　8　4　R2　38　44　90
	3	锉内圆弧	

（续）

工序	工步	工序内容	备注
4. 圆弧锉削	4	锉削 $R2$ 圆头，并保证工件总长 90mm	
	5	全部精度复检，修整、锐边倒钝、清除飞边	对于未注倒角的位置，只要是锐角或直角，都应倒角，一般用锉刀轻轻锉锐角或直角处，不扎手即可
5. 钻孔攻螺纹	1	以 K_1 平面为基准，按零件图样尺寸，划出锤子孔的中心线，打上样冲眼	C1　M8　K_1　22
	2	1）用 $\phi6.7$ 麻花钻钻孔（通孔） 2）用 $\phi10$ 麻花钻钻倒角 $C1$ 3）攻 M8 内螺纹	

五、容易出现的问题和注意事项

1）攻螺纹时丝锥易折断。攻螺纹前，应该用直角尺校正丝锥与锤头的垂直度。

2）在锯削、锉削长方体时，应锯一面锉一面，绝不可将四面一起锯下再锉削各面。

3）在锉削与 $R2.5$ 连接的 4 个小平面时，应以两两相对面为一组进行锉削，不能按相邻面顺序进行锉削。

4）圆弧与圆弧、圆弧与斜面的连接处要达到圆滑、光洁、纹理齐整。锉削时，注意选择合适的锉刀并经常清除嵌在锉刀齿纹中的锉屑。

5）初学者在锯削和锉削时应注意，避免为了提高加工速度，加大锯削和锉削的往复运动速度。一般锉削速度保持在 30～60 次/min，锯削 40 次/min。速度太高会使加工质量下降，锯条和锉刀磨损加剧，容易疲劳，效率下降而使技术水平无法提高。

六、评分标准（表 1-3）

表 1-3　錾口锤头评分表

序号	项目与技术要求	配分	评分标准	扣分	得分
1	规范操作（工件装夹、加工和测量操作姿势）	10 分	不符合要求酌情扣分		
2	尺寸要求（16±0.1）mm（2 处）	8×2 分	不符合要求全扣		
3	平行度公差 0.05mm（2 处）	4×2 分	不符合要求全扣		
4	垂直度公差 0.04mm（4 处）	3×4 分	不符合要求全扣		
5	$C2$ 倒角尺寸正确（4 处）	4×4 分	不符合要求全扣		
6	$R2.5$ 内圆弧与倒角平面相切、圆弧圆滑无塌角（4 处）	3×4 分	不符合要求酌情扣分		
7	$R7$ 与 $R5$mm 圆弧面连接圆滑	8 分	不符合要求酌情扣分		
8	$R2$mm 圆弧面圆滑	4 分	不符合要求酌情扣分		
9	表面粗糙度 $Ra \leqslant 3.2\mu m$，纹理齐整	4 分	不符合要求酌情扣分		
10	M8 螺钉配合正确	10 分	不符合要求酌情扣分		
11	安全文明操作		违者每次扣 2 分		
	总分：	100 分	合计：		
姓名：	学号：	实际工时：	教师签字：		

项目二　制作六角螺母

一、训练目的

1）提高平面锉削技能，制品达到一定的锉削精度。

2）掌握游标卡尺测量方法和使用外卡钳检验尺寸误差的技能。

3）掌握游标万能角度尺的使用方法。

4）掌握划线钻孔、攻螺纹的方法。

二、作业件

1. 作业件（图 1-4）

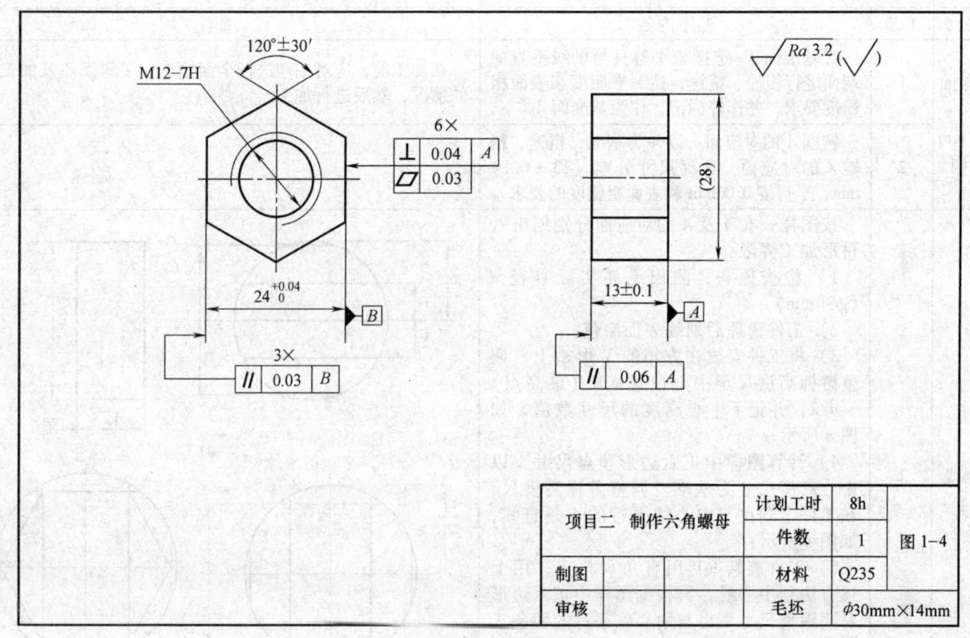

图 1-4　六角螺母

2. 基本要求

1）六角螺母各边长度相等，允许修正 0.1mm。

2）各边加工完成后，去飞边。

三、加工重难点分析

本项目的加工难点是保证图样中的几何精度。加工时要注意以下几点：

1）注意六面体的锉削顺序，注意锉削动作。

2）在加工时要防止片面性。不能为了取得平面度而忽略了尺寸要求和角度精度，或为了锉正角度而忽略了平面度和平行度，或为了减小表面粗糙度而忽略了其他，总之在加工时要顾及全部要求。

3）使用游标万能角度尺时，测量角度要正确，并要经常校对角度尺，以确保其准确性。测量时要把工件的锐边倒钝，确保测量的准确性。

4）为保证加工表面光洁，在锉钢件时，必须经常用钢丝刷清除嵌入锉刀齿纹内的锉屑，并合理选择锉刀。

四、工艺卡（表1-4）

表1-4　制作六角螺母工艺卡

<table>
<tr><td>零件图号</td><td colspan="2">图1-4</td><td colspan="2" rowspan="2">项目二　制作六角螺母</td><td>机床型号</td><td colspan="3">钻床Z512B-2</td></tr>
<tr><td>计划工时</td><td colspan="2">8h</td><td>毛坯材料</td><td>Q235</td><td>毛坯尺寸</td><td>ϕ30mm×14mm</td></tr>
<tr><td colspan="5">工具、夹具表</td><td colspan="4">量具表</td></tr>
<tr><td>1</td><td colspan="2">划针、划规</td><td>6</td><td>丝锥M10、铰杠</td><td>1</td><td colspan="3">游标卡尺（0~150mm）、高度游标卡尺（0~300mm）</td></tr>
<tr><td>2</td><td colspan="2">方箱、平板</td><td>7</td><td>平口钳</td><td>2</td><td colspan="3">金属直尺、直角尺、外卡钳</td></tr>
<tr><td>3</td><td colspan="2">样冲、锤子</td><td>8</td><td>划线液</td><td>3</td><td colspan="3">游标万能角度尺</td></tr>
<tr><td>4</td><td colspan="2">锉刀300mm（1号纹）200mm（2~4号纹）</td><td>9</td><td>ϕ10.2钻头、90°倒角锥</td><td>4</td><td colspan="3">M12螺纹塞规</td></tr>
<tr><td>5</td><td colspan="2">毛刷、锉刀刷</td><td>10</td><td>润滑油</td><td>5</td><td colspan="3">粗糙度样板</td></tr>
<tr><td>工序</td><td>工步</td><td colspan="3">工序内容</td><td colspan="4">备注</td></tr>
<tr><td rowspan="2">1. 锉削（13±0.1）mm的平行面</td><td>1</td><td colspan="3">锉基准面A。选择较平整且与轴线垂直的端面进行粗锉、精锉，达到平面度和表面粗糙度要求，并作好标记，作为基准面A</td><td colspan="4">在加工前，应对毛坯进行全面检查，了解误差及加工余量的情况，然后进行加工</td></tr>
<tr><td>2</td><td colspan="3">锉削A的对应面：以A为基准，粗锉、精锉A的对应面，达到尺寸公差（13±0.1）mm、平行度0.06mm和表面粗糙度的要求</td><td colspan="4"></td></tr>
<tr><td>2. 划线</td><td>1</td><td colspan="3">按图样，在A及A的对应面分别划出六角形加工界限：
1）检查原料，测出毛坯实际直径d（ϕ30mm）；
2）工件清理后划线表面涂色；
3）将工件安放在方箱的V形槽上，调整游标高度尺至中心位置=H（最高点）-d/2，并记下中心高度的尺寸数值，如图a所示；
4）计算图样中正六边形顶点尺寸，以中心高度尺寸为基准，调整游标高度尺，在工件上划出与中心线平行的4条直线，如图a所示；
5）工件旋转90°用直角尺找正，用上述方法划中心线，再根据图样中正六边形对边距离尺寸划出与中心线平行的两条正六边形边线，如图b所示；
6）上述两个方向所划线的交点，为六边形顶点。顺次连接六边形顶点，完成六边形划线工作如图c所示</td><td colspan="4"> 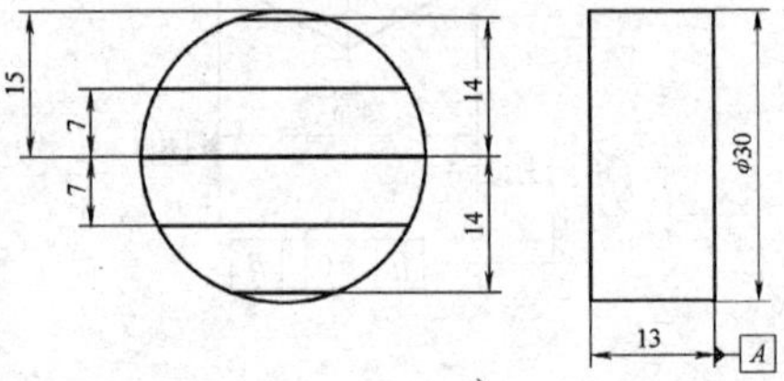15 7 7 14 14 ϕ30 13 A
a)
15 12 12
b)　c)</td></tr>
<tr><td rowspan="4">3. 锉六边形</td><td>1</td><td colspan="3">锉削第一面（a面），作为基准面。
粗锉、精锉a面，达到平面度、表面粗糙度以及与A面垂直度的要求外，同时要保证该面与对边圆柱素线的尺寸L=[（d+24）/2+0.04] mm，并作标记，作为基准面</td><td colspan="4">a A L</td></tr>
<tr><td>2</td><td colspan="3">锉削第二面（a面的对应面b面）
以基准面a为基准，粗锉、精锉加工a面的对应面b面，达到尺寸公差$M=24^{+0.04}_{0}$mm、平行度、平面度、表面粗糙度以及与A面垂直度的要求</td><td colspan="4">a A M b</td></tr>
<tr><td>3</td><td colspan="3">锉削第三面（c面）
粗锉、精锉c面，达到平面度、表面粗糙度、与A面的垂直度的要求外，同时还要保证该面与对边圆柱素线的尺寸L=[（d+24）/2+0.04] mm</td><td colspan="4">L a c A b</td></tr>
<tr><td>4</td><td colspan="3">锉削第四面（d面）
以c面为基准，粗锉、精锉加工c面的对应面d面，达到尺寸公差$M=24^{+0.04}_{0}$mm、平行度、平面度、表面粗糙度以及与A面垂直度的要求</td><td colspan="4"> 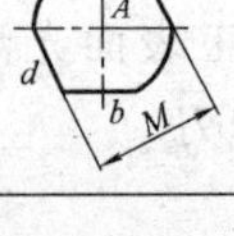a A c d b M</td></tr>
</table>

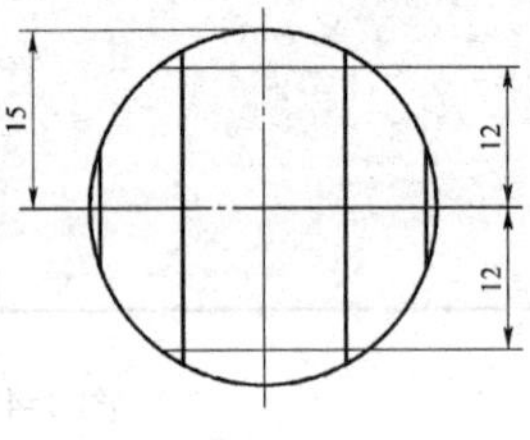

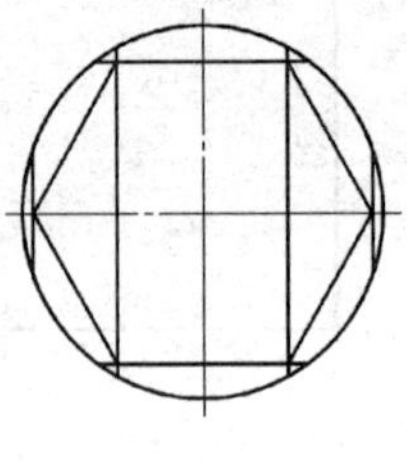

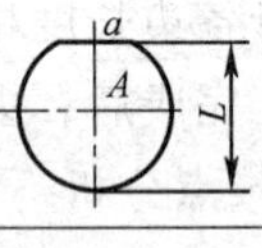

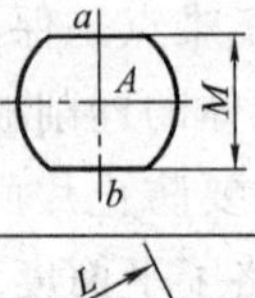

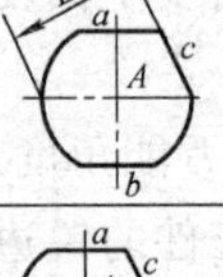

（续）

工序	工步	工序内容	备注
4. 锉六边形	5	锉削第五面（e面） 粗锉、精锉e面，达到平面度、表面粗糙度、与A面的垂直度要求外，同时还要保证该面与对边圆柱素线的尺寸$L=[(d+24)/2+0.04]$ mm	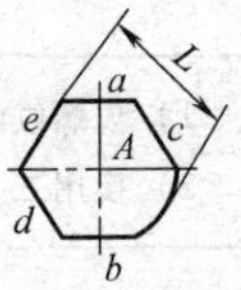
	6	锉削第六面（f面） 以e面为基准，粗锉、精锉加工e面的对应面f面，达到尺寸公差$M=24^{+0.04}_{0}$mm、平行度、平面度、表面粗糙度以及与A面垂直度的要求	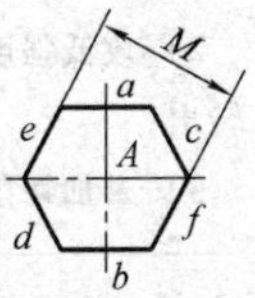
5. 修整	1	按图样要求复检，作必要的修整锉削，最后将各锐边均匀倒棱	对应边尺寸和平行度用游标卡尺测量、角度用万能角度尺测量、平面度用平板和塞尺测量、粗糙度用目测或与粗糙度样板对比
6. 钻孔、攻螺纹	1	划孔的中心线。在孔位的十字中心线上打样冲眼。 为检查和找正钻孔位置，可按孔的大小划出孔的圆周线或大小不等的孔位检查线（圆周形或方框形）	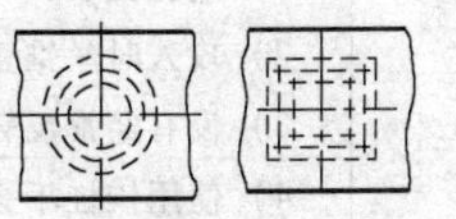
	2	钻孔。用ϕ10.3mm钻头钻削螺纹底孔，用90°倒角钻对孔口两端倒角至$\phi 13^{+0.5}_{0}$mm。 钻孔前，先在中心处钻出一浅坑，并不断校正，使浅坑与划线圆同轴，注意校正必须在锥坑外圆小于钻头直径前完成，否则很难纠正；钻孔时，要加入足够切削液	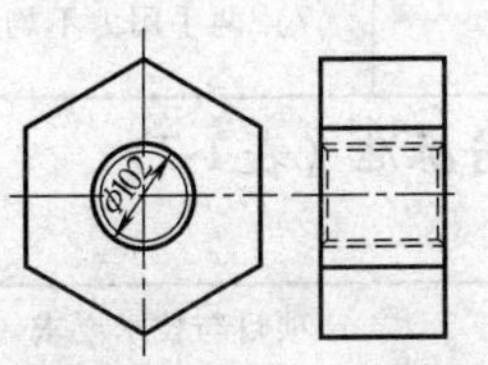
	3	攻螺纹。用M12丝锥攻M12螺纹。 必须以头锥、二锥顺序攻削至图样尺寸。注意检查垂直度，要不断加注切削液。 用M12-7h精度等级的螺纹塞规配合检查	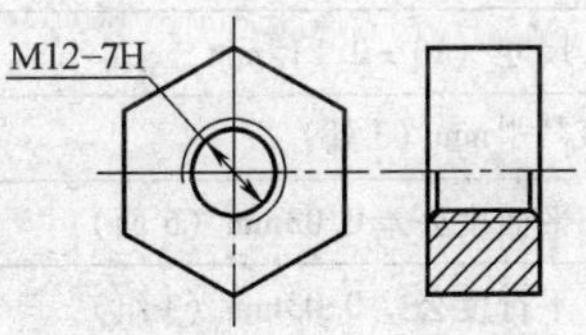 M12-7H

五、容易产生的问题

1. 六面体的加工缺陷和产生原因，见表1-5。

表1-5　六面体的加工缺陷和产生原因

加工缺陷	产生原因
同一面上两端宽窄不等	1）与基准端面垂直度误差过大； 2）两相对面间尺寸差值过大（平行度误差大）
六面体扭曲	各加工面有扭曲误差存在
120°角不等	角度测量的积累误差过大
六面体边长不等	1）120°角不等； 2）三组相对面间的尺寸差值过大

2. 攻螺纹时常出现的问题和产生原因，见表1-6。

表1-6 攻螺纹时常出现的问题和产生原因

出现的问题	产生原因
螺纹乱牙	1）攻螺纹时底孔直径太小，起攻困难，左右摆动； 2）换用二、三锥时强行校正，或在没旋合好时就攻下
螺纹滑牙	1）攻不通孔的较小螺纹时，丝锥已到底仍继续旋转； 2）攻低强度或小孔径螺纹时，丝锥已切出螺纹仍继续加压，或攻完时连同铰杠作自由的快速转出； 3）未加切削液且不反转排屑，破坏螺纹
螺纹歪斜	1）攻螺纹时位置不正，起攻时未作垂直度检查； 2）孔口倒角不良，两手用力不均，切入时歪斜
螺纹形状不完整	攻螺纹底孔直径太大
丝锥折断	1）底孔太小； 2）攻入时丝锥歪斜或歪斜后强行校正； 3）没有经常反转断屑和清屑，或不通孔攻到底时，仍继续攻下； 4）使用铰杠不当； 5）丝锥牙齿爆裂或磨损过多而强行攻下； 6）工件材料过硬或掺杂过硬杂质； 7）两手用力不均或用力过猛

六、评分标准（表1-7）

表1-7 六角螺母评分表

序号	项目与技术要求	配分	评分标准	扣分	得分
1	规范操作（工件装夹、加工和测量操作姿势）	10分	不符合要求酌情扣分		
2	尺寸（13±0.1）mm	5分	超差不得分		
3	$24_{0}^{+0.04}$mm（3处）	6×3分	超差不得分		
4	平面度公差0.03mm（6面）	2×6分	超差不得分		
5	平行度公差0.03mm（3组）	4×3分	超差不得分		
6	平行度公差0.06mm	4分	超差不得分		
7	垂直度公差0.04mm（6面）	2×6分	超差不得分		
8	孔的对称度误差0.20mm（3处）	3×3分	超差不得分		
9	螺纹两端孔口倒角正确	2分	根据情况酌情扣分		
10	螺纹塞规配合正确	10分	根据情况酌情扣分		
11	表面粗糙度 $Ra3.2\mu m$	6分	根据情况酌情扣分		
12	安全文明操作		违者每次扣2分		
	总分：	100分	合计：		

姓名：	学号：	实际工时：	教师签字：

项目三　制作阶梯镶配件

一、训练目的

1. 熟练掌握锉削平面技巧及锉配方法。
2. 正确掌握钻孔、铰孔方法及要领。
3. 正确掌握攻螺纹的方法及要领。

二、作业件及基本要求

1. 作业件（图 1-5）

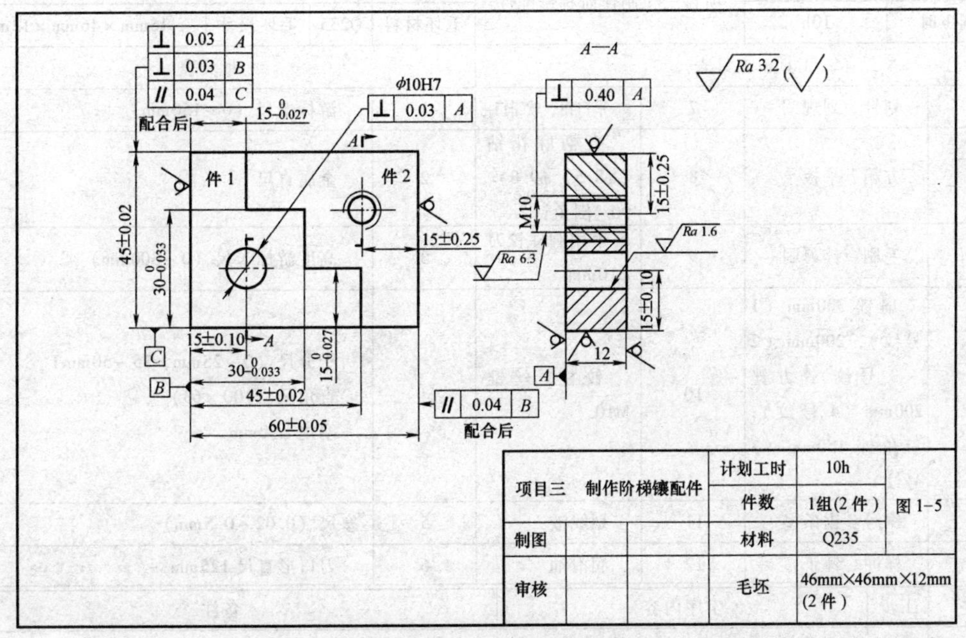

图 1-5　阶梯镶配件

2. 基本要求

1）件 2 按件 1 配作，配合间隙不大于 0.02mm，下端错位量不大于 0.04mm；

2）阶梯镶配件备料要求如图 1-6 所示（2 件）。

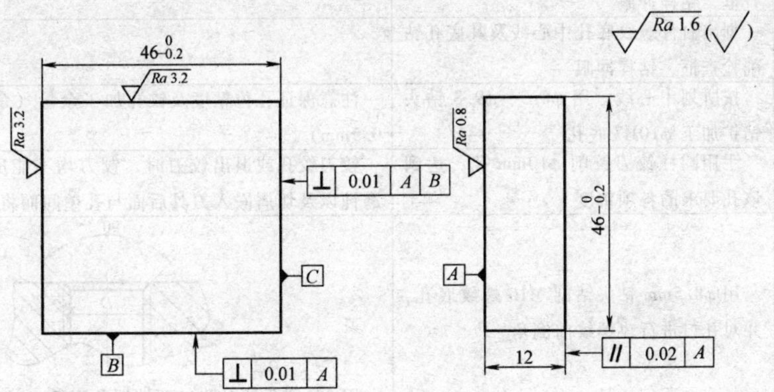

图 1-6　阶梯镶配件备料

三、加工重难点分析

1）合理选择基准。确定基准面后，不允许再次修复。

2）清角的锉削。加工锉配时，应先检查直角面中是否清角。

3）用合理的加工工艺保证尺寸公差。

4）熟练掌握测量技术。

四、工艺卡（表1-8）

表1-8 阶梯镶配件工艺卡

零件图号	图1-5	项目三 制作阶梯镶配件	机床型号	钻床 Z512B-2		
计划工时	10h		毛坯材料	Q235	毛坯尺寸	46mm×46mm×12mm

工具、夹具表				量具表	
1	划针、划规	7	平口钳、软钳口	1	游标卡尺（0~150mm）
2	方箱、平板	8	直柄麻花钻（ϕ8.5，ϕ9.8），90°倒角钻	2	金属直尺
3	毛刷、锉刀刷	9	手用圆柱铰刀 ϕ10mm	3	高度游标卡尺（0~300mm）
4	扁锉 300mm（1号纹），200mm（2~3号纹）；方锉200mm（4号纹）；三角锉 150mm（3号纹）	10	铰杠、丝锥 M10	4	千分尺（0~25mm，25~50mm） 直角尺（100×63） 塞规 ϕ10mm
5	锯弓、锯条	11	划线液	5	塞尺（0.02~0.5mm）
6	样冲、锤子	12	润滑油	6	刀口形直尺 125mm

工序	工步	工序内容	备注
1. 检查备料	1	检查备料毛坯的各项精度	如图1-6所示，选择 Ra0.8μm 磨削面为基准 A，加工面为 Ra1.6，垂直度为0.01mm 的相邻面分别作为阶梯件中长、宽两个方向上的加工基准面 B 和 C
2. 划线	1	以确定好的加工基准分别划出两个阶梯件的锉削面尺寸线	
	2	划出左件铰孔中心线及其底孔钻削检查框，钻样冲眼	
	3	划出右件螺纹底孔中心线及其底孔钻削检查框，钻样冲眼	
3. 钻孔、铰孔、攻螺纹	1	按所划中心线，用 ϕ8.5、ϕ9.8 钻头钻扩加工 ϕ10H7 底孔	注意保证孔位精度及铰孔加工余量（余量一般为0.05~0.5mm）
	2	手用圆柱铰刀铰削 ϕ10mm 孔，达到该孔要求的各项精度	铰刀铰孔或退出铰刀时，铰刀均不能反转，以防止刃口磨钝以及切屑嵌入刀具后面与孔壁间而将孔壁划伤
	3	用 ϕ8.5mm 钻头钻削 M10 螺纹底孔，并对孔口进行攻螺纹前倒角	90° D 用90°倒角钻对孔口两端倒角至 $D=\phi11^{+0.5}_{0}$mm
	4	用 M10 丝锥攻螺纹	

（续）

工序	工步	工序内容	备注
4. 加工基准件（件1）	1	1）依照所划加工界限（如右图所示）锯削去除阶梯件第一个台阶处余料，注意放锉削余量 2）粗锉，注意留出0.3mm左右精加工余量 3）精锉削至阶梯尺寸精度，分别达到（45 ± 0.02）mm、$30^{+0.047}_{-0.04}$ mm、$15^{\ 0}_{-0.027}$mm，并保证方向公差要求，注意阶梯根部90°清角	
	2	1）依照所划加工界限（如右图所示）锯削去除阶梯件第二个台阶处涂料，注意放锉削余量 2）粗锉，注意留出0.3mm左右精加工余量 3）精锉削至阶梯尺寸精度，分别达到（45 ± 0.02）mm、$15^{\ 0}_{-0.027}$ mm、$15^{\ 0}_{-0.027}$mm，并保证方向公差要求。注意阶梯根部90°清角	
5. 加工配件（件2）	1	件2的加工方法与上述件1相同，分别依照所划加工界限，完成阶梯件的加工，达到（45 ± 0.02）mm、$15^{\ 0}_{-0.027}$ mm，并保证方向公差要求。注意阶梯根部90°清角	注意留出0.3mm左右的锉配余量
	2	以件1为基准，换向、交替精锉件2各配作面，使配合互换间隙不大于0.04mm，配合后错位量不大于0.04mm	
	3	全部精度复检，修整，锐边倒钝，清除毛刺	

五、容易产生的问题和注意事项

1. 备件几何公差一定要保证，以保证加工工件测量的准确性。

2. 对凸、凹件的90°角清角时，如果锉刀修磨不合适，易出现圆弧角。

六、评分标准

表1-9　阶梯镶配件评分表

序号	项目与技术要求		配分	评分标准	扣分	得分
1	规范操作（工件装夹、加工和测量操作姿势）		10分	不符合要求酌情扣分		
2	锉配	$15^{\ 0}_{-0.027}$mm（2处）	2×2分	超差不得分		
3		$30^{\ 0}_{-0.033}$mm（2处）	2×2分	超差不得分		
4		45 ± 0.02mm（2处）	2×2分	超差不得分		
5		表面粗糙度 *Ra*3.2μm（2处）	3×2分	升高一级不得分		
6		配合间隙不大于0.04mm（5处）	5×5分	超差不得分		
7		错位量不大于0.04mm	4分	超差不得分		
8		60 ± 0.05mm	4分	超差不得分		
9		配合后平行度公差0.04mm（2处）	5×2分	超差不得分		
10	铰孔	ϕ10H7	5分	超差不得分		
11		15 ± 0.1mm（2处）	4×2分	超差不得分		
12		表面粗糙度 *Ra*1.6μm	2分	升高一级不得分		
13		垂直度误差0.03mm	3分	超差不得分		

（续）

序号	项目与技术要求		配分	评分标准	扣分	得分
14	攻螺纹	M10	2分	不符合要求不得分		
15		15 ±0.25mm	4分	超差不得分		
16		表面粗糙度 $Ra6.3\mu m$	3分	不符合要求不得分		
17		垂直度误差 0.40mm	2分	超差不得分		
18	安全文明操作			违者每次扣2分		
		总分：	100分	合计：		
学生姓名：		学号：		实际工时：	教师签字：	

项目四　制作凹凸暗配件

一、训练目的

本项目主要学习制作凹凸暗配件，掌握对称度的检验方法，初步了解工艺尺寸链的计算方法，初步掌握有对称度要求工件的加工工艺，理解对称度误差对配合精度的影响，学习凹凸暗配件的加工工艺。

二、作业件及要求

1. 作业件（图1-7）

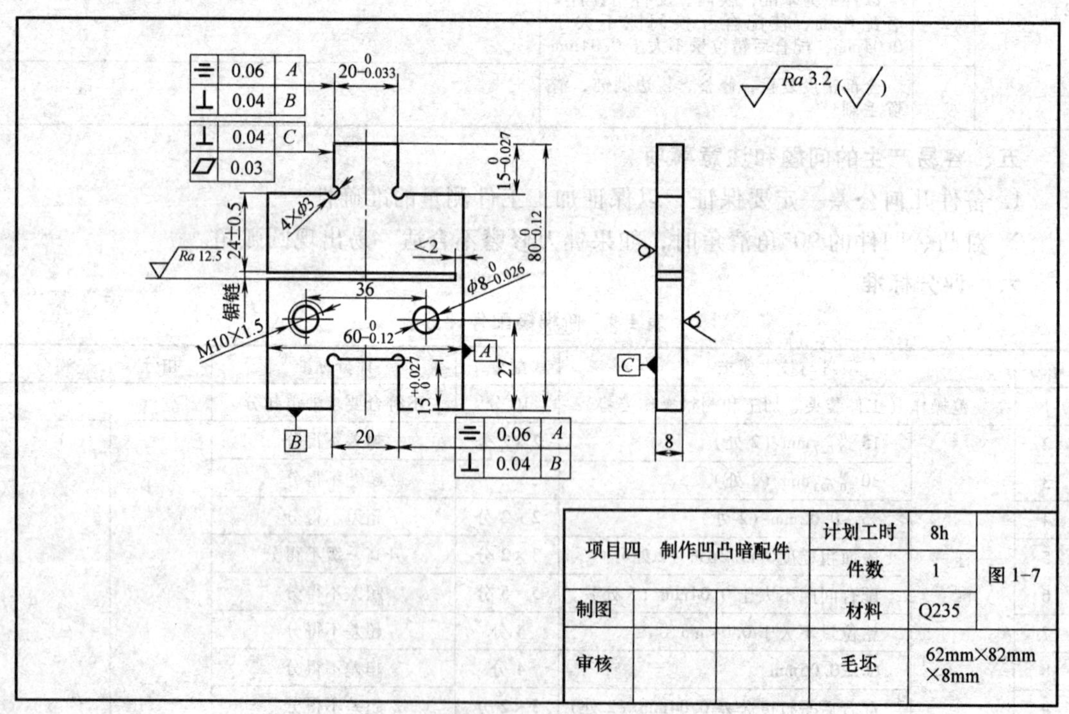

图1-7　制作凹凸暗配件

2. 技术要求

1）凹凸暗配体工件的加工过程靠尺寸链计算和测量。

2）各锐边倒角。

3）加工完成后锯开，保留锯链 2mm。

4）各配合面互换间隙≤0.08mm、侧面错位≤0.05mm。

5）毛坯要求。毛坯尺寸为 62mm × 82mm × 8mm，其中 62mm × 82mm 的平面（2 个）要求粗糙度为 $Ra1.6\mu m$。

三、加工重难点分析

1. 图样分析

1）尺寸公差。零件 7 个尺寸有尺寸公差要求，加工难度较大，配合精度较难达到。

2）几何公差。共有三类几何公差，分别是对称度、垂直度和平面度。几何公差不符合要求可能导致凸凹件无法配合，因此，在加工过程中，需要时刻注意控制几何公差。

3）基准及工艺孔。共有三个基准，基准 A、基准 B 和基准 C。A、B 平面需锉削加工，C 平面不加工。为方便加工，零件上还需加工四个工艺孔。

2. 重难点分析

图 1-7 所示图样是具有对称性、基轴制配合的暗配件。其配合件之间具有关联性、互换性，对工件各个加工表面的加工精度要求较高，凹件、凸件的角度、尺寸、几何公差等必须控制准确。它与以前制作的配合件有很大的不同，在整个锉配加工过程中不能试配，完全靠测量、尺寸链计算以及相关对称度间接工艺控制尺寸计算等完成加工。尺寸控制是本项目的难点，测量是关键，因此，从划线开始，每一步工序都要适时检测，以保证尺寸准确。

3. 制作要点

(1) 先加工凸件，后加工凹件。

(2) 对称度的控制方法

1）凸形体对称度控制。对称度控制应以外形基准面作测量基准，如图 1-8 所示的基准 A 面。锉削时根据 L 的实际尺寸，通过控制对称度间接控制 $M_{\min}^{\max}$ 的尺寸误差值，加工出凸台离基准 A 较远的一面，再以该面为第一基准，加工出凸台另一面，最后达到图样 $T_{\min}^{\max}$ 处的对称度 0.06mm 要求。

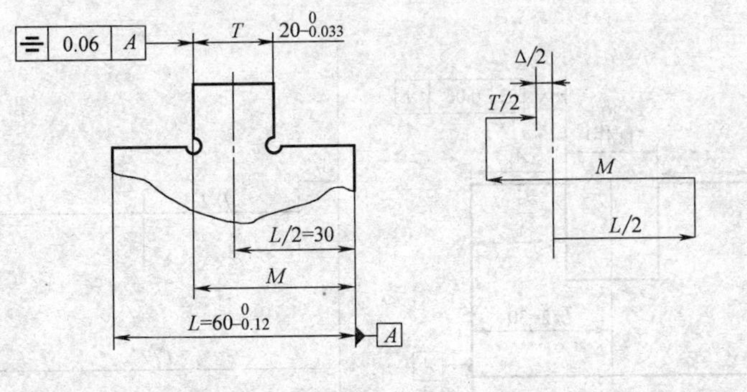

图 1-8　凸形对称度间接控制尺寸

对称度间接控制尺寸 $M_{\min}^{\max}$，应通过尺寸链的计算来获得，如图 1-8 所示，相关工艺尺寸计算方法如下：

$$M_{max}=L/2+T_{min}/2+\Delta/2 \qquad M_{min}=L/2+T_{max}/2-\Delta/2 \tag{1-1}$$

式中，M 为对称度间接工艺控制尺寸；L 为工件两基准间尺寸；T 为凸台或被测面间的尺寸；Δ 为对称度误差最大允许值。

本项目中，已知：$L=60\text{mm}$；$T=20_{-0.033}^{\ 0}\text{mm}$；$\Delta=0.06\text{mm}$。根据式（1-1）确定 M 尺寸，即

$$M_{max}=\frac{60\text{mm}+(20-0.033)\ \text{mm}}{2}+\frac{0.06\text{mm}}{2}=40.0135\text{mm}$$

$$M_{min}=\frac{60\text{mm}+(20+0)\ \text{mm}}{2}-\frac{0.06\text{mm}}{2}=39.97\text{mm}$$

所以 M 尺寸为 $40_{-0.03}^{\ 0.0135}\text{mm}$。

2）凹形对称度控制。如图 1-9 所示，根据凹件外形 60mm 和凸件形面 20mm 的实际尺寸，通过控制对称度在间接控制 M 的尺寸误差值，先加工离基准边 A 较近的一面，保证该面距基准 A 面的距离 A_1 在 M_1 尺寸误差范围内；然后再加工另一面，在保证中间凹槽 20 配作尺寸的前提下，使 A_2 在 M_2 尺寸误差范围内，并用凸形面锉配，从而保证程度误差在 0.1mm 内、配合间隙小于 0.1mm 的要求。相关的计算方法如下，即

$$M_{max}=L/2-T_{max}/2+\Delta/2 \qquad M_{min}=L/2-T_{min}/2-\Delta/2 \tag{1-2}$$

式中，M 为对称度间接工艺控制尺寸；L 为工件两基准间尺寸；T 为与其配锉凸台的尺寸；Δ 为对称度误差最大允许值

因此本项目中，根据式（1-2）确定 M 尺寸为：

$M_{1max}=60\text{mm}/2-(20+0)\ \text{mm}/2+0.06\text{mm}/2=20.03\text{mm}$；

$M_{1min}=60\text{mm}/2-(20-0.033)\ \text{mm}/2-0.06\text{mm}/2=19.985\text{mm}$；

$M_{2max}=60\text{mm}/2-(20+0.033)\ \text{mm}/2+0.06\text{mm}/2=20.015\text{mm}$；

$M_{2min}=60\text{mm}/2-(20-0)\ \text{mm}/2-0.06\text{mm}/2=19.97\text{mm}$

即图 1-9 中；$A_1=M_1=20_{-0.015}^{+0.03}\text{mm}$；$A_2=M_2=20_{-0.03}^{+0.015}$。

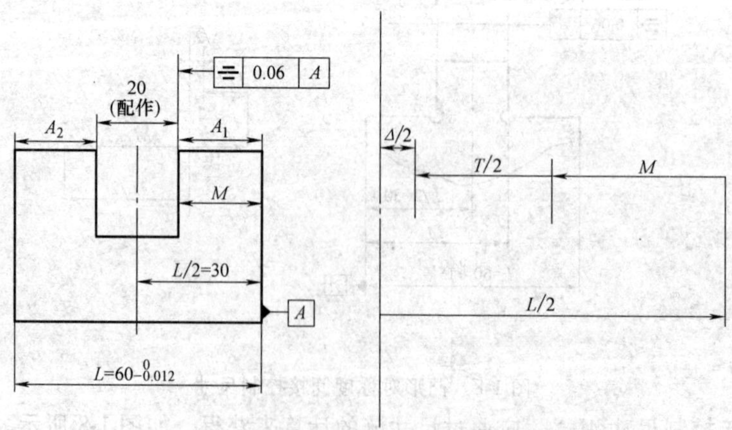

图 1-9 凹形对称度间接控制尺寸

（3）尺寸链（间接测量尺寸）计算　图 1-10 中尺寸 $15_{-0.027}^{\ 0}$mm 是通过用间接测量尺寸 A 达到的。注意先使底面基准 B 达到精度要求，再采用间接测量的方法，必须正确换算和测量。间接测量尺寸计算如下：

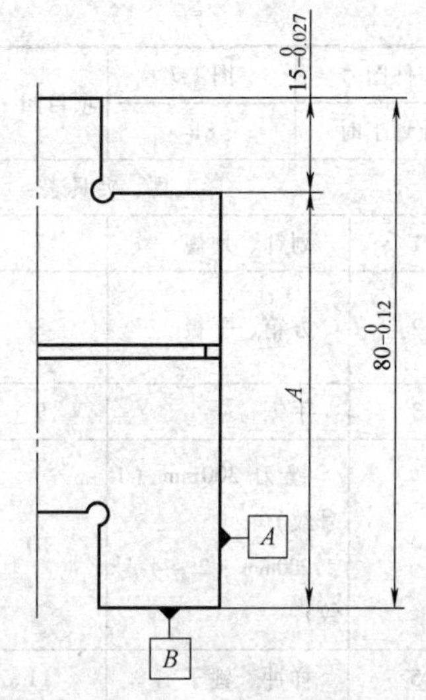

图 1-10　尺寸链计算

尺寸链如图 1-10 所示，尺寸 A、$15_{-0.027}^{\ 0}$mm、$80_{-0.12}^{\ 0}$mm 组成了加工工艺尺寸链，其中 $80_{-0.12}^{\ 0}$mm 为增环，$15_{-0.027}^{\ 0}$mm 为减环，A 为封闭环。

封闭环的基本尺寸

=所有增环基本尺寸之和－所有减环基本尺寸之和　（1-3）

根据式（1-3）：$A = 80\text{mm} - 15\text{mm} = 65\text{mm}$

封闭环的上偏差

=所有增环的上偏差－所有减环的下偏差　（1-4）

根据式（1-4）：$ES = 0 - (-0.027)\ \text{mm}$；$ES = 0.027\text{mm}$

封闭环的下偏差=所有增环的下偏差－所有减环的上偏差　（1-5）

根据式（1-5）：$EI = -0.12\text{mm} - 0 = -0.12\text{mm}$

所以 A 的尺寸为 $65_{-0.12}^{+0.027}$mm。

（4）划中心线　划中心线是保证对称度的关键。如图 1-11a 所示，按加工所得两平行平面的实际尺寸，计算出中心位置尺寸 $L/2$。用高度游标卡尺以 A 面为基准划中心线 1。将工件翻转 180°后，以 A 面的相对面 A_1 为基准，划中心线 2。如果中心线 1、2 重合，则中心线位置准确，如果不重合，如图 1-11b 所示，将高度游标卡尺调到中心线 1、2 中间的位置（利用高度游标卡尺微调标尺来调整）再次划线。反复进行，直到分别以 A、A_1 两面为基准，所划的中心线重合为止，如图 1-11c 所示。

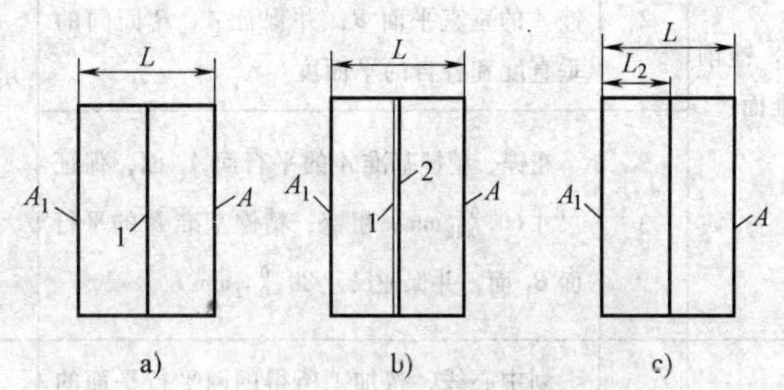

图 1-11　划中心线方法

（5）对称度误差对配合精度的影响

对称度误差对转位互换精度的影响很大，控制不好将降低配合精度。例如，对称度误差为 0.05mm，且在同一方向，原始配合位置达到间隙要求时，两侧面平齐，如图 1-12a 所示。但当转位 180°进行配合时，就会产生两基准面错位误差，其误差值为 0.10mm，使工件超差，如图 1-12b 所示，在装配时，要避免这种情况出现。

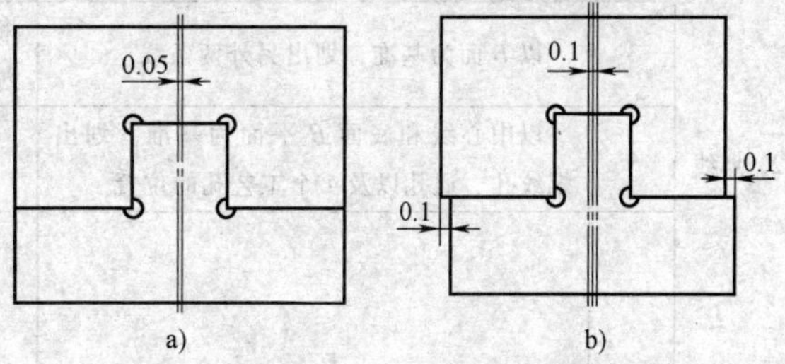

图 1-12　对称度误差对配合精度的影响

四、工艺卡（表 1-10）

表 1-10 凹凸暗配体工艺卡

零件图号	图 1-7	项目四 制作凹凸暗配体工件	机床型号	钻床 Z512B-2		
计划工时	8h		毛坯材料	Q235	毛坯尺寸	62mm×82mm×8mm

工具、夹具表				量具表	
1	划针、划规	7	平口钳	1	游标卡尺（0～150mm）
2	方箱、平板	8	麻花钻（ϕ8.5、ϕ7.8、ϕ12）	2	金属直尺
3	手锯	9	ϕ8 铰刀	3	高度游标卡尺（0～300mm）
4	锉刀 300mm（1号纹） 200mm（2～4号纹）	10	铰杠、M10 丝锥	4	千分尺（0～25mm，25～50mm）
5	样冲、锤子	11	划线液	5	直角尺
6	毛刷、锉刀刷	12	润滑油	6	塞尺

工序	工步	工序内容	备注
1. 锉削基准面	1	检查毛坯	在加工前，应对毛坯进行全面检查，了解误差及加工余量情况，然后确定加工方法，再进行加工
	2	先粗锉、精锉基准平面 A，再粗锉、精锉 A 的垂直平面 B，并保证 A、B 面间的垂直度和各自的平面度	锉削平面时，在接近加工要求时，勤测量，逐步进行，不要过急，以免造成平面塌角和不平现象
	3	粗锉、精锉基准 A 的平行面 A_1 面，保证尺寸 $60_{-0.12}^{0}$mm；粗锉、精锉基准 B 的平行面 B_1 面，并保证尺寸 $80_{-0.12}^{0}$mm	
2. 划线	1	划中心线，按加工所得的两平行平面的实际尺寸，计算出中心位置尺寸，用高度游标卡尺，以 A 面为基准面划中心线	具体方法如图 1-11 所示
	2	以对称中心线为基准划出其他位置线	将 C 面紧靠方箱，A 面紧贴平板，用高度游标卡尺划与中心线平行的位置线
	3	以 B 面为基准，划出另外两条线	将工件 C 面紧靠方箱，B 面紧贴平板，用高度游标卡尺划平行于 B 面的位置线
	4	以中心线和底面 B 平面为基准，划出螺纹孔、通孔以及 4 个工艺孔的位置	
	5	检查尺寸，打样冲眼，完成划线工序	

（续）

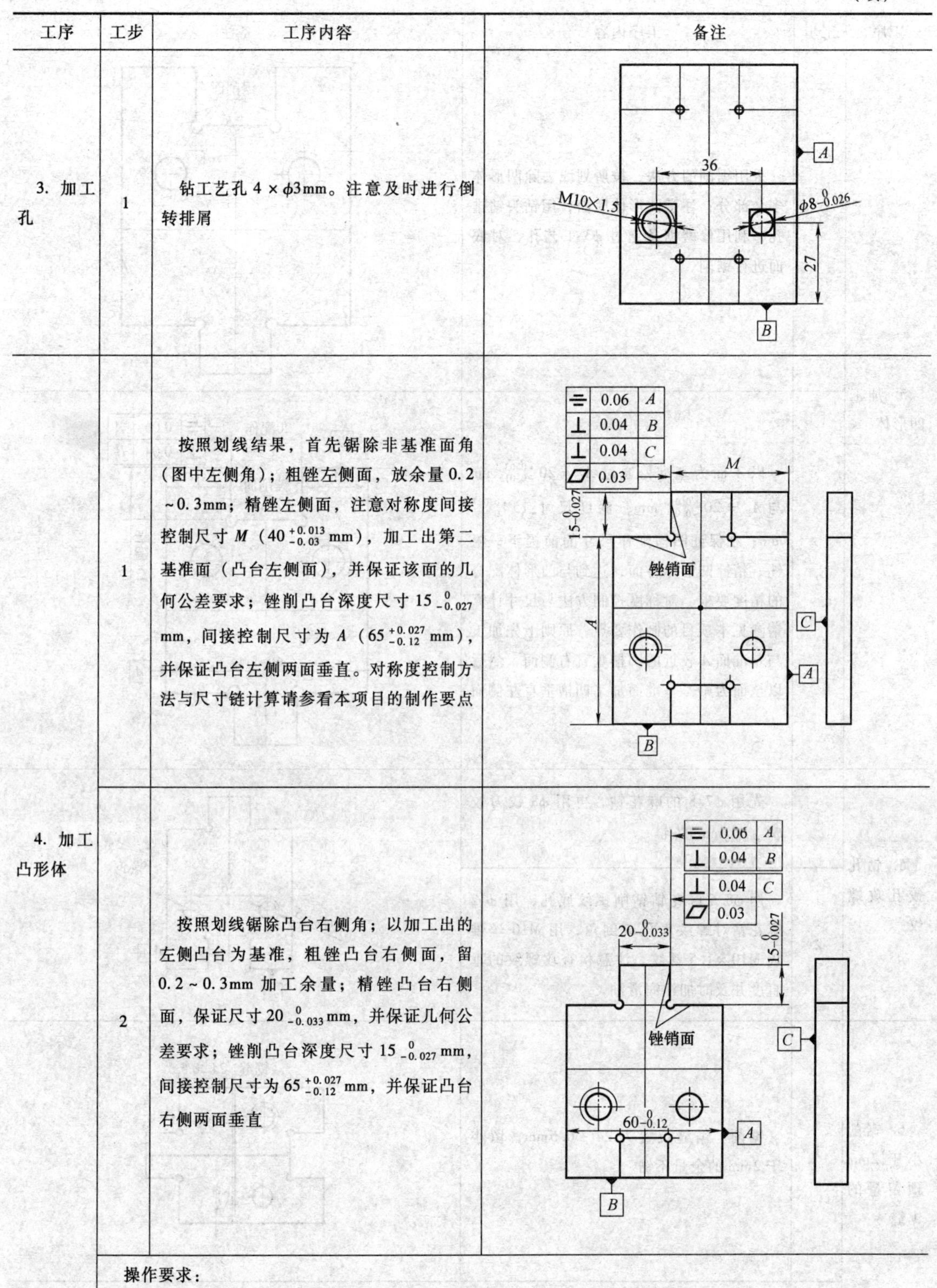

工序	工步	工序内容	备注
3. 加工孔	1	钻工艺孔 4 × ϕ3mm。注意及时进行倒转排屑	
4. 加工凸形体	1	按照划线结果，首先锯除非基准面角（图中左侧角）；粗锉左侧面，放余量 0.2 ~0.3mm；精锉左侧面，注意对称度间接控制尺寸 *M*（$40^{+0.013}_{-0.03}$ mm），加工出第二基准面（凸台左侧面），并保证该面的几何公差要求；锉削凸台深度尺寸 $15^{\ 0}_{-0.027}$ mm，间接控制尺寸为 *A*（$65^{+0.027}_{-0.12}$ mm），并保证凸台左侧两面垂直。对称度控制方法与尺寸链计算请参看本项目的制作要点	
	2	按照划线锯除凸台右侧角；以加工出的左侧凸台为基准，粗锉凸台右侧面，留 0.2 ~ 0.3mm 加工余量；精锉凸台右侧面，保证尺寸 $20^{\ 0}_{-0.033}$ mm，并保证几何公差要求；锉削凸台深度尺寸 $15^{\ 0}_{-0.027}$ mm，间接控制尺寸为 $65^{+0.027}_{-0.12}$ mm，并保证凸台右侧两面垂直	
	操作要求： 1）粗加工时，可以按划线加工，注意放余量；精加工时，一定要按照计算好的工艺尺寸进行加工； 2）加工时，必须按照工艺卡步骤操作。由于受测量工具的限制，不能先锯除两个角，然后再锉削		

（续）

工序	工步	工序内容	备注
5. 加工凹形体	1	采用锯削的方法，按所划线去除凹形体多余部分；注意凹形体底面，用钻头钻排孔，利用修磨锯条通过 $\phi3$ 工艺孔，对底面进行锯削	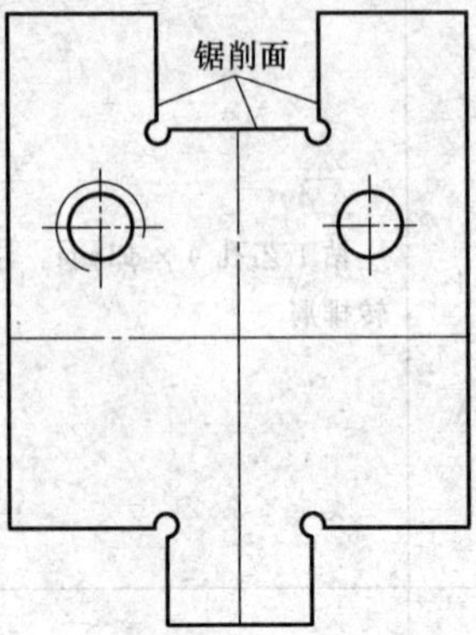 锯削面
	2	以 A 面为基准，通过 $A_1=20^{+0.03}_{-0.015}$ mm 与 $A_2=20^{+0.015}_{-0.03}$ mm，深度尺寸 $15^{+0.027}_{0}$ mm；在保证凹槽配作尺寸的前提下，粗锉、精锉凹形体各面，达到与凸形体配合的精度要求。对称度控制方法与尺寸计算请参见本项目的制作要点，原则上先加工与基准面 A 较近的凹槽垂直右侧面，然后以该面为第二基准面加工凹槽垂直左侧面	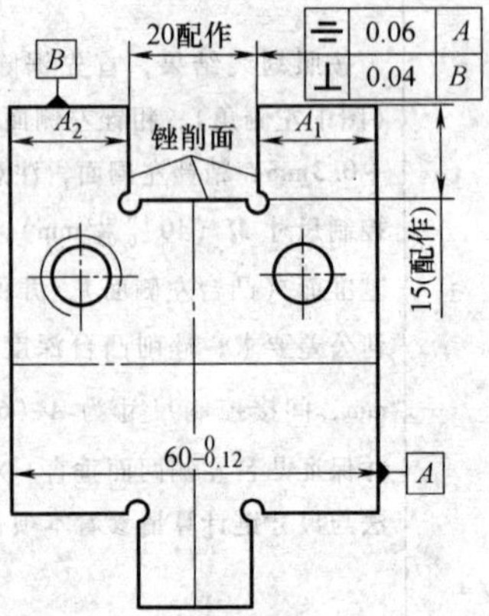 20配作；0.06 A；0.04 B；B；A_2；A_1；锉削面；15(配作)；$60^{\ 0}_{-0.12}$；A
5. 钻孔铰孔攻螺纹	1	先用 $\phi7.8$ 的麻花钻，再用 $\phi8$ 铰刀铰 $\phi8^{\ 0}_{-0.026}$ mm 的孔	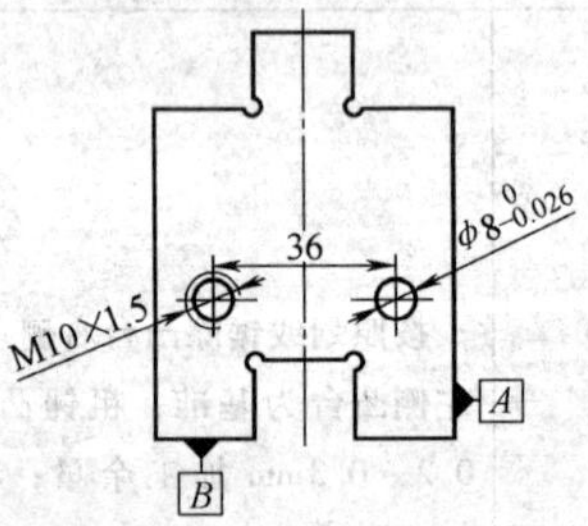 36；$\phi8^{\ 0}_{-0.026}$；M10×1.5；A；B
	2	用 $\phi8.5$ 麻花钻钻削螺纹底孔，用 $\phi12$ 麻花钻对螺纹底孔口倒角，用 M10 丝锥攻 M10×1.5 螺纹。注意检查攻螺纹的垂直度并及时加注润滑油	
6. 锯削小于 2mm 预留量的锯缝	1	锯削。锯缝位置为 24 ± 0.5mm，留小于 2mm 的余量不锯	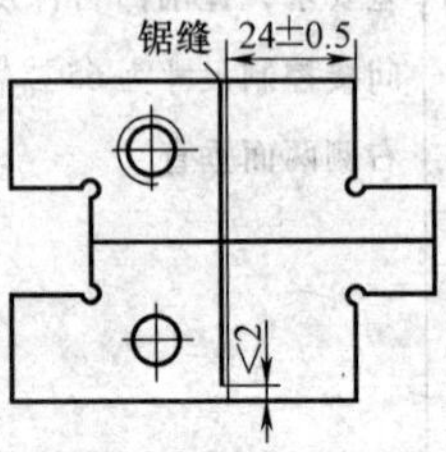 锯缝；24±0.5；≤2
操作要求：加工结束后，锐边要倒角、清除飞边			

五、容易产生的问题和注意事项

1）凹凸体锉配应控制好对称度误差，采用间接测量的方法控制工件的尺寸精度，必须要控制好相关的工艺尺寸，要会计算工艺尺寸。

2）为达到配合后的转位互换精度，加工时必须保证垂直度要求。若没有控制好垂直度，尺寸公差合格的凹凸体也可能不能配合，或者出现很大的间隙。

3）在加工凹凸体的高度（15mm－0.027mm 和 15mm＋0.027mm）时，初学者容易出现尺寸超差的现象。

4）在加工垂直面时，要防止锉刀侧面碰坏另一个垂直面，可以在砂轮上修磨锉刀的一侧，并使其与锉刀面夹角略小于90°，刃磨好后最好用油石磨光。

六、评分标准（表 1-11）

表 1-11　凹凸镶配件评分表

序号	项目与技术要求		配分	评分标准	扣分	得分
1	规范操作（工件装夹、加工和测量操作姿势）		10 分	不符合要求酌情扣分		
2	锉配	A 面长度 $60_{-0.12}^{\ 0}$mm	10 分	超差全扣		
3		B 面长度 $80_{-0.12}^{\ 0}$mm	10 分	超差全扣		
4		凸台宽度 $20_{-0.033}^{\ 0}$mm	10 分	超差全扣		
5		凸台深度 $15_{-0.027}^{\ 0}$mm	10 分	超差全扣		
6		凹形体深度 $15_{\ 0}^{+0.027}$mm	10 分	超差全扣		
7	铰孔、攻螺纹	铰孔 $\phi 8_{-0.026}^{\ 0}$mm	10 分	超差全扣		
8		M10×1.5 螺钉配合正确	10 分	根据情况酌情扣分		
9	配合	凹凸配合间隙≤0.08mm	10 分	超差全扣		
10		错位量≤0.05mm	5 分	超差全扣		
11	锯缝	锯缝位置（24±0.5）mm 及表面粗糙度	5 分	超差全扣		
12	安全文明操作			讳者每次扣 2 分		
		总分：	100 分	合计：		
姓名：		学号：		实际工时：	教师签字：	

项目五　制作四方体镶嵌件

一、训练目的

1）学习闭式结构余料的去除方法。

2）熟悉整形锉的使用。

3）熟悉保证锉削平面度、平行度、垂直度的方法。

4）练习钻排孔、控制锯削余量和闭式结构配合件的修配等技能。

二、作业件

1. 作业件（图 1-13、图 1-14）

2. 基本要求

1）件 1 外轮廓用刨削加工，已达精度要求。

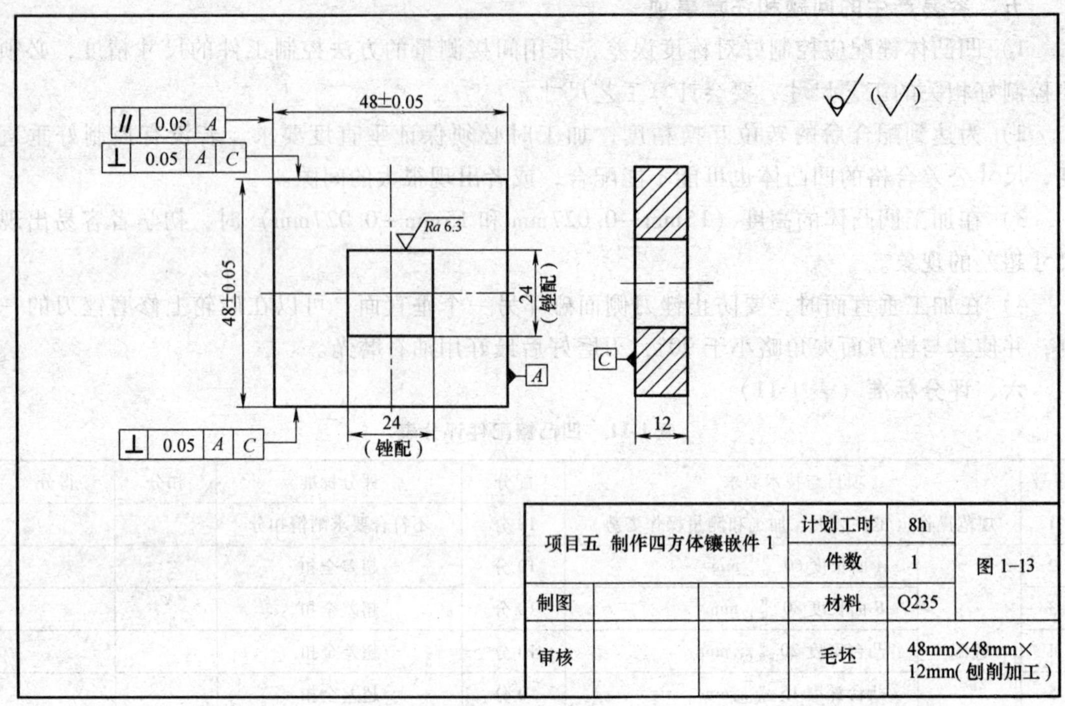

图 1-13 四方体镶嵌件 1

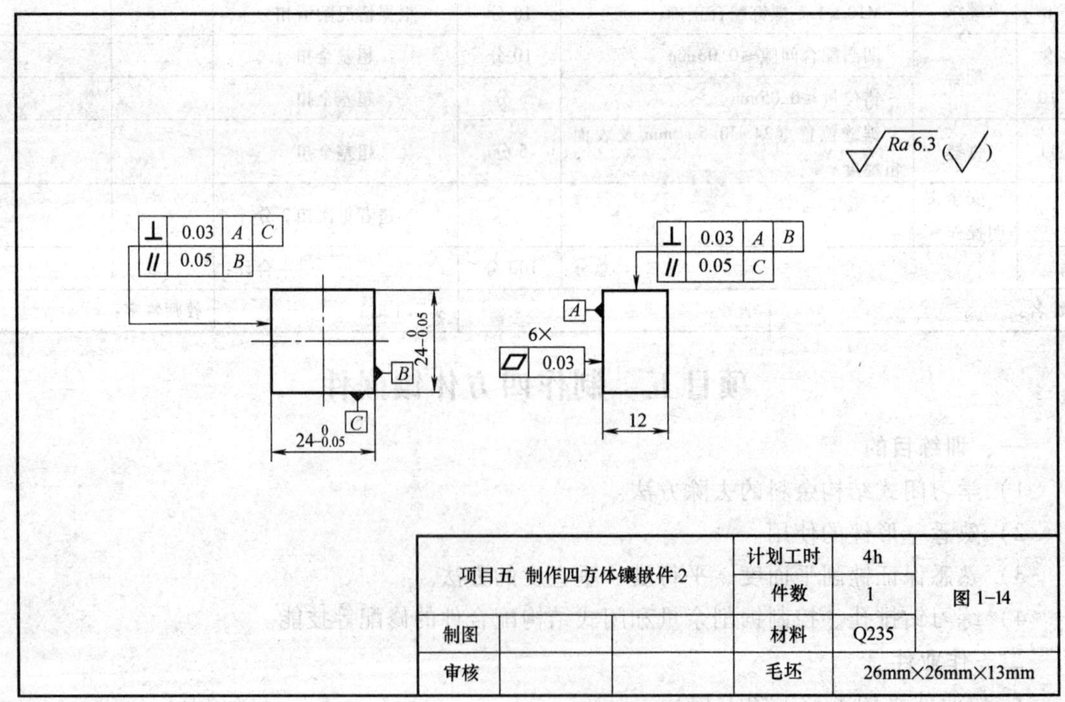

图 1-14 四方体镶嵌件 2

2）配合间隙 $\delta \leqslant 0.1\mathrm{mm}$，配合面表面粗糙度 $Ra = 6.3\mu\mathrm{m}$。

3）用塞尺测量配合间隙。

三、加工重难点分析

加工难点：闭式余料去除、内角清角、闭式内部结构的测量。

1. 闭式余料去除

对于闭式结构，由于不能直接沿划线锯削加工表面，所以一般情况下，可先在工件中心钻一个工艺孔，穿入锯条，然后将锯条安装到锯弓上，再将加工面锯成若干块，如图 1-15a 所示，最后分别锯除（錾去）被分割成多块的余料，如图 1-15b 所示。

2. 内角清角

在本项目中，内角处没有工艺孔或退刀槽，加工难度较大，需清除内角根部的材料，称为清角。在清角时，容易破坏已加工面，因此，清角使用的锉刀，可以是整形锉，也可以是被磨了侧边的锉刀和锯条。通常在清角时，锉刀与锯条需配合使用，具体方法如图 1-16 所示。

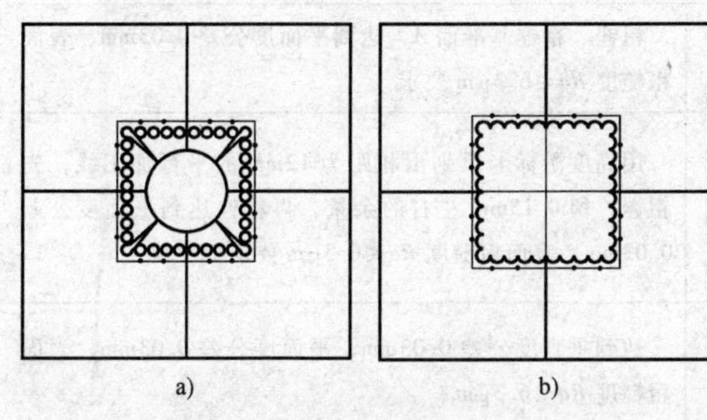

图 1-15　闭式结构余料去除
a）分割加工面　b）锯除余料

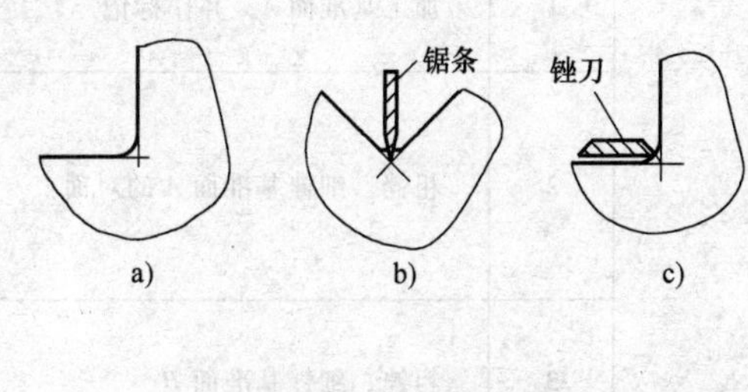

图 1-16　清角操作方法
a）普通锉刀加工后的内角　b）用修磨后的锯条分割内角　c）用修磨后的锉刀将分割后的内角锉去

3. 闭式内部结构的测量

闭式内部结构的测量有直接测量法和间接测量法两种。

（1）直接测量法　直接测量法多用于圆孔或工件外表面形状不规则结构的测量。一般用游标卡尺的内测量爪直接测量内部结构尺寸。

（2）间接测量法　间接测量法用于非圆的内部尺寸测量且要求工件外表面形状规则。即用千分尺测量工件实体部分尺寸后，再用工件外部尺寸减去实体部分尺寸的测量方法，如图 1-17 所示，内部水平方向尺寸为 $L = L_1 - L_2 - L_3$。

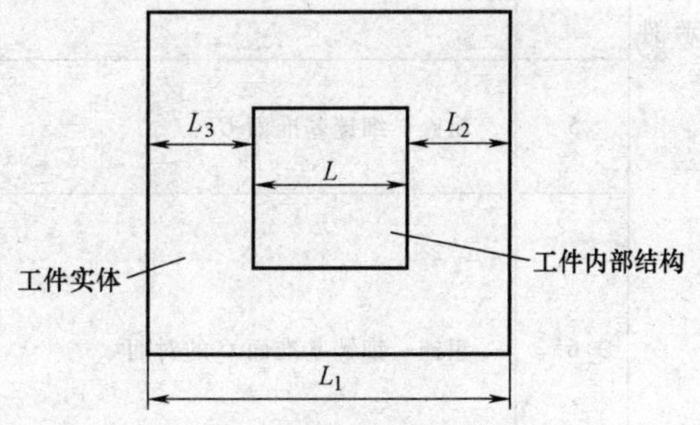

图 1-17　内部尺寸间接测量

四、工艺卡（表 1-12）

表 1-12 四方体镶嵌件工艺卡

<table>
<tr><td>零件图号</td><td>图 1-13、图 1-14</td><td colspan="2" rowspan="2">项目五 制作四方体镶嵌件</td><td>机床型号</td><td colspan="3">钻床 Z512B-2</td></tr>
<tr><td>计划工时</td><td>8h</td><td>毛坯材料</td><td>Q235</td><td>毛坯尺寸</td><td>48mm×48mm×12mm</td></tr>
<tr><td colspan="4">工具、夹具表</td><td colspan="4">量具表</td></tr>
<tr><td>1</td><td>划针、划规</td><td>7</td><td>平口钳，软钳口</td><td>1</td><td colspan="3">游标卡尺（0～150mm）、金属直尺</td></tr>
<tr><td>2</td><td>方箱、平板</td><td>8</td><td>划线液</td><td>2</td><td colspan="3">角度样板、表面粗糙度样板</td></tr>
<tr><td>3</td><td>扁锉（粗、细）、方锉、三角锉</td><td>9</td><td>砂轮机</td><td>3</td><td colspan="3">高度游标卡尺（0～300mm）</td></tr>
<tr><td>4</td><td>样冲、锤子</td><td>10</td><td>钻头</td><td>4</td><td colspan="3">千分尺（25～50mm）</td></tr>
<tr><td>5</td><td>锯弓、锯条</td><td></td><td></td><td>5</td><td colspan="3">直角尺、刀口形直尺</td></tr>
<tr><td>6</td><td>毛刷、锉刀刷</td><td></td><td></td><td>6</td><td colspan="3">塞尺</td></tr>
<tr><td>工序</td><td>工步</td><td colspan="2">工序内容</td><td colspan="4">备注</td></tr>
<tr><td>1. 检查备料</td><td>1</td><td colspan="2">检查备料毛坯的各项尺寸</td><td colspan="4"></td></tr>
<tr><td rowspan="7">2. 加工凸四方件（图示件 2）</td><td>1</td><td colspan="2">加工基准面 A，并作标记</td><td colspan="4">粗锉、精锉基准面 A，达到平面度公差 0.03mm、表面粗糙度 $Ra \leqslant 6.3\mu m$ 要求</td></tr>
<tr><td>2</td><td colspan="2">粗锉、细锉基准面 A 的对面</td><td colspan="4">用高度游标卡尺划出相距为 12mm 的平行加工线，先粗锉，留 0.15mm 左右的余量，再精锉达到平面度公差 0.03mm、表面粗糙度 $Ra \leqslant 6.3\mu m$ 要求</td></tr>
<tr><td>3</td><td colspan="2">粗锉、细锉基准面 B</td><td colspan="4">达到垂直度公差 0.03mm、平面度公差 0.03mm、表面粗糙度 $Ra \leqslant 6.3\mu m$</td></tr>
<tr><td>4</td><td colspan="2">粗锉、细锉基准面 B 的对面</td><td colspan="4">用高度游标卡尺划出相距为 24mm 的平行加工线，先粗锉，留 0.15mm 左右的精锉余量，再精锉达到尺寸 $24_{-0.05}^{0}$mm、平行度公差 0.05mm、垂直度公差 0.03mm、平面度公差 0.03mm、表面粗糙度 $Ra \leqslant 6.3\mu m$</td></tr>
<tr><td>5</td><td colspan="2">粗锉、细锉基准面 C</td><td colspan="4">垂直度公差 0.03mm、平面度公差 0.03mm、表面粗糙度 $Ra \leqslant 6.3\mu m$</td></tr>
<tr><td>6</td><td colspan="2">粗锉、细锉基准面 C 的对面</td><td colspan="4">用游标高度尺划出相距为 24mm 的平面加工线，先粗锉，留 0.15mm 左右的精锉余量，再精锉达到尺寸 $24_{-0.05}^{0}$mm、平行度公差 0.05mm、垂直度公差 0.03mm、平面度公差 0.03mm、表面粗糙度 $Ra \leqslant 6.3\mu m$</td></tr>
<tr><td>7</td><td colspan="2">全部精度复检，并作必要的修整锉削</td><td colspan="4">尺寸精度用游标卡尺和千分尺测量；平面度用刀口形直尺和塞尺测量；垂直度用直角尺和塞尺测量；平行度用游标卡尺测量</td></tr>
</table>

（续）

工序	工步	工序内容	备注
3. 镶嵌凹四方体（图示件1）	1	修整外形基准面 A、B	使 A、B 面互相垂直，并与大平面垂直
	2	按图样划出凹四方体 24mm × 24mm 尺寸加工轮廓线	以 A、B 面为基准，并用已加工好的凸四方体校核所划线的正确性
	3	划排孔中心线	根据钻排孔用钻头的直径，划出排孔的中心连线 注意：排孔的中心连线到加工轮廓距离 = 排孔半径 + 0.2mm
	4	在加工轮廓线和排孔中心线上打样冲眼	注意：排孔中心间的距离等于排孔孔径。加工轮廓上的样冲眼深度较浅，排孔中心上的样冲眼较深且圆
	5	钻排孔	按照划线所确定的各排孔中心，沿单方向依次钻出排孔，如图 1-15a 所示
	6	分割加工面	分割方法，如图 1-15a 所示
	7	锯除余料，然后用方锉粗锉至接近线条。注意：每边留 0.1～0.2mm 精锉加工余量	锯除余料的方法如图 1-15b 所示
	8	精锉第一面（靠近平行于外形基准 A 面的面）	达到加工面纵横平直，并与 A 面平行且与大平面垂直的要求
	9	精锉第二面（第一面的对应面）	达到与第一面平行，尺寸 24mm 可用凸四方体件（件 2）试镶，使其能较紧地塞入即可，以留有修整余量
	10	精锉第三面（靠近平行于外形基准 B 面的面）	锉至接触划线线条，达到加工面纵横平直，并与大平面垂直，与 B 面平行，最后还要用角度样板检查修整，达到与第一、第二面的垂直度和清角要求
	11	精锉第四面（第三面的对应面）	达到与第三面平行，与两侧面及大平面垂直，并用凸四方体试镶，使其能较紧的塞入即可
	12	精锉修整各面：用凸四方体镶嵌，进行修整	先用透光和涂色相结合的方法检查接触部位，然后逐步修锉达到配合要求，最后作转位互换的修整，达到转位互换的要求，并用手将凸四方体推出、推进无阻滞
	13	全部精度复检，修整、锐边倒钝、清除飞边	检查配合精度，最大间隙处用两片 0.1mm 的塞尺塞入对组面进行检查，其塞入深度不得超过 6mm，最大喇叭口用两片 0.14mm 塞片检查，其塞入深度不得超过 3mm

五、容易出现的问题和注意事项

1）钻排孔时，由于钻头直径较小，需要将转速调高，一般为台钻的最高转速。

2）用塞尺测量配合间隙时，各配合面必须交换配合检验，所得到的间隙最大值为配合间隙。用塞尺检测配合面间隙的方法为：当塞尺进入配合面的接触宽度超过 1/3 时，应将塞尺厚度增大一级再作检测，直至测出间隙尺寸。

3）注意各表面的加工次序，不能按顺时针或逆时针方向加工。

4）清角时，锯削深度不能超过划线。

5）配合修锉时，可以通过透光法和涂色显示法来确定修锉部位和余量。

六、评分标准

表 1-13 四方体镶嵌件评分表

序号	项目与技术要求		配分	评分标准	扣分	得分
1	规范操作（工件装夹、加工和测量操作姿势）		10 分	不符合要求酌情扣分		
2	凸件	尺寸要求 $24_{-0.05}^{\ 0}$mm（2 处）	6×2 分	超差 0.01mm 扣 6 分		
3		平行度公差 0.05mm（2 处）	4×2 分	超差 0.01mm 扣 4 分		
4		垂直度公差 0.03mm（4 处）	4×4 分	超差 0.01mm 扣 4 分		
5		平面度公差 0.03mm（6 处）	2×6 分	超差 0.01mm 扣 2 分		
6	凹件	喇叭口 <0.14mm（4 处）	2×4 分	超差 0.01mm 扣 2 分		
7	配合	换位配合间隙 ≤0.1mm（4 处）	6×4 分	超差 0.01mm 扣 6 分		
8	其他	表面粗糙度 $Ra≤6.3\mu m$（10 面）	1×10 分	1 面不合要求扣 1 分		
9	安全文明操作			违者每次扣 2 分		
		总分：	100 分	合计：		
姓名：		学号：		实际工时：	教师签字：	

项目六 制作燕尾镶配件

一、训练目的

掌握要求较高的燕尾镶配方法，提高锉配技能。

二、作业件及要求

1. 作业件（图 1-18、图 1-19）

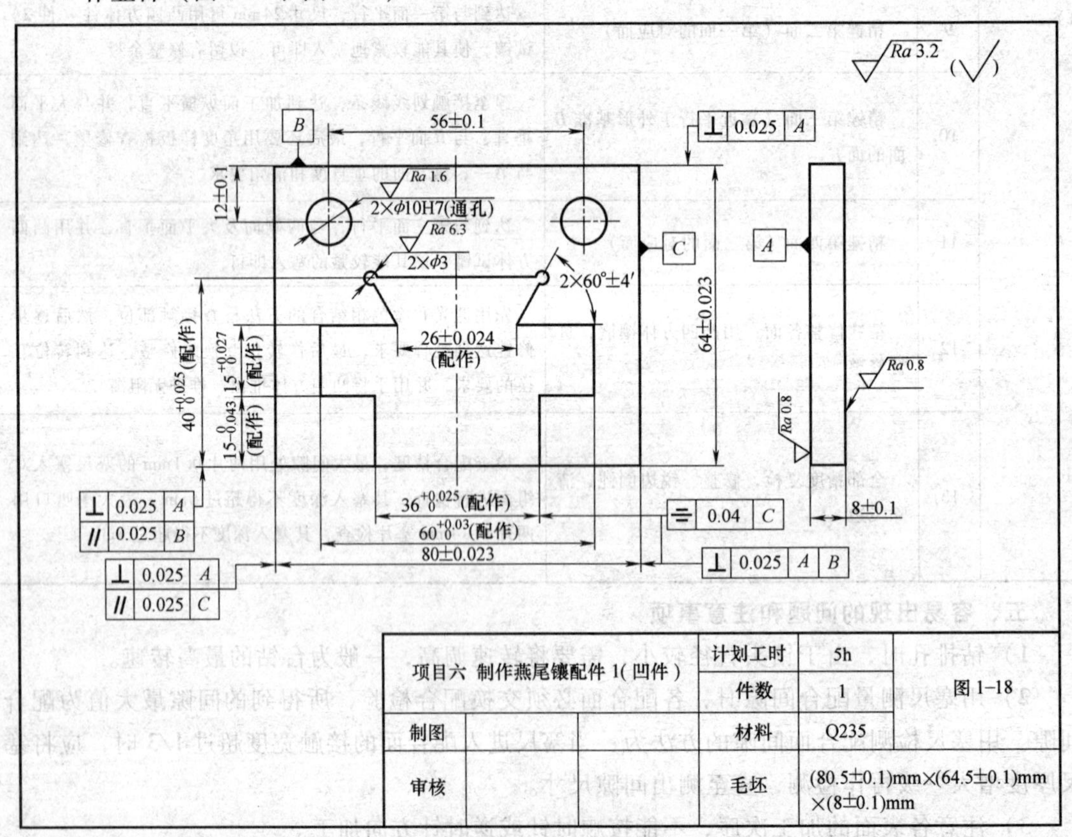

图 1-18 燕尾镶配件件 1

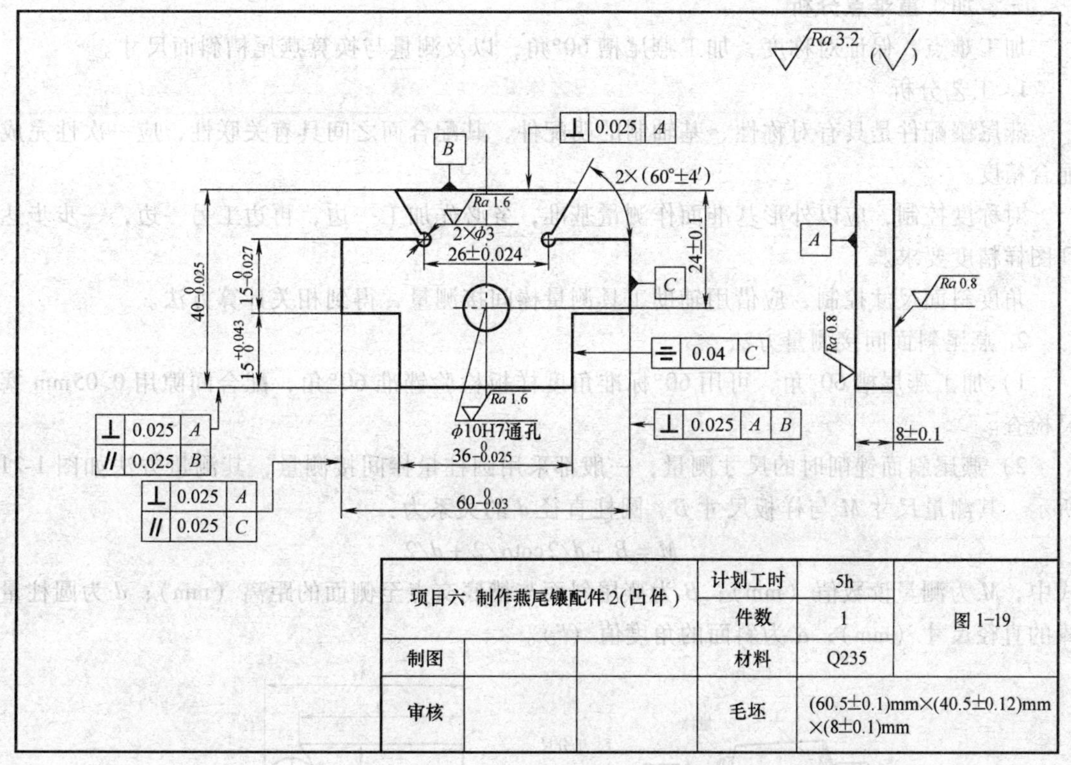

图 1-19　燕尾镶配件件 2

2. 基本要求

1）以凸件（图 1-19）为基准，凹件（图 1-18）配作。配合互换间隙≤0.04mm，下侧错位量≤0.05mm。

2）凸件上 ϕ10H7 孔与凹件上两孔的距离，换位后变化量不大于 0.1mm。

3）燕尾镶配坯料毛坯如图 1-20 所示。

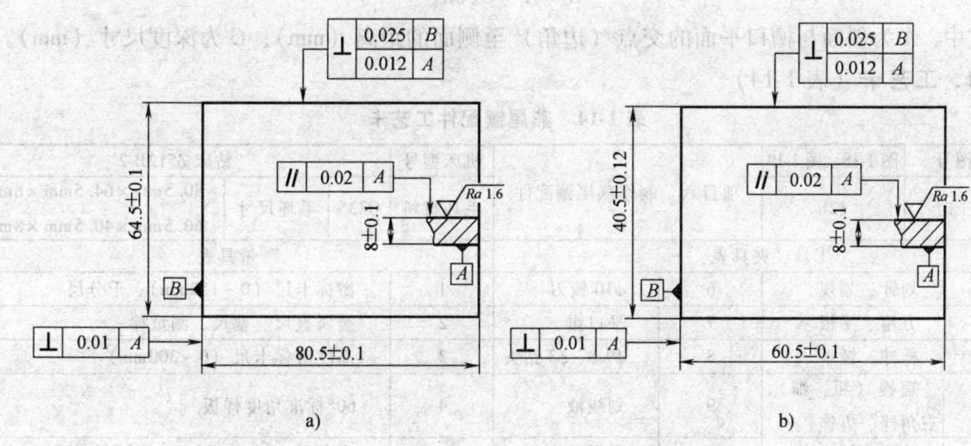

图 1-20　燕尾镶配坯料尺寸及几何公差要求

a）件 1 坯料　b）件 2 坯料

三、加工重难点分析

加工难点：保证对称度，加工燕尾槽60°角，以及测量与换算燕尾槽斜面尺寸。

1. 工艺分析

燕尾镶配件是具有对称性、基轴制的明配件，其配合面之间具有关联性，应一次性完成配合精度。

对称度控制，应以外形基准面作测量基准，务必先加工一边，再边工另一边，一步步达到图样精度要求。

角度斜面尺寸控制，应借用辅助工具测量棒间接测量，得到相关计算方法。

2. 燕尾斜面间接测量方法

1）加工燕尾槽60°角，可用60°标准角度样板检验锉准60°角，配合间隙用0.05mm塞尺检查。

2）燕尾斜面锉削时的尺寸测量，一般都采用圆柱量棒间接测量，其测量方法如图1-21所示。其测量尺寸M与样板尺寸B、圆柱直径d的关系为：

$$M = B + d/2\cot\alpha/2 + d/2$$

式中，M为测量读数值（mm）；B为燕尾斜面与槽底交点至侧面的距离（mm）；d为圆柱量棒的直径尺寸（mm）；α为斜面的角度值（°）。

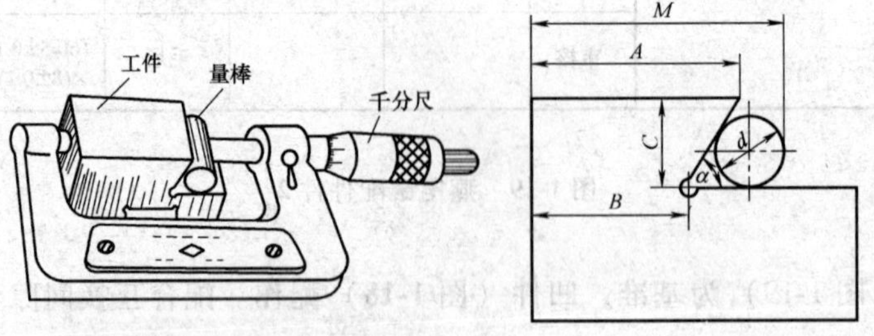

图1-21　燕尾斜面间接测量方法

当要求尺寸为A时，则可按下式进行换算，即：

$$B = A - C\cot\alpha$$

式中，A为斜面与槽口平面的交点（边角）至侧面的距离（mm）；C为深度尺寸（mm）。

四、工艺卡（表1-14）

表1-14　燕尾镶配件工艺卡

零件图号	图1-18、图1-19	项目六　制作燕尾镶配件		机床型号	钻床Z512B-2		
计划工时	12h			毛坯材料	Q235	毛坯尺寸	80.5mm×64.5mm×8mm 60.5mm×40.5mm×8mm
工具、夹具表				量具表			
1	划针、划规	6	ϕ10铰刀	1	游标卡尺（0~150mm）、千分尺		
2	方箱、平板	7	平口钳	2	金属直尺、塞尺、测量棒		
3	样冲、锤子	8	ϕ9.8、ϕ3钻头	3	高度游标卡尺（0~300mm）		
4	扁锉（粗、细）、三角锉、方锉、	9	划线液	4	60°标准角度样板		
5	毛刷、锉刀刷	10	润滑油	5	直角尺、刀口形直尺、百分表		
工序	工步	工序内容		备注			
1. 检查备料	1	检查坯料的各项尺寸，确定加工工序		如图1-20所示			

（续）

工序	工步	工序内容	备注
2. 加工坯料	1	粗锉、精锉 *B* 面，使其与基准面 *A* 垂直（基准面）	
	2	粗锉、精锉 *C* 面，使其与基准面 *A* 面、*B* 面分别垂直	
	3	锉削其余两平面，分别垂直于 *A* 面，平行于 *B*、*C* 面，并保证尺寸精度达到要求	
3. 划线	1	按图示尺寸分别划出凸件、凹件位置形状尺寸（符合图样要求）	
4. 加工凸件	1	用 $\phi9.8$mm 的钻头，钻削 $\phi9.8$mm 通孔，用 $\phi10$ 铰刀进行铰孔，并两端去飞边	为了保证孔口位置正确，钻孔前需要划检查框
	2	用手锯按图示位置锯削①处，注意留 0.3～0.5mm 锉削余量	
	3	粗锉、精锉①至尺寸位置要求：要求 *D* 面和 *E* 面分别垂直大平面 *A*，且 *D*∥*B*，*E*∥*C*。注意通过对称度间接工艺控制尺寸 *M* 值，保证凸件对称度要求	
	4	用手锯按图示位置锯削②，注意留 0.3～0.5mm 锉削余量	
	5	粗锉、精锉②至尺寸位置要求：要求 *D* 面和 *F* 面分别垂直大平面 *A*，且 *D*∥*B*，*F*∥*E*，加工外保证 $36_{-0.025}^{\ 0}$mm	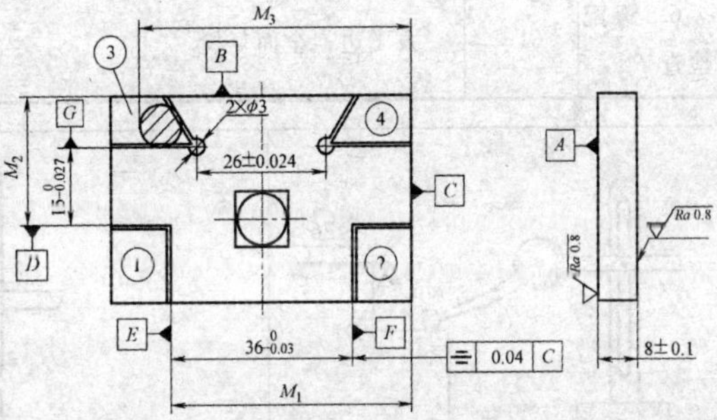
	6	用手锯按图示位置锯削③处，注意留 0.3～0.5mm 锉削余量	
	7	粗锉、精锉③至尺寸位置要求：①要求 *G* 面和大平面 *A* 垂直，且 *G*∥*D*，以保证中间 $15_{-0.027}^{\ 0}$mm 尺寸。2）要求 60°面垂直于大平面 *A*，通过对称度间接工艺控制尺寸，保证燕尾凸件对称度要求。 燕尾对称度控制方法与测量方法，请参见本项目加工重难点	1）凸台对称度控制方法与间接工艺控制尺寸（M_1、M_2），请参见项目四凸件的制作要点； 2）燕尾凸件对称度与间接工艺控制尺寸（M_3）的计算和测量方法，请参见本项目加工重难点分析
	8	用手锯按图示位置锯削④处，注意留 0.3～0.5mm 锉削余量	
	9	粗锉、精锉④至尺寸位置要求：①要求 *G* 面和 60°面分别垂直大平面 *A*，还要保证 *G*⊥*C*，*G*∥*D*，且加工处保证 $15_{-0.027}^{\ 0}$mm。②要求 60°面垂直大平面 *A*，保证燕尾槽处 26±0.024mm 要求	

（续）

工序	工步	工序内容	备注
5. 加工凹件	1	划线：分别以 *B* 面、*C* 面为基准（与 *A* 垂直），划出凹件的尺寸加工位置（符合图样尺寸要求）	
	2	钻 ϕ9.8mm 孔及铰 ϕ10mm 孔，符合图样尺寸要求	
	3	钻工艺孔及凹件排孔位置	2×ϕ3 凹件钻排孔去除余料方法，可参见项目五和项目四
	4	用手锯锯切凹件多余部分，并留锉削余量 0.3～0.5mm	为提高加工效率，尽量用手锯去除尽可能多的余量
	5	粗锉、精锉凹件至图样尺寸和几何尺寸要求： 1）凹槽 $36_{0}^{0.025}$mm 处（配作） 2）凹槽 $60^{+0.03}_{0}$ mm、$15^{0}_{-0.043}$ mm、$15^{+0.027}_{0}$mm 处配作 3）凹槽燕尾处 26 ± 0.024mm、60° ±4′、$40^{0}_{-0.025}$mm 处配作	用凸件配锉凹件各面，达到配合互换间隙≤0.04mm 和错位量≤0.05mm 要求，注意锉配时一般不再加工凸形面，否则会难于修配。 为保证凹件对称度要求，锉削各面时要分别按照对称度控制方法与间接工艺控制尺寸完成，请参见项目四凹件的制作要点和本项目加工重难点
6. 镶配检查	1	去飞边，全面复检	燕尾角度、斜面测量方法，如图 1-22 所示

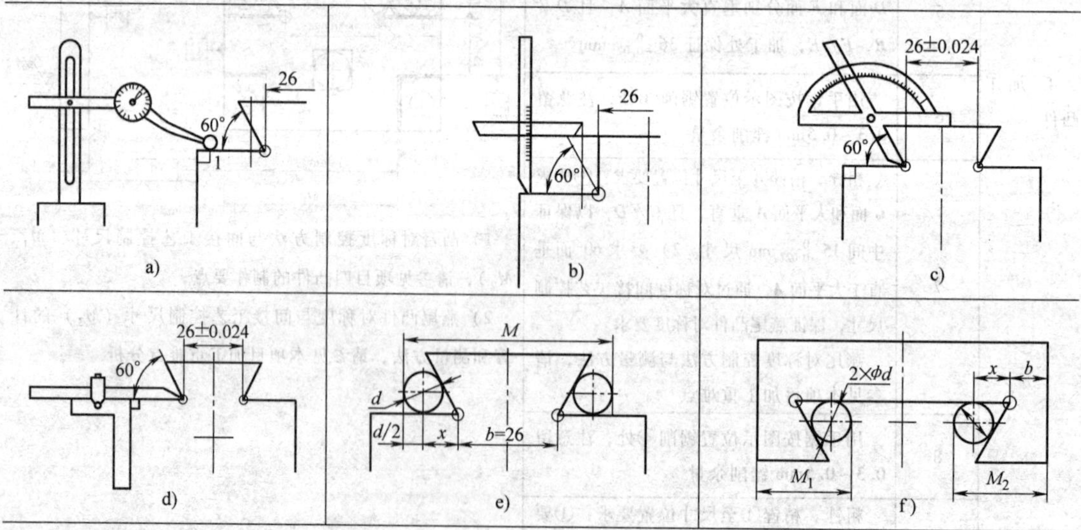

图 1-22　燕尾角度斜面测量方法

a）百分表检测平面度、平行度　b）深度游标卡尺检测凸台高度与顶面平行度　c）游标万能角度尺检测 60°角及燕尾斜面平面度　d）游标万能角度尺检测平面度、平行度　e）用圆柱测量棒间接测量燕尾凸台　f）用圆柱测量棒间接测量燕尾凹槽

五、注意事项

1）以凸件为基准，修配凹件。

2）各尺寸及对称度要严格控制。

3）锉配、修整应综合分析，避免盲目性。

六、评分标准（表1-15）

表1-15　燕尾镶配件评分表

序号	项目与技术要求		配分	评分标准	扣分	得分
1	规范操作（工件装夹、加工和测量操作姿势）		4分	不符合要求酌情扣分		
2	凸件	$60_{-0.03}^{0}$mm	2分	超差不得分		
3		$40_{-0.025}^{0}$mm	3分	超差不得分		
4		$36_{-0.025}^{0}$mm	3分	超差不得分		
5		$15_{-0.027}^{0}$mm（2处）	2×2分	超差一处扣2分		
6		$15_{0}^{+0.043}$mm（2处）	2×2分	超差一处扣2分		
7		（26±0.024）mm	4分	超差不得分		
8		60°±4′（2处）	2×2分	超差一处扣2分		
9		*Ra*值不大于3.2μm（12处）	1×12分	超差一处扣1分，扣完为止		
10		ϕ10H7mm	2分	超差不得分		
11	凹件	（24±0.1）mm	2.5分	超差不得分		
12		（80±0.023）mm	3分	超差不得分		
13		（64±0.023）mm	3分	超差不得分		
14		ϕ10H7mm（2处）	2×2分	超差一处扣2分		
15		（56±0.1）mm	2.5分	超差不得分		
16		（12±0.1）mm（2处）	2×2分	超差一处扣2分		
17		*Ra*值不大于3.2μm（16处）	1×16分	超差一处扣1分		
18		*Ra*值不大于1.6μm（2处）	2×2分	超差一处扣2分		

（续）

序号	项目与技术要求		配分	评分标准	扣分	得分
19	配合	间隙≤0.04（11处）	1×11分	超差1处扣1分，扣完为止		
20		错位量≤0.05	4分	超差不得分		
21		孔距变化量：ϕ10H7凸对凹孔距，换位后变化量≤0.1mm	4分	超差不得分		
22	安全文明操作			违者每次扣2分		
23		总分：	100分	合计：		
姓名：	学号：			实际工时：	教师签字：	

内容三　实习训练件

一、按照图1-23所示的羊角锤头，按图样要求完成加工。

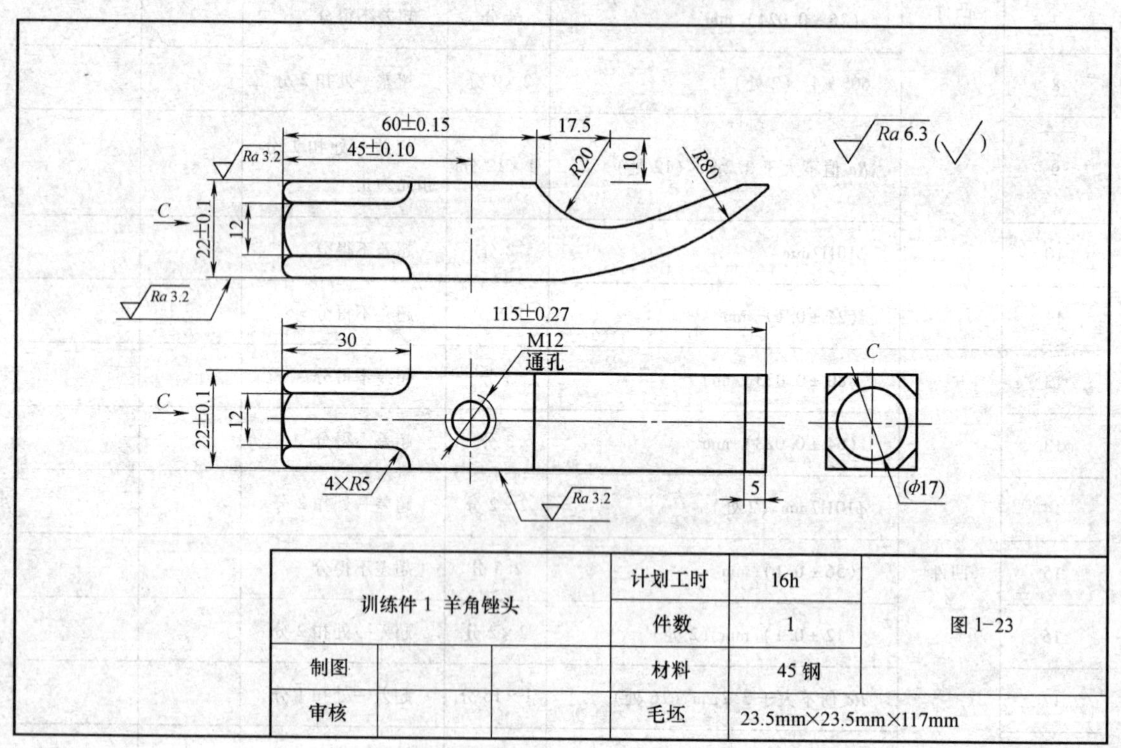

图1-23　羊角锤头

二、按照图 1-24 所示六角螺母，按图样要求完成加工。

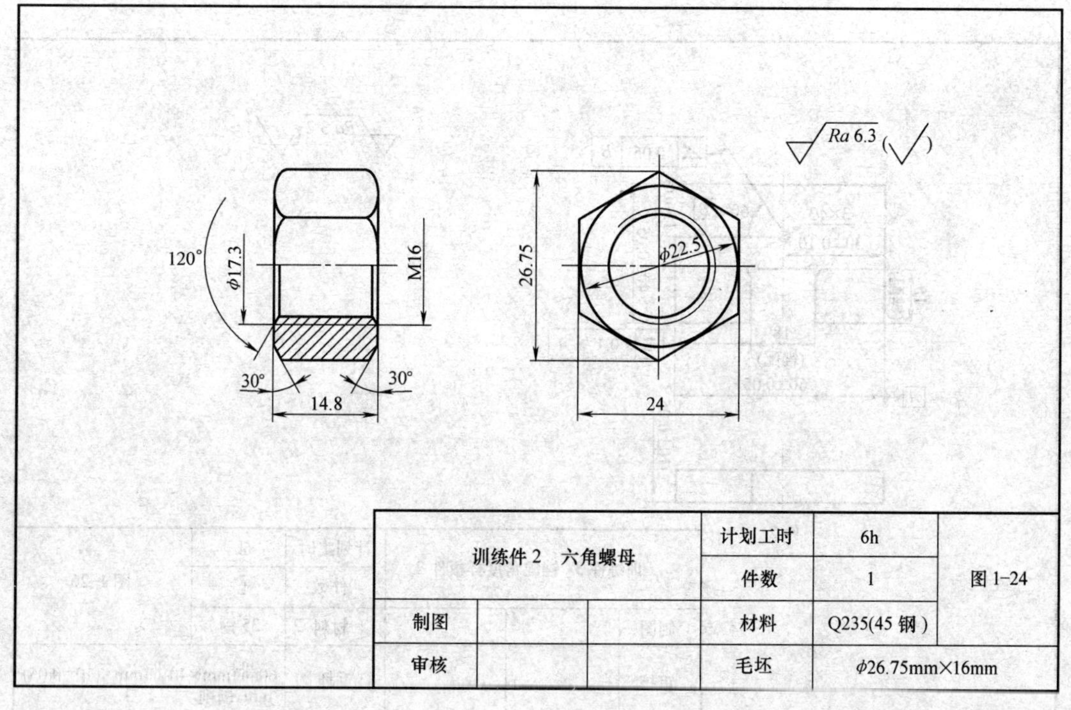

图 1-24　六角螺母

三、按照图 1-25 所示的角度样板及图 1-26、图 1-27 所示配合件件 1 和件 2，按图样要求完成加工，并满足装配要求。

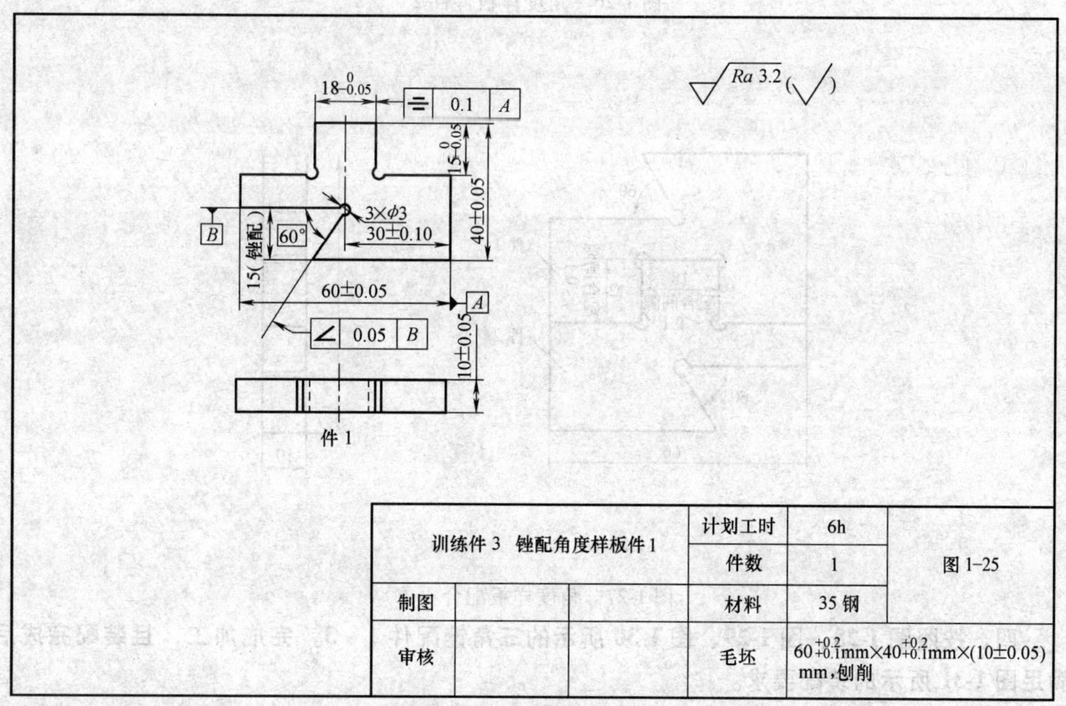

图 1-25　角度样板件件 1

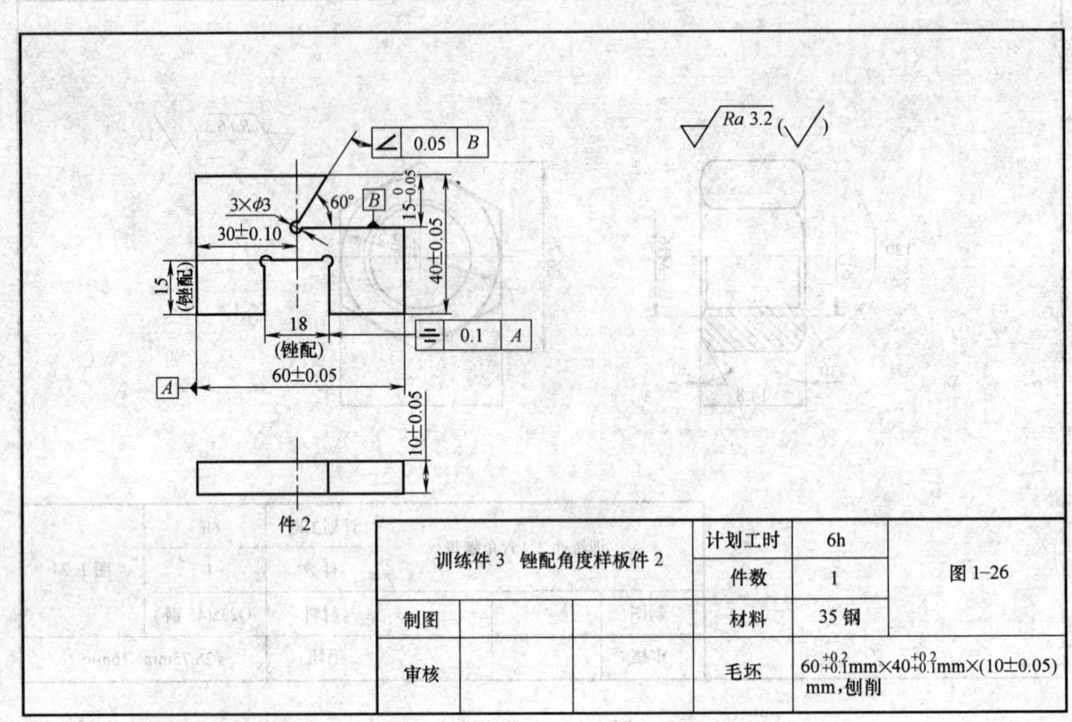

图 1-26 角度样板件件 2

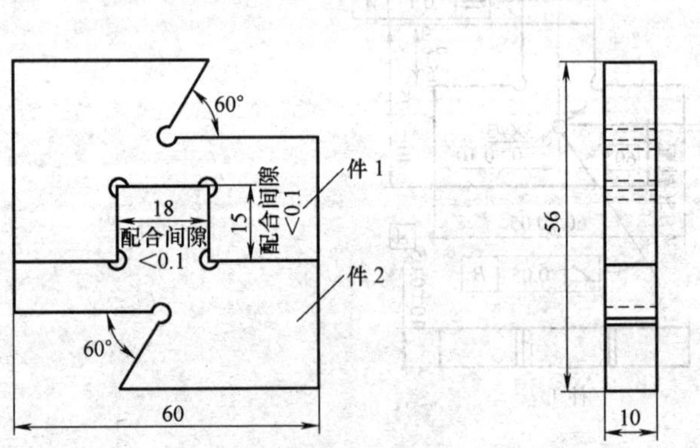

图 1-27 角度样板配合要求

四、按照图 1-28、图 1-29、图 1-30 所示的三角锉配件 1 ~ 3，完成加工，且装配完成后满足图 1-31 所示的装配要求。

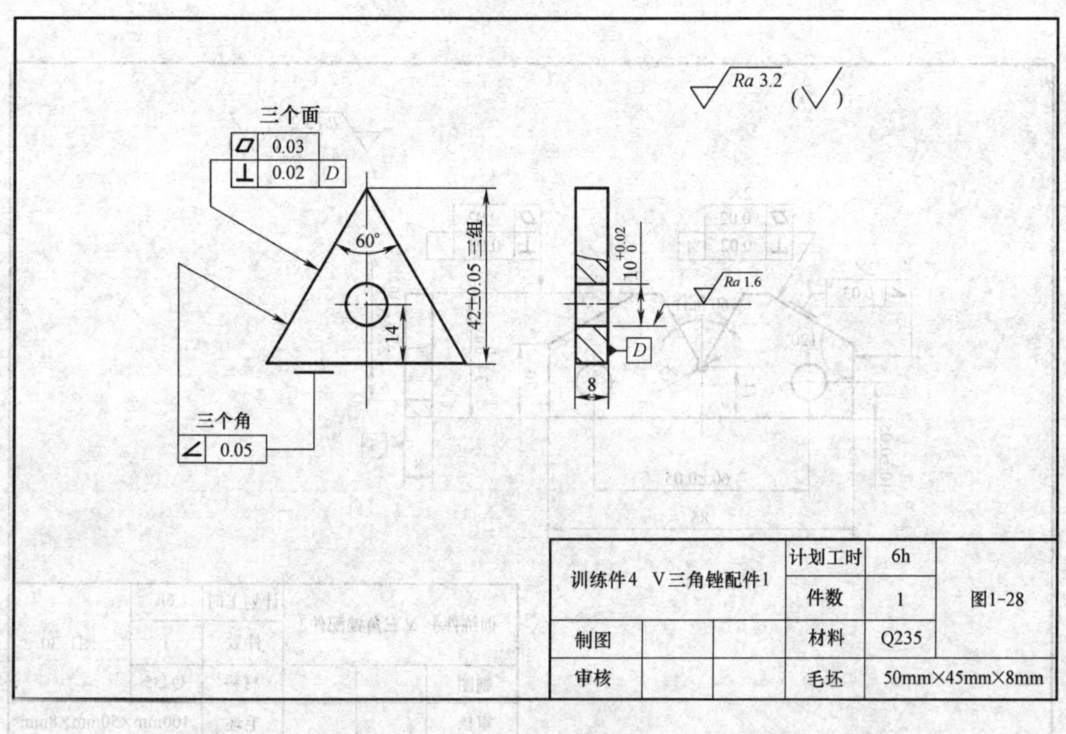

图 1-28　V 三角锉配件 1

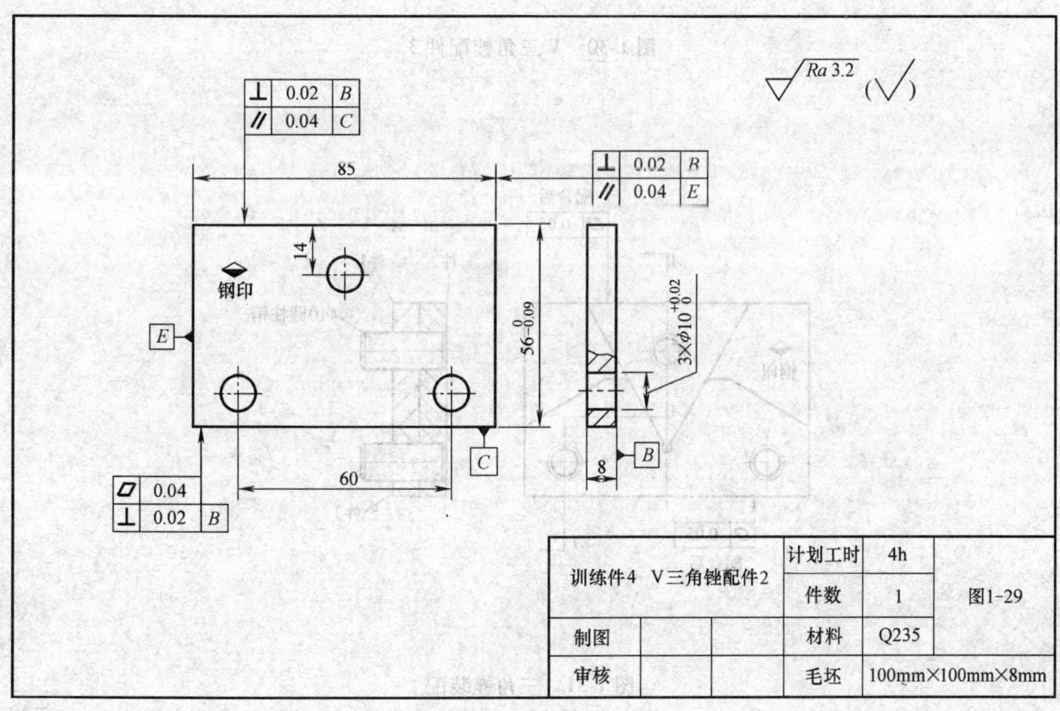

图 1-29　V 三角锉配件 2

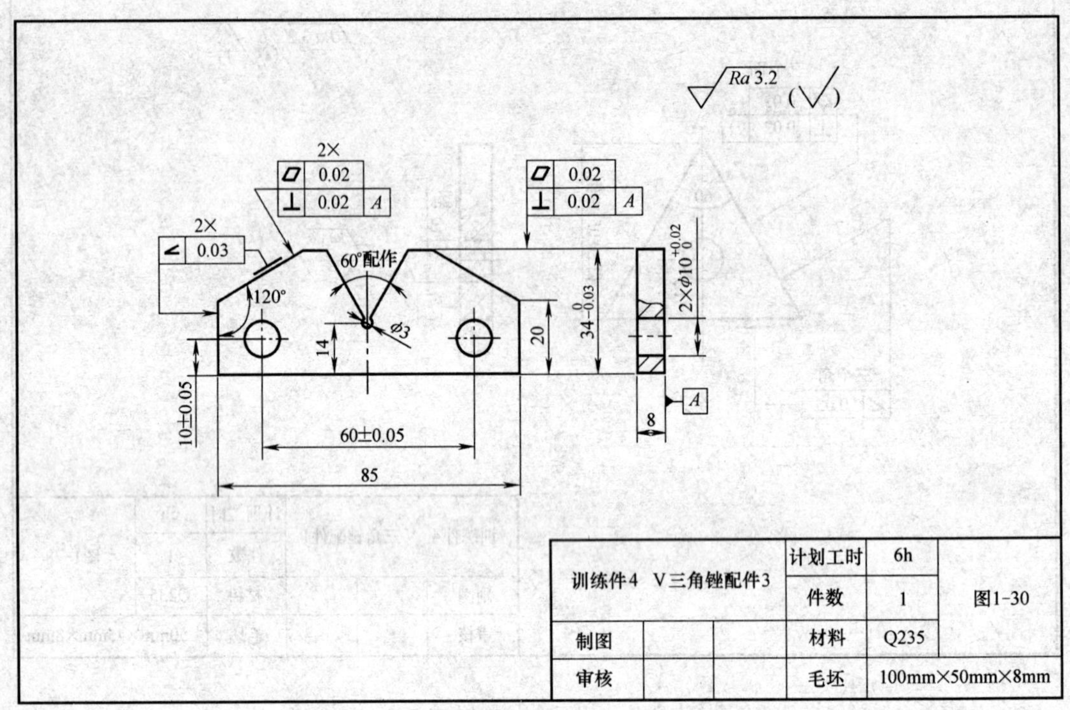

训练件4 V三角锉配件3			计划工时	6h	图1-30
			件数	1	
制图			材料	Q235	
审核			毛坯	100mm×50mm×8mm	

图 1-30 V 三角锉配件 3

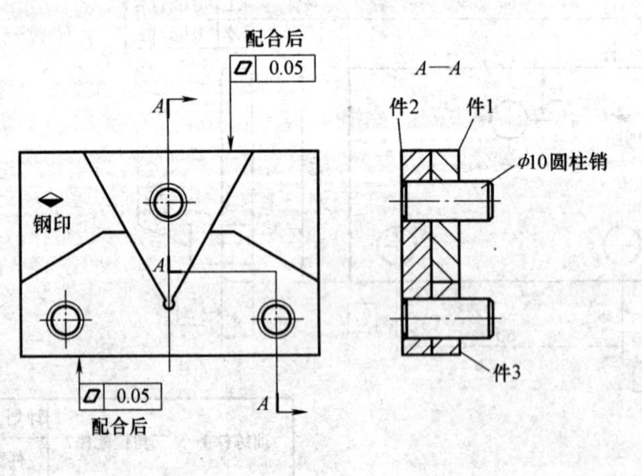

图 1-31 三角锉装配

五、图 1-32、图 1-33 所示为六角体镶嵌件，按图样要求完成锉配制作。

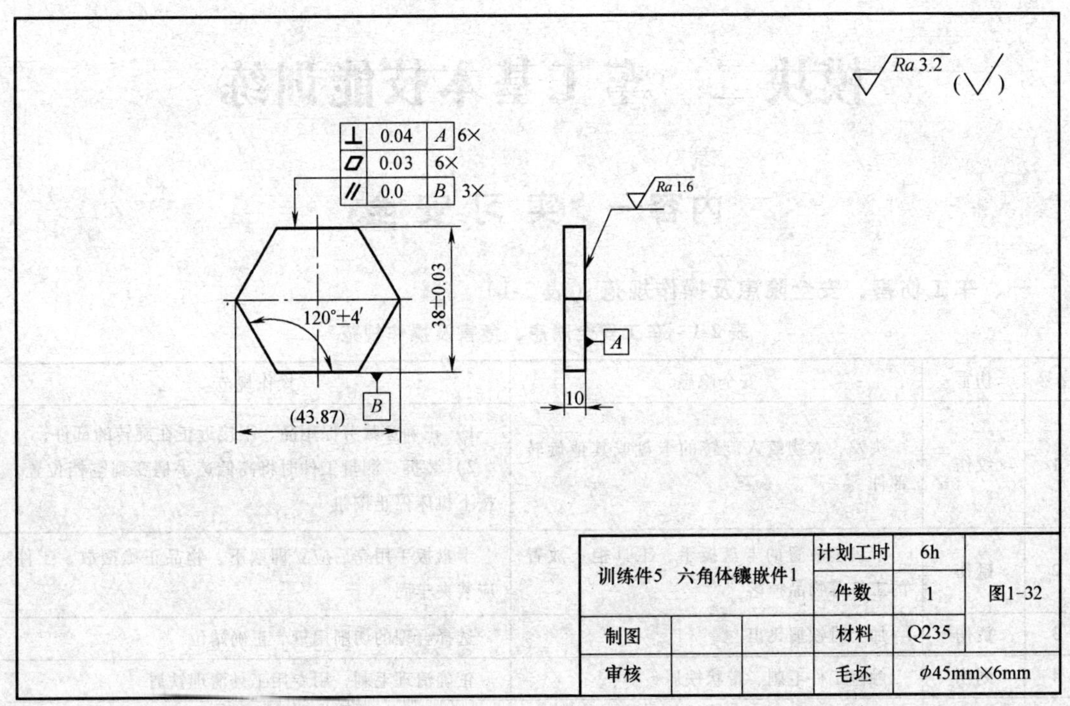

图 1-32 六角体镶嵌件 1

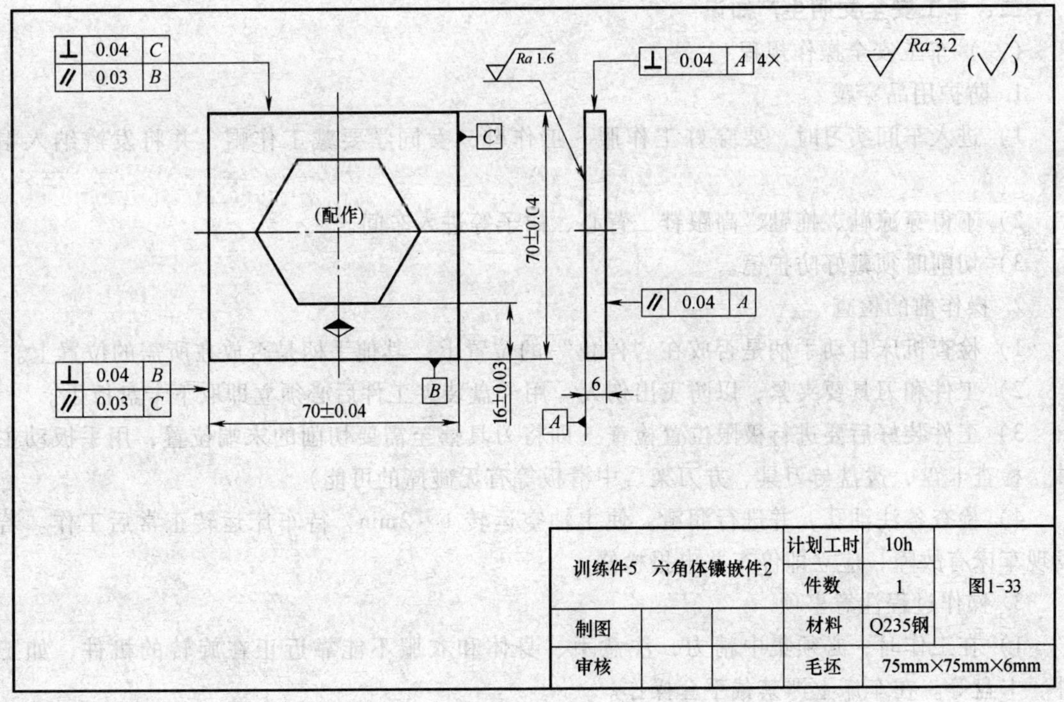

图 1-33 六角体镶嵌件 2

模块二　车工基本技能训练

内容一　实 习 安 全

一、车工伤害、安全隐患及操作规范（表2-1）

表2-1　车工安全隐患、危害及操作规范

序号	伤害	安全隐患	操作规范
1	绞伤	头发、衣物绞入旋转的卡盘或其他旋转部件	1）正确穿戴劳保用品、不接近正在旋转的部件； 2）装拆、测量工件时将高低速手柄变到空档位置，按下机床停止按钮
2	砸伤	卡盘上放置的卡盘扳手、工具柜上放置的工件等物品掉落	卡盘扳手用完后应立即取下，物品正确摆放，工件应装夹牢固
3	烫伤	加工时铁屑飞出	选择合理的切削用量、正确站位
4	划伤	触碰工件毛刺、带状铁屑	正确清理毛刺，用专用工具清理铁屑
5	触电	电气线路损坏，私自开启电控柜	电气故障必须由专职电工进行维修，操作人员不得拆接电气线路、元件，不得开启电控柜

二、车工安全文明生产知识

（一）车工安全操作规程

1. 防护用品穿戴

1）进入车间实习时，要穿好工作服、工作鞋，女同学要戴工作帽，并将发辫纳入帽内。

2）不得穿凉鞋、拖鞋、高跟鞋、背心、裙子等进入车间。

3）切削时须戴好防护镜。

2. 操作前的检查

1）检查机床自动手柄是否放在“停止”的位置上，其他手柄是否放在所需的位置上。

2）工件和刀具要夹紧，以防飞出伤人。用卡盘装夹工件后必须立即取下卡盘扳手。

3）工件装好后要进行极限位置检查（即将刀具摇至需要切削的末端位置，用手扳动主轴，检查卡盘、拨盘与刀具、方刀架、中滑板等有无碰撞的可能）。

4）检查各注油孔，并进行润滑。使主轴空运转1～2min，待车床运转正常后工作。若发现车床有故障，应立即停车并申报检修。

3. 操作过程注意事项

1）在工作时，必须集中精力，注意手、身体和衣服不能靠近正在旋转的机件，如工件、卡盘等。在车床上严禁戴手套操作。

2）主轴变速必须先停车，进给箱手柄要在低速下进行变换。为保证丝杠的精度，除切削螺纹外，不得使用丝杠进行机动进给。

3）凡装卸工件、更换刀具、测量加工表面及变换速度时，必须先停车。

4）用专用铁钩清除切屑，不允许用手直接清除。

5）不准用手制动转动的卡盘。

6）车刀磨损后，应及时刃磨，不允许用钝刃车刀车削，以免增加车床负荷、损坏车床、影响工件表面的加工质量和生产效率。

4. 车工文明生产

1）刀具、量具及工具等的放置要稳妥、整齐、合理，有固定的位置便于操作时取用，用后应放回原处，主轴箱盖上不应放置任何物品。

2）工具箱内应分类摆放物件。精度高的应放置稳妥，重物放下层、轻物放上层，不可随意乱放，以免损坏和丢失。

3）正确使用和维护量具。要保持清洁，用后擦拭干净并涂油，放入盒内及时归还工具室。所使用的量具必须定期检验，以保证其度量精确。

4）不允许在卡盘及床身导轨上敲击或校直工件，床面上不准放置工具或工件。装夹找正较重工件时，应用木板保护床面。

5）工作完成后，应切断电源，扫清切屑，擦净机床，在导轨面上涂防锈油，各部件应调整到正确位置，打扫现场卫生。

内容二　项 目 实 例

轴类零件，一般指长径比大于3的机械零件。通常轴类零件由圆柱面（或圆锥面）、台阶面和端面组成。因此，轴类零件的车削，主要是车外圆、台阶、端面、切断、切槽、偏心轴等的操作。

车削加工轴类零件时，除了要达到尺寸精度和表面粗糙度要求外，同时还应满足一定的几何精度要求，如圆度、圆柱度、垂直度等，在本项目集中安排车台阶轴零件、车锥面轴零件、车圆球轴零件、车螺纹以及车榔头杆件五个项目（项目一～项目五）。

盘、套类零件主要由孔、外圆和端面组成，所以，对盘、套类零件的加工，除上述的外圆、端面加工外，还有车内孔和在车床上钻孔、扩孔和铰孔等，在本项目集中安排车轴套类零件、车内螺纹轴套件、车固定套三个项目（项目六～项目八）。

项目一　车台阶轴零件

一、训练目的

1）掌握车削台阶工件的方法。

2）掌握找正工件外圆和端面的方法。

3）掌握控制轴向尺寸和径向尺寸的方法。

4）巩固用量具测量轴向和径向尺寸的方法。

5）能较为合理地选择切削用量。

二、作业件及要求

1. 作业件（图2-1）

2. 基本要求

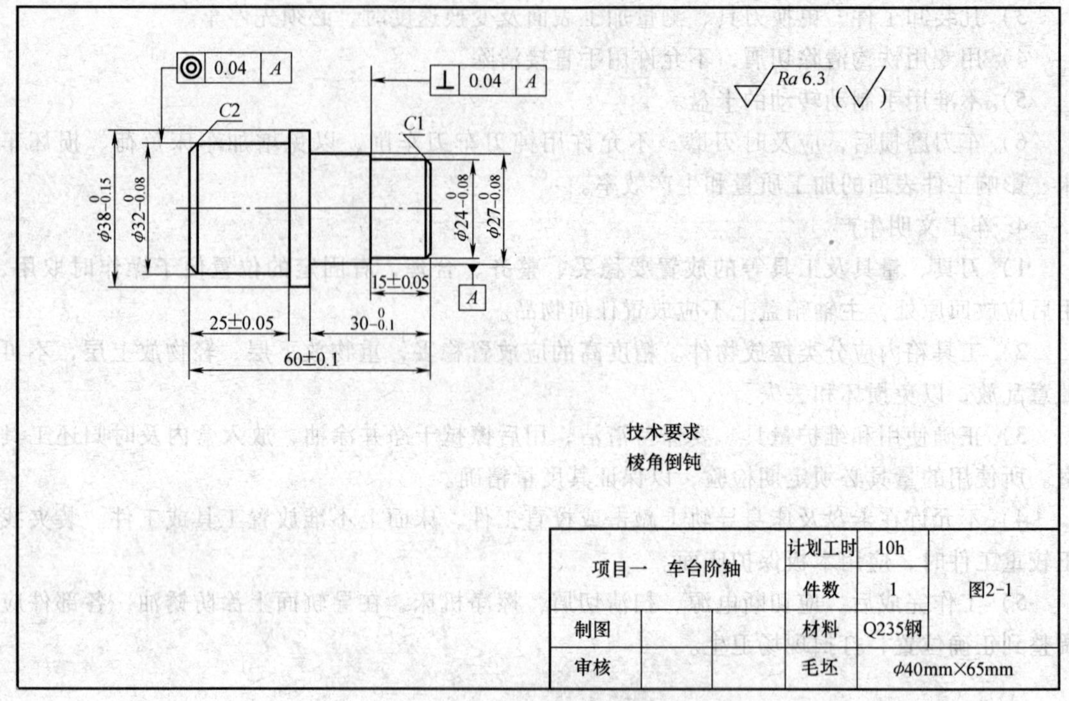

图 2-1 台阶轴

1）轴段之间的同轴度。

2）外圆和台阶平面的垂直度。

3）台阶平面的平面度。

4）外圆和台阶平面相交处的清角。

三、加工重难点分析

该台阶轴的表面由外圆、轴肩组成，4 段轴与三段台阶长度均有尺寸公差要求，为双面台阶轴，需双向加工。保证台阶长度与调头后的装夹找正为该项目的加工难点。

四、工艺卡（表 2-2）

表 2-2 车台阶轴工艺卡

零件图号	图 2-1	项目一 车台阶轴		机床型号	C6132 卧式车床		
计划工时	1h			毛坯材料	45 钢	毛坯尺寸	ϕ40mm × 65mm
刀具、夹具、工具表				量具表			
1	45°端面车刀	3	三爪自定心卡盘、找正盘	1	游标卡尺（0 ~ 150mm）		
2	90°右偏刀	4	卡盘扳手、刀架扳手、垫片、加力套筒等	2	金属直尺（0 ~ 150mm）		
工序	工步	工序内容		切削用量			备注
				主轴转速 /(r/min)	进给速度 /(mm/min)	背吃刀量 /mm	
1. 检查毛坯	1	检查备料毛坯的各项尺寸，明确加工余量					

（续）

工序	工步	工序内容	切削用量			备　注
			主轴转速/(r/min)	进给速度/(mm/min)	背吃刀量/mm	
2. 车图样左半部分	1	三爪自定心卡盘夹毛坯外圆，零件伸出长度35～40mm，找正				找正盘、卡盘扳手、加力套筒
	2	车端面，注意总长尺寸，车平	400～500	60	<1	45°端面车刀、金属直尺
	3	粗车$\phi38_{-0.015}^{0}$mm，长30mm；$\phi32_{-0.05}^{0}$mm外圆，长25mm，留0.5mm余量（采用刻线法，车台阶长度）	300～400	80	0.5～1	90°右偏刀、金属直尺、游标卡尺
	4	精车$\phi38_{-0.015}^{0}$mm，长5mm；$\phi32_{-0.05}^{0}$mm外圆，长（25±0.05）mm，保证精度，并保证台阶长度，注意台阶平面与轴线垂直（近台阶处时，改手动进给，由里向外慢慢精车台阶平面）	400～500	60	0.01～0.25	90°右偏刀、游标卡尺
	5	倒角C2及去锐角	400～500	手动	0.2～2	45°端面车刀
3. 车图样右半部分	1	调头，用三爪自定心卡盘夹持$\phi32$mm外轴段，找正近卡爪处已车削外圆表面				找正盘、卡盘扳手、加力套筒
	2	粗车端面留0.5mm余量	300～400	80	1	45°端面车刀、游标卡尺
	3	精车端面，并保证平行度，保证总长（60±0.1）mm尺寸要求	400～500	60	0.01～0.5	45°端面车刀、游标卡尺
	4	粗车$\phi27_{-0.08}^{0}$mm，长30mm，$\phi24_{-0.08}^{0}$mm，长15mm轴段，留0.5mm余量，并保证台阶长度（采用刻线法，车台阶长度）	300～400	80	0.5～1	90°右偏刀、金属直尺、游标卡尺
	5	精车$\phi27_{-0.08}^{0}$mm，长$30_{-0.1}^{0}$mm；$\phi24_{-0.08}^{0}$mm，长（15±0.05）mm轴段，保证精度，注意台阶平面与轴线垂直（近台阶处时，改手动进给，由里向外慢慢精车台阶平面）	400～500	60	0.01～0.25	90°右偏刀、金属直尺、游标卡尺
	6	倒角C1及去锐角	400～500	手动	0.2～1	45°端面车刀
4. 检查质量	1	按图样检查各尺寸，合格后取下工件，外圆与长度用游标卡尺检验				

五、容易产生的问题和注意事项

1）台阶平面和外圆相交处要清角，车刀要有明显的刀尖，防止凹坑产生和小阶梯出现。

2）台阶平面与外圆不垂直，其原因可能是车刀不是从里到外横向进给或车刀装夹主偏角小于90°，也可能与刀架、车刀、托板等发生位移有关。

3）多阶梯工件长度的测量，应从一个基面测量，以防积累误差。

4）车端面时会产生凹面或凸面，注意中、小托板不要太松，刀架要压紧，车大端面时可将大托板紧固。

5）为了车削加工安全，一定要记住“先开车，后进刀；先退刀，后停车”的操作规范。

6）使用游标卡尺测量工件时，松紧程度要适当。车床未停止前，不能测量工件。

7）转动刀架时，防止车刀与工件、卡盘相撞。

8）清除铁屑时要先停车，不能直接用手清除铁屑。

9）戴好防护眼镜。

六、评分表（表2-3）

表2-3 台阶轴评分表

序号	项目与技术要求		配分	评分标准	扣分	得分
1	规范操作（工件刀具装夹、加工和测量操作姿势）		10分	不符合要求酌情扣分		
2	总长（60±0.1）mm		10分	不符合要求全扣		
3	车轴段 $\phi38_{-0.015}^{0}$mm		10分	不符合要求全扣		
4	车轴段 $\phi32_{-0.05}^{0}$mm，长度（25±0.05）mm		20分	每项10分，不符合要求全扣		
5	车轴段 $\phi27_{-0.08}^{0}$mm，长度 $30_{-0.1}^{0}$mm		20分	每项10分，不符合要求全扣		
6	车轴段 $\phi24_{-0.08}^{0}$mm，长度（15±0.05）mm		20分	每项10分，不符合要求全扣		
7	车削表面粗糙度		10分	不符合要求酌情扣分		
8	安全文明操作			违者每次扣2分		
9		总分：	100分	合计：		
学生姓名：	学号：		实际工时：		教师签字：	

项目二 车锥面轴零件

一、训练目的

1）掌握转动小托板车削圆锥体的方法。

2）熟悉圆锥的术语，根据工件的锥度，会计算小托板的旋转角度。

3）掌握锥度检查的方法。

4）会分析其产生质量问题的原因。

二、作业件及要求

1. 作业件（图2-2）

2. 基本要求

1）外圆和台阶平面的垂直度。

2）圆锥面的角度符合图样要求。

三、加工重难点分析

锥体的尺寸、锥度的测量是实施该项目的难点。

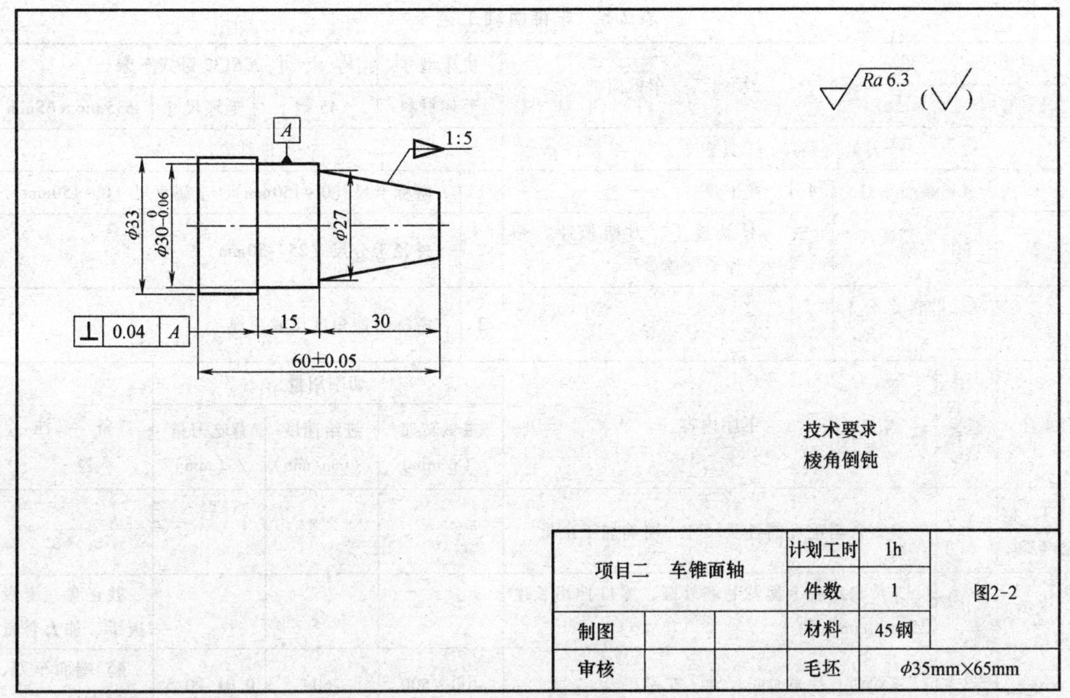

项目二　车锥面轴			计划工时	1h	图2-2
			件数	1	
制图			材料	45钢	
审核			毛坯	φ35mm×65mm	

图 2-2　锥面轴

1. 车锥面轴的主要技术参数计算公式，见表 2-4。

表 2-4　车锥面轴的主要技术参数

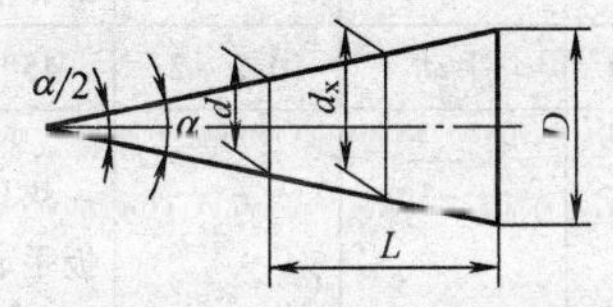

α—圆锥角　　d—最小圆锥直径

D—最大圆锥直径　　d_x—给定截面圆锥直径

L—圆锥长度　　α/2—圆锥半角

尺寸名称	代　号	计算公式
斜度	s	$s=\tan\alpha/2=(D-d)/2L=C/2$
锥度	C	$C=\tan\alpha=(D-d)/L$
最大圆锥直径	D	$D=d+L\tan\alpha=d+CL=d+2L_s$
最小圆锥直径	d	$d=D-L\tan\alpha=D-CL=D-2L_s$

2. 转动小刀架法

车削时，将小托板下面转盘上的两个螺母松开，把转盘转至所需圆锥半角的刻线上，与基准零线对齐，然后固定转盘上的两个螺母，如果圆锥角不是整数，可在刻度附近估计一个值，然后手动进行锥面加工。车削圆锥面必须满足的条件是刀尖与工件轴线等高，刀尖在进给运动中的轨迹是一条直线，且该直线与工件轴线的夹角等于圆锥角 α/2。

四、工艺卡

表 2-5 车锥面轴工艺卡

<table>
<tr><td>零件图号</td><td>图 2-2</td><td colspan="2" rowspan="2">项目二 车锥面轴</td><td>机床型号</td><td colspan="3">C6132 卧式车床</td></tr>
<tr><td>计划工时</td><td>1h</td><td>毛坯材料</td><td>45 钢</td><td>毛坯尺寸</td><td>ϕ35mm × 65mm</td></tr>
<tr><td colspan="4">刀具、夹具、工具表</td><td colspan="4">量具表</td></tr>
<tr><td>1</td><td>45°端面车刀</td><td>4</td><td>找正盘</td><td>1</td><td colspan="3">游标卡尺（0 ~ 150mm）、金属直尺（0 ~ 150mm）</td></tr>
<tr><td>2</td><td>90°右偏刀</td><td>5</td><td>卡盘扳手、刀架扳手、垫片、加力套筒等</td><td>2</td><td colspan="3">外径千分尺（25 ~ 50mm）</td></tr>
<tr><td>3</td><td>三爪自定心卡盘</td><td></td><td></td><td>3</td><td colspan="3">游标万能角度尺或塞规</td></tr>
</table>

<table>
<tr><td rowspan="2">工序</td><td rowspan="2">工步</td><td rowspan="2">工序内容</td><td colspan="3">切削用量</td><td rowspan="2">备　注</td></tr>
<tr><td>主轴转速 /（r/min）</td><td>进给速度 /（mm/min）</td><td>背吃刀量 /（mm）</td></tr>
<tr><td>1. 检查毛坯</td><td>1</td><td>检查备料毛坯的各项尺寸，明确加工余量</td><td></td><td></td><td></td><td></td></tr>
<tr><td rowspan="5">2. 车图样左端</td><td>1</td><td>三爪自定心卡盘夹毛坯外圆，零件伸出长度 25 ~ 30mm，找正</td><td></td><td></td><td></td><td>找正盘、卡盘扳手、加力套筒</td></tr>
<tr><td>2</td><td>车端面，注意总长尺寸，车平</td><td>400 ~ 500</td><td>60</td><td>0.01 ~ 0.5</td><td>45°端面车刀、金属直尺</td></tr>
<tr><td>3</td><td>粗车 ϕ33mm、长 20mm 轴段，并留 0.5mm 余量（刻线法）</td><td>300 ~ 400</td><td>80</td><td>0.5 ~ 1</td><td>90°右偏刀、金属直尺、游标卡尺</td></tr>
<tr><td>4</td><td>精车 ϕ33mm 外圆，长 20mm 轴段</td><td>400 ~ 500</td><td>60</td><td>0.01 ~ 0.5</td><td>90°右偏刀、游标卡尺</td></tr>
<tr><td>5</td><td>倒角及去锐角</td><td>400 ~ 500</td><td>手动</td><td>0.2 ~ 2</td><td>45°端面车刀</td></tr>
<tr><td rowspan="5">3. 车图样右端</td><td>1</td><td>用三爪自定心卡盘夹持 ϕ33mm 外圆轴段，零件伸出长 50mm，找正（找正近卡爪处已车削表面工件外圆）</td><td></td><td></td><td></td><td>找正盘、卡盘扳手、加力套筒</td></tr>
<tr><td>2</td><td>车端面，并保证总长</td><td>400 ~ 500</td><td>60</td><td>0.1 ~ 2</td><td>45°端面车刀、游标卡尺</td></tr>
<tr><td>3</td><td>粗车 ϕ30 外圆轴段，长 45mm，并留 0.5mm 余量。采用转动小托板法车圆锥面，粗车 30mm 长圆锥面时，背吃刀量不要过大，应先逐步找正锥度，并留 0.5mm 余量</td><td>300 ~ 400</td><td>80</td><td>0.5 ~ 1</td><td>90°右偏刀、金属直尺、游标卡尺</td></tr>
<tr><td>4</td><td>精车 ϕ30 外圆及圆锥面</td><td>400 ~ 500</td><td>60</td><td>0.01 ~ 0.5</td><td>90°右偏刀、游标卡尺</td></tr>
<tr><td>5</td><td>倒角及去锐角</td><td>400 ~ 500</td><td>手动</td><td>0.2 ~ 2</td><td>45°端面车刀</td></tr>
<tr><td>3</td><td>检查质量</td><td>外圆与长度用游标卡尺检验；锥度用游标万能角度尺或塞规涂色检验</td><td></td><td></td><td></td><td>用塞规涂色检验时必须注意孔内清洁，转动量在半圈之内</td></tr>
</table>

五、容易产生的问题和注意事项

用转动小托板车削时，不受圆锥角大小限制，内外锥面都可车削，但锥面长度受小托板的行程限制，所以转动小刀架法只能加工短锥面。车锥面轴容易产生的问题及预防措施，见表2-6。

表2-6　车锥面轴容易产生的问题及预防措施

容易产生的问题	原　因	预防措施
锥度（角度）不正确	1）小托板转动角度计算错误 2）小托板移动时松紧不均匀	1）仔细计算小托板应转过的角度和方向，反复试车找正 2）调整塞铁使小托板移动均匀
双曲线误差	车刀刀尖没有对准工件轴线	车刀刀尖必须严格对准工件轴线

六、评分表

表2-7　锥面轴评分表

序号	项目与技术要求	配分	评分标准	扣分	得分
1	规范操作（工件、刀具装夹、加工和测量操作姿势）	10分	不符合要求酌情扣分		
2	（60±0.05）mm	20分	不符合要求全扣		
3	$\phi30_{-0.06}^{\ 0}$mm	20分	不符合要求全扣		
4	1:5圆锥度	40分	不符合要求全扣酌情扣分		
5	车削表面粗糙度	10分	不符合要求酌情扣分		
6	安全文明操作		违者每次扣2分		
	总分：	100分	合计：		
姓名：	学号：	实际工时：		教师签字：	

项目三　车球头轴零件

一、训练目的

1）掌握双手控制车圆球的步骤和方法。

2）掌握简单的表面修光方法。

3）了解加工圆球时的精度计算方法。

二、作业件及要求

1. 作业件（图2-3）

2. 基本要求

1）根据图样要求，用千分尺、半圆规、样板规和套环等对圆球进行检查。

2）能分析车削零件成形面时产生废品的原因及提出预防措施。

三、加工重难点分析

加工重难点：保证球面的圆整度、保证车左半球时柄部与球面连接处轮廓清晰和球部长度的计算。

1. 保证球面的圆整度

用双手控制车成形面时，控制纵向、横向进给速度是保证球面圆整度的关键。首先要分

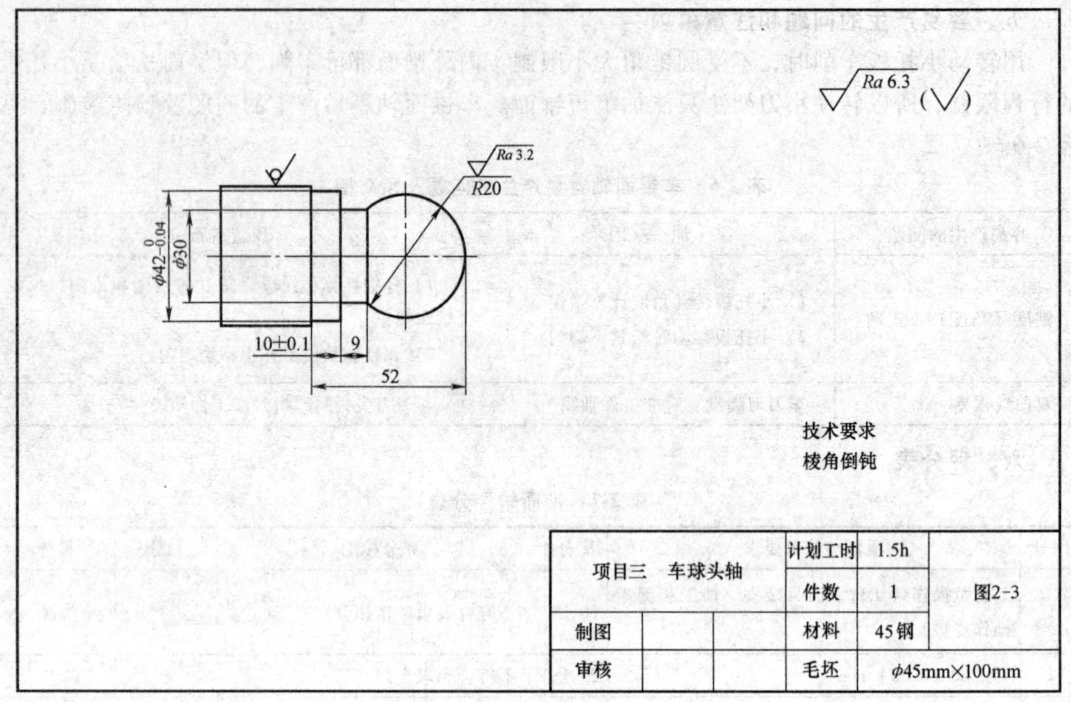

图 2-3 球头轴

析曲面各点的斜率，确定纵向、横向进给速度的快慢。图 2-4 所示为圆球面的速度分析。车削 A 点时，中托板进刀速度要慢，小托板退刀速度要快。车到 B 点时中托板进刀和小托板退刀速度基本相同。车到 C 点时，中托板速度要快，小托板速度要慢。由此可见，圆球每一段圆弧的纵、横向进给速度都不一样，车削时，双手摇动手柄的速度配合是关键。

2. 保证车左半球时柄部与球面连接处轮廓清晰

可采用割槽刀车连接部分，如图 2-5 所示。

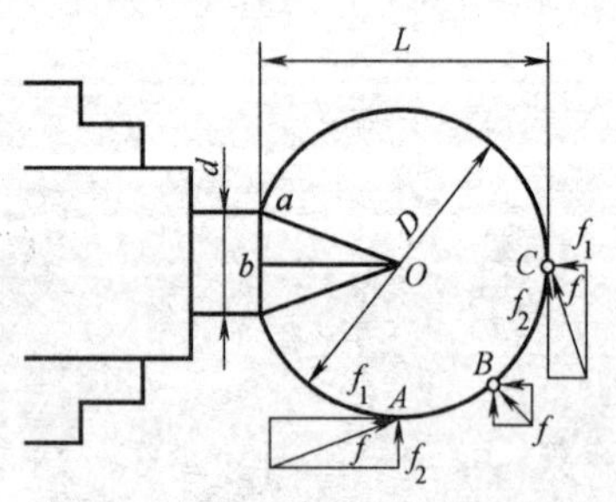

图 2-4 球面速度分析

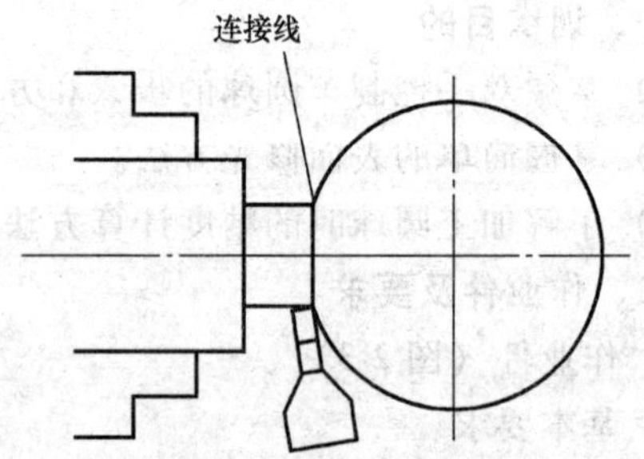

图 2-5 用割槽刀车连接部分

3. 球部长度计算

车削球头轴时，要先计算出球部长度 L，如图 2-4 所示。由图中的 $\triangle aOb$ 可得

$$L = \frac{D}{2} + \sqrt{\left(\frac{D}{2}\right)^2 - \left(\frac{d}{2}\right)^2} \tag{2-1}$$

式中，L 为圆球部分长度（mm）；D 为圆球直径（mm）；d 为柄部直径（mm）。

已知本项目中，$D=40\text{mm}$，$d=30\text{mm}$，根据式（2-1）求得球部长度 L 为：

$$L=\frac{D}{2}+\sqrt{\left(\frac{D}{2}\right)^2-\left(\frac{d}{2}\right)^2}=\frac{1}{2}\times 40\text{mm}+\sqrt{20^2-15^2}\text{mm}\approx 33(\text{mm})$$

四、工艺卡（表2-8）

表2-8　车球头轴工艺卡

零件图号	图2-3	项目三　车球头轴零件	机床型号	C6132 卧式车床		
计划工时	1.5h		毛坯材料	Q235	毛坯尺寸	ϕ45mm×100mm

刀具、夹具、工具表				量具表	
1	45°端面车刀	5	三爪自定心卡盘	1	游标卡尺（0~150mm）
2	90°右偏刀	6	找正盘	2	金属直尺（0~150mm）
3	4mm 割断刀	7	卡盘扳手、刀架扳手、垫片、加力套筒等	3	外径千分尺（25~50mm）
4	球头刀	8	砂布、锉刀	4	圆弧样板、套环

工序	工步	工序内容	切削用量：主轴转速/(r/min)	切削用量：进给速度/(mm/min)	切削用量：背吃刀量/(mm)	备注
1. 检查毛坯	1	检查备料毛坯的各项尺寸，明确加工余量				
2. 车圆球外圆轴段	1	装夹工件，三爪自定心卡盘夹毛坯外圆，零件伸出长度55~60mm，找正				找正盘、卡盘扳手、加力套筒
	2	车端面，端面车平即可	400~500	60	0.01~0.5	45°端面车刀、金属直尺
	3	先粗车 ϕ42mm×52mm 外圆轴段，然后粗车圆球外圆 ϕ40mm×42mm。ϕ42mm 外圆轴段，留0.5mm 余量，圆球外圆留1mm 余量，并保证台阶长度	300~400	80	0.5~1	90°右偏刀、金属直尺、游标卡尺
	4	割槽，割槽9mm 宽，保证 ϕ42mm 外圆轴段，长（10±0.1）mm；ϕ40 轴段长33mm	300~400	手动		L=33，d，ϕ42，$D^{+0.2}_{0}$，ϕ40，10±0.1 4mm 割断刀、金属直尺、游标卡尺
	5	精车 ϕ42mm 外圆，保证精度	400~500	60	0.01~0.5	90°右偏刀、游标卡尺

（续）

工序	工步	工序内容	切削用量			备　注
			主轴转速/(r/min)	进给速度/(mm/min)	背吃刀量/(mm)	
3. 车圆球	1	粗车右半球： 1）确定圆球中心位置（D/2 = 20mm）。用金属直尺量出20mm并用车刀刻线痕。车削圆球是由球中心向两半球进行。 2）圆球部分倒角。用45°车刀先在圆球的两端倒角，以减少加工余量。 3）车刀进至离右半球面中心线4~5mm接触外圆后，用双手同时移动中、小托板，中托板进给速度开始变慢，之后逐渐加快。小托板恰好相反，开始速度要快些，之后逐步减慢。双手动作要协调一致。 粗车圆球进刀位置应一次比一次靠近中心线，最后一刀在离中心线1.5mm处进刀以保证精车余量	300~400	手动		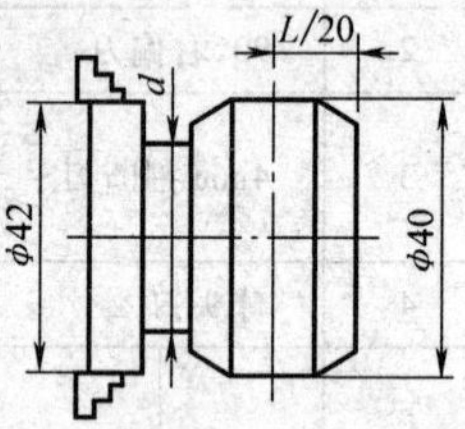 45°端面车刀、球头刀、金属直尺、游标卡尺、圆弧样板 车圆球时进给速度应略高于车外圆，以使表面光洁
	2	粗车左半球的车削方法与右半球相似。柄部与球面连接处用割刀完成				
	3	精车球面时要提高主轴转速，适当减慢手动进给速度。车削时仍由球中心向两半球进行，最后一刀的起始点应从球中心线痕处开始进给，注意勤检查，防止把圆球车废	400~500	手动		球头刀、千分尺或套环
	4	1）修光。用平板锉和半圆锉沿弧面锉削，推锉速度控制在30次/min左右，边锉边进行修整。 2）抛光。先用粗砂布擦去锉削痕迹，再用细砂布抛光。方法是：把砂布垫在锉刀下面，用类似锉削的方法抛光，在成形面上均匀移动完成抛光	800~1000	手动		用粉笔在形面凸出部分作记号，然后修整，直至与样板吻合为止，用半圆锉修整加工球柄和圆球面的连接处
4. 修整球头轴	1	倒角及去锐角	400~500	手动	0.2	45°端面车刀

（续）

工序	工步	工序内容	切削用量			备　注
			主轴转速 /(r/min)	进给速度 /(mm/min)	背吃刀量 /（mm）	
5. 检查质量	1	1）用圆弧样板检验。样板对准工件中心，观察圆弧样板与工件之间的间隙并修正球面。 2）用球头检验。观察套环与球面的间隙，根据透光情况进行修整 3）用千分尺检验。检验时，千分尺应过球面中心，并多次变换测量方向				

五、容易产生问题和注意事项

1）初次车削球面要经常用圆弧样板测量，要培养目测球形的能力和协调双手控制进给动作的技能，防止将球面车成橄榄形或算盘珠形。

2）用球头车刀修整球面时，应注意勤测量，正确判断各处余量的大小，否则容易把球面局部车小。

3）锉削弧形工件时，操作者宜用左手捏锉刀柄进行锉削，这样比较安全。另外，为了防止锉屑散落床面，影响床身精度，应垫护床纸。

4）圆弧车刀应对准工件中心，要保持车刀锋利。

六、评分表（表 2-9）

表 2-9　圆球轴评分表

序号	项目与技术要求	配分	评分标准	扣分	得分
1	规范操作（工件刀具装夹、加工和测量操作姿势）	10 分	不符合要求酌情扣分		
2	（10 ± 0.1）mm	20 分	不符合要求全扣		
3	$\phi42_{-0.04}^{0}$ mm	20 分	不符合要求全扣		
4	$R20$ 圆球面	20 分	不符合要求全扣酌情扣分		
5	圆球面表面抛光	20 分	不符合要求酌情扣分		
6	车削表面粗糙度	10 分	不符合要求酌情扣分		
7	安全文明操作		违者每次扣 2 分		
	总分：	100 分		合计：	
学生姓名：	学号：	实际工时：		教师签字：	

项目四　车螺纹轴

一、训练目的

1）能根据工件螺距，查车床进给箱的铭牌表调整主轴转速。

2）能根据螺纹样板正确装夹车刀。

3）掌握车削三角螺纹的基本动作和方法。

4）掌握螺纹的测量和检验方法。

5）能合理选择切削用量。

二、作业件及要求

1. 作业件（图2-6）

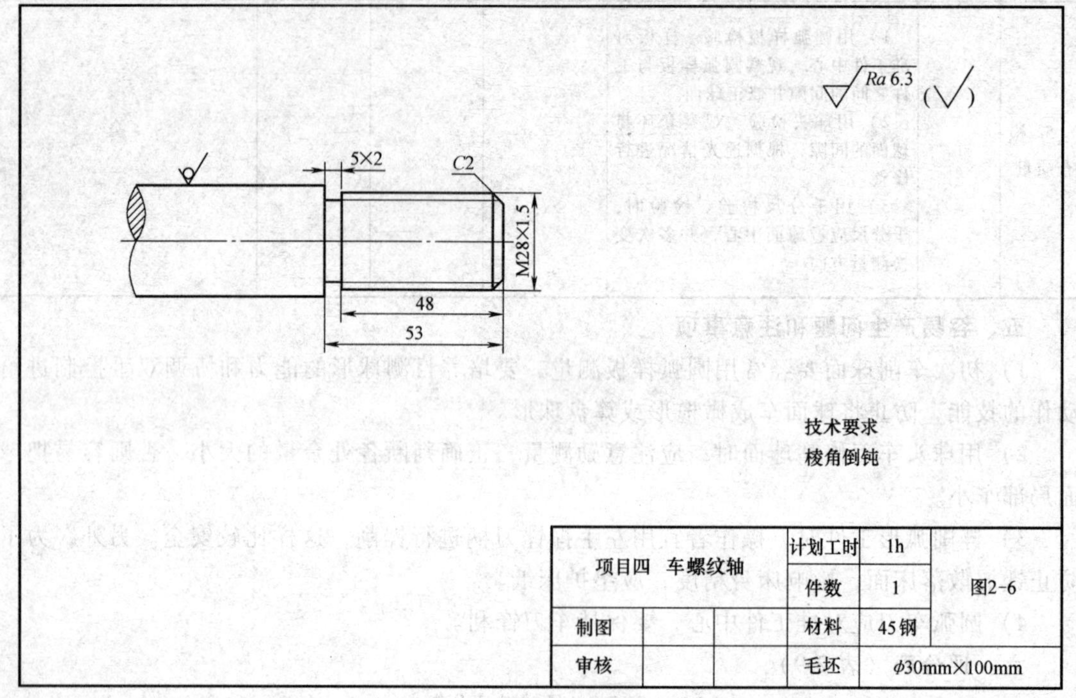

图 2-6 螺纹轴

2. 基本要求

1）用直进刀法车削螺纹。

2）采用低速车削螺纹。

三、加工重难点分析

在车螺纹前，根据加工螺纹的螺距，能正确地选择和调整车床、切削速度的选择、切削量的控制以及螺纹的正确测量是车好螺纹的关键。

1. 切削速度的选择

车削管螺纹时，切削速度应根据工件材质、螺距大小及粗精加工等因素来决定。一般，低速车削时，粗车切削速度 $v_c = 10 \sim 15\text{m/min}$；精车切削速度 $v_c < 6\text{m/min}$。

2. 切削量的控制

首刀切削进刀量可稍大点，随着螺纹深度的加深，进刀量逐渐减少至螺纹公差尺寸。

3. 正确调整及操作机床，避免螺纹“乱扣”

C6132卧式车床攻螺纹出现乱扣，主要是操作者习惯用开合螺母的按下和抬起，手摇大托板返回的方法来车削螺纹，当工件螺距不能被丝杆螺距整除时，就会“乱扣”。即：根据公式 $i = P_{工}/P_{丝} = n_{丝}/n_{工}$（$i$ 为传动比；P 为螺距；n 为机床转数），当 i 值为整数时螺纹不会产生“乱扣”，否则就会产生“乱扣”。当 i 不是整数时，正确车螺纹的方法是将丝杆的开合螺母压下后，不要抬起，采用操纵倒顺车来车削螺纹，这样就不会乱扣。

四、工艺卡（表2-10）

表2-10　车螺纹轴工艺卡

零件图号	图2-6	项目四　车螺纹轴	机床型号	C6132 卧式车床		
计划工时	1h		毛坯材料	45钢（Q235）	毛坯尺寸	ϕ30mm×100mm

刀具、夹具、工具表				量具表	
1	45°端面车刀	5	三爪自定心卡盘	1	游标卡尺（0~150mm）
2	90°右偏刀	6	找正盘	2	金属直尺（0~150mm）
3	4mm 割断刀	7	卡盘扳手、刀架扳手、垫片、加力套筒等	3	外径千分尺（25~50mm）
4	60°外螺纹刀（高速钢）	8	螺纹样板	4	M28×1.5 螺纹环规

工序	工步	工序内容	切削用量			备　注
			主轴转速/(r/min)	进给速度/(mm/min)	背吃刀量/mm	
1	1	三爪自定心卡盘夹持毛坯外圆，零件伸出长度 60~65mm，找正				找正盘、卡盘扳手、加力套筒
	2	车端面，端面车平	400~500	60	1	45°端面车刀、金属直尺
	3	粗车 M28 螺纹公称直径 $D=28$mm，留 0.5mm 余量，长度 53mm	300~500	80	0.5~1	90°右偏刀、金属直尺、游标卡尺
	4	精车 M28 螺纹大径 $d=27.85$mm，长度 53mm 至尺寸要求（$d \approx D-0.1P$）	400~500	60	0.01~0.5	90°右偏刀、游标卡尺、千分尺
	5	车 5mm×2mm 退刀槽，保证长 53mm 和 48mm	300~400	手动		4mm 割断刀、金属直尺、游标卡尺
	6	粗车、精车 M28×1.5 外螺纹，长 48mm 至尺寸要求，采用倒顺车方法加工螺纹，并保证螺纹精度	100~200	1.5mm/r	0.05~0.5	60°外螺纹刀、螺纹环规
	7	倒角及去锐角	400~500	手动	0.2	45°端面车刀
2	检查质量	外圆与长度用游标卡尺检验，螺纹用 M28×1.5 环规检测				

五、容易产生的问题和注意事项

1）车削螺纹前要检查组装配换齿轮的间隙是否适当。把主轴变速手柄放在空档位置，用手旋转主轴，判断是否有阻力或空转量过大的现象。

2）开合螺母必须正确合上，如未合好，应立即提起，重新进行。

3）车螺纹时，注意消除托板的“空行程”。

4）车削无退刀槽的螺纹时，要特别注意螺纹的收尾在1/3圈左右，每次退刀要均匀一致，否则会撞到刀尖。

5）磨刀时要注意主、副切削刃的对称和平直，保证加工螺纹牙型正确。

6）车削螺纹时，应始终保持切削刃锋利。如中途换刀或磨刀，必须重新对刀以防乱扣，并重新调整中托板的刻度。

7）粗车螺纹时，要留适当的精车余量。

8）车削螺纹时避免中托板多进一圈，否则将造成工件和刀具的损坏，甚至发生事故。

9）合理运用进刀方式，避免产生崩刃与振纹。

六、评分表（表2-11）

表2-11　螺纹轴评分表

序号	项目与技术要求	配分	评分标准	扣分	得分
1	规范操作（工件刀具装夹、加工和测量操作姿势）	10分	不符合要求酌情扣分		
2	M28×1.5外螺纹	80分	不符合要求酌情扣分		
3	车削表面粗糙度	10分	不符合要求酌情扣分		
4	安全文明操作		违者每次扣2分		
	总分：	100分	合计：		
学生姓名：	学号：	实际工时：		教师签字：	

项目五　车锤头杆件

一、训练目的

1. 了解中心孔的种类和作用，掌握中心钻的选择、装夹和钻削方法。
2. 掌握一夹一顶装夹工件和车削细长轴工件的方法。
3. 学会调整尾座，找正车削过程中产生的锥度。
4. 掌握滚花刀在工件上滚花的方法。
5. 能分析滚花时乱纹产生的原因及防止方法。

二、作业件及要求

1. 作业件（图2-7）

2. 基本要求

1）综合运用外圆、成形面、锥面、螺纹车削方法加工工件。要求几何形状、尺寸、表面粗糙度符合图样要求。

2）尾端中心孔A_2。

三、加工重难点分析

工件长径比大于25（$L/d>25$）的轴类零件为细长轴。由于细长轴的刚性差，故在车削过程中可能会出现弯曲变形、表面粗糙、热变形伸长以及工件在两顶尖间被卡住等现象。

四、工艺卡（表2-12）

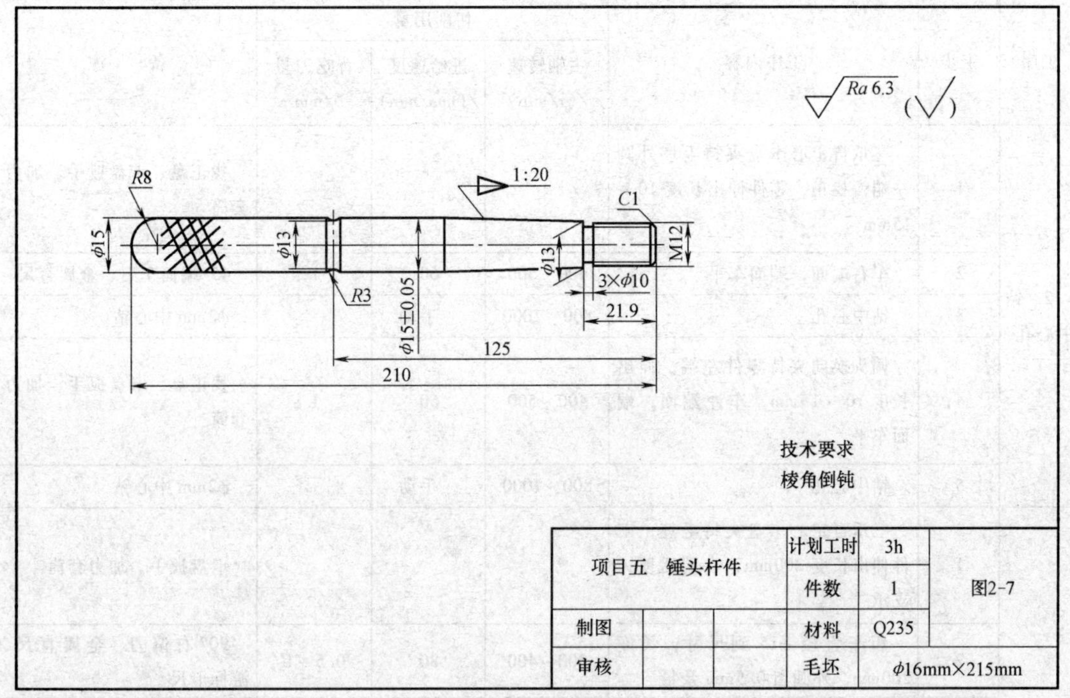

图 2-7　锤头杆件

表 2-12　车锤头杆件工艺卡

<table>
<tr><td>零件图号</td><td>图 2-7</td><td colspan="2" rowspan="2">项目五　车锤头杆件</td><td>机床型号</td><td colspan="3">C6132 卧式车床</td></tr>
<tr><td>计划工时</td><td>3h</td><td>毛坯材料</td><td>45 钢</td><td>毛坯尺寸</td><td>φ16mm×215mm</td></tr>
<tr><td colspan="4">刀具、夹具、工具表</td><td colspan="4">量具表</td></tr>
<tr><td>1</td><td>45°端面车刀</td><td>7</td><td>φ2mm 中心钻</td><td>1</td><td colspan="3">游标卡尺（0~150mm）</td></tr>
<tr><td>2</td><td>90°右偏刀</td><td>8</td><td>R8 成形车刀</td><td>2</td><td colspan="3">金属直尺（0~150mm）</td></tr>
<tr><td>3</td><td>3mm 割断刀</td><td>9</td><td>三爪自定心卡盘</td><td>3</td><td colspan="3">外径千分尺（25~50mm）</td></tr>
<tr><td>4</td><td>R3 球头车刀</td><td>10</td><td>找正盘</td><td>4</td><td colspan="3">M12×1.5 螺纹环规</td></tr>
<tr><td>5</td><td>M12 板牙</td><td>11</td><td>卡盘扳手、刀架扳手、垫片、加力套筒等</td><td></td><td colspan="3"></td></tr>
<tr><td>6</td><td>网纹滚花刀</td><td></td><td></td><td></td><td colspan="3"></td></tr>
<tr><td rowspan="2">工序</td><td rowspan="2">工步</td><td colspan="2" rowspan="2">工序内容</td><td colspan="3">切削用量</td><td rowspan="2">备　注</td></tr>
<tr><td>主轴转速/(r/min)</td><td>进给速度/(mm/min)</td><td>背吃刀量/mm</td></tr>
<tr><td>1. 基本准备</td><td>1</td><td colspan="2">检查备料毛坯的各项尺寸，明确加工余量</td><td></td><td></td><td></td><td></td></tr>
</table>

（续）

工序	工步	工序内容	切削用量			备　注
			主轴转速 /(r/min)	进给速度 /(mm/min)	背吃刀量 /mm	
2. 钻中心孔	1	三爪自定心卡盘夹持毛坯外圆一端，找正，零件伸出长度10～15mm				找正盘、卡盘扳手、加力套筒
	2	车右端面，端面车平	400～500	60	1	45°端面车刀、金属直尺
	3	钻中心孔	800～1000	手动		ϕ2mm 中心钻
	4	调头换向夹持零件左端，伸出长度10～15mm，车左端面，端面车平	400～500	60	1	找正盘、卡盘扳手、加力套筒
	5	钻中心孔	800～1000	手动		ϕ2mm 中心钻
2. 滚花	1	三爪自定心卡盘夹持毛坯，工件伸出长度200mm，右端活顶针支承				卡盘扳手、加力套筒
	2	粗车直径ϕ15到尺寸，长度200mm，外圆留0.5mm余量	300～400	80	0.5～1	90°右偏刀、金属直尺、游标卡尺
	3	精车工件滚花表面与ϕ（15±0.05）mm外圆，保证精度。滚花部分的外径，应车小于（0.2～0.5）倍滚花节距	400～500	60	0.01～0.5	90°右偏刀、金属直尺、游标卡尺、外径千分尺
	4	1）滚花刀安装。滚花刀中心与工件回转中心等高；滚轮表面相对于工件表面向左倾斜3°～5°。 2）滚花时，切削速度应低些，纵向进给量大些，还需浇注切削油以润滑滚轮，并经常清除滚压产生的切屑。 3）滚花保证滚花长度	50～70	80	0.2	网纹滚花刀
3. 车套螺纹大径	1	调头换向三爪自定心卡盘夹持毛坯右端，工件伸出长度200mm，左端活顶针支承				卡盘扳手、加力套筒
	2	粗车螺纹公称尺寸ϕ12mm到尺寸，长度21.9mm，留0.5mm余量	300～400	80	0.5～1	90°右偏刀、金属直尺、游标卡尺
	3	精车套螺纹大径d_0＝11.805mm，长度21.9mm（$d_0=d_{公}-0.13P$）	400～500	60	0.01～0.5	90°右偏刀、金属直尺、游标卡尺、外径千分尺
	4	割螺纹退刀槽3×ϕ10mm到尺寸	300～400	手动		3mm割断刀

（续）

工序	工步	工序内容	切削用量			备　注
			主轴转速 /(r/min)	进给速度 /(mm/min)	背吃刀量 /mm	
4. 车锥面、圆弧槽	1	粗车圆锥面。调整小刀架锥度，车削 1∶20 锥度到尺寸，留 0.5mm 余量	300～400	80	0.5～1	90°右偏刀、金属直尺、游标卡尺
	2	精车圆锥面，保证锥面 1∶20 锥度和表面粗糙度	400～500	60	0.01～0.5	90°右偏刀、金属直尺、游标卡尺
	3	割圆弧槽 *R*3mm 到尺寸	300～400	手动		*R*3 球头车刀
	4	倒角及去锐角	400～500	手动	0.2～2	45°端面车刀
5. 套螺纹	1	手工套螺纹，保证螺扣套通		手动		M12 板牙
6. 车半球面	1	三爪自定心卡盘夹持滚花表面，工件伸出长度 15mm				卡盘扳手、加力套筒
	2	车端面保证总长 210mm	400～500	60	1	45°端面车刀、金属直尺
	3	车 *R*8mm 成形半球面，去飞边（注意装夹成形刀时，主切削刃应与工件中心等高）	300～400	手动		*R*8 成形刀
7	检查质量	外圆与长度用游标卡尺检验，螺纹用 M12×1.5 环规检测				

五、容易产生问题和注意事项

（1）车细长轴　车细长轴时应注意：①细长轴应用尾架顶住，卡盘夹持的工件部分不宜过长，一般为 15mm 左右。②车削时，最好用轴向限位支承，否则在轴向切削力作用下，工件易产生轴向移位。③顶尖施加力要适中。④采用反向进给的方法车削时，工件轴向切削分力与工件伸长变形方向一致。⑤充分加注切削液可有效减少工件所吸收的热量和提高刀具的使用寿命，因此，车细长轴时，无论是低速切削，还是高速切削，都必须充分加注切削液。⑥合理选择车刀角度。车细长轴时，由于工件刚度低，工件易产生弯曲变形和振动，切削热变形对其均有明显的影响。⑦使用弹性回转顶尖来补偿工件热变形伸长。

（2）滚花　滚花时应注意：①滚花的径向挤压力很大，容易使工件表面产生塑性变形，所以在车削滚花外径时，应根据工件材料的性质和滚花节距（*P*）的大小，将滚花部分的外径车至（0.2～0.5）*P*。②滚花时工件转速要低些，另外还需充分供给冷却润滑油，以免辗坏滚花刀和防止细屑滞塞在滚花刀内而产生乱纹。

（3）产生乱纹原因　①滚花开始时，滚花刀与工件接触面积太大，使单位面积压力变小，易形成花纹微浅，出现乱纹。②滚花刀转动不灵活，或滚刀槽中有细屑阻塞，妨碍滚花刀压入工件。③转速太高，滚花刀与工件易产生滑动。④滚轮间隙太大，产生径向跳动与轴向窜动等。

六、评分表（表2-13）

表2-13 锤头杆件评分表

序号	项目与技术要求	配分	评分标准	扣分	得分
1	规范操作（工件刀具装夹、加工和测量操作姿势）	10分	不符合要求酌情扣分		
2	长度尺寸	20分	超差一个扣4分		
3	锥度1:20	10分	不符合要求酌情扣分		
4	网纹	10分	不符合要求酌情扣分		
5	M12螺纹	10分	不符合要求全扣		
6	$R8$圆弧	10分	不符合要求全扣		
7	$R3$圆弧	10分	不符合要求全扣		
8	ϕ（15±0.05）mm外圆	10分	不符合要求酌情扣分		
9	车削表面粗糙度	10分	不符合要求酌情扣分		
10	安全文明操作		违者每次扣2分		
	总分：	100分	合计：		
学生姓名：	学号：	实际工时：	教师签字：		

项目六 车轴套类零件

一、训练目的

1）初步掌握内孔车刀的刃磨方法。

2）掌握内孔车刀的正确安装方法。

3）掌握通孔及台阶孔的加工方法。

4）掌握孔径的测量方法与孔径尺寸的控制方法。

二、作业件及基本要求

1. 作业件（图2-8）

2. 基本要求

1）各档内孔之间的同轴度。

2）内孔和内台阶平面的垂直度。

3）内孔和内台阶平面相交处的清角。

三、加工重难点分析

车孔的关键技术是增加内孔车刀的刚性、解决排屑问题以及孔径尺寸的控制问题。

（1）增加内孔车刀的刚性 增加内孔车刀刚性主要采用的措施为：①尽量增加刀柄的截面面积。②尽可能缩短刀柄的伸出长度，一般比被加工孔长5~6mm。

（2）解决排屑问题 解决排屑问题采用的措施为：①控制切屑流出方向，精车孔时要求切屑流向待加工表面（前排屑），为此采用正刃倾角的内孔车刀。②加工不通孔时，应采用负的刃倾角，使切屑从孔口排出。

（3）孔径尺寸控制 车直径较小的台阶孔时，由于受视线的影响，尺寸精度不易掌握，所以通常采用先粗车、精车小孔，再粗车、精车大孔的方法；车大的台阶孔时，在视线不受

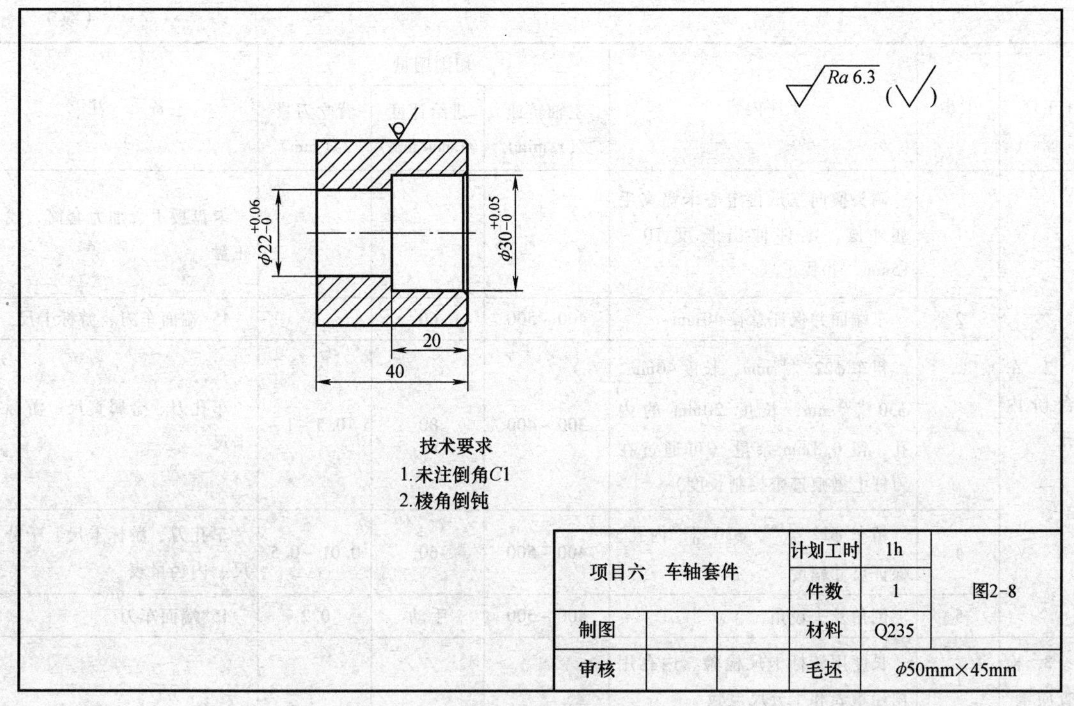

图 2-8　轴套件

影响的情况下，通常采用先粗车大孔和小孔，再精车大孔和小孔的方法。

四、工艺卡（表 2-14）

表 2-14　车削轴套件工艺卡

零件图号	图 2-8	项目六　车轴套类零件	机床型号	C6132 卧式车床		
计划工时	1h		毛坯材料	45 钢	毛坯尺寸	ϕ50mm×45mm

刀具、夹具、工具表				量具表	
1	45°端面车刀	4	三爪自定心卡盘	1	游标卡尺（0～150mm）
2	ϕ20 麻花钻	5	找正盘	2	金属直尺（0～150mm）
3	车孔刀	6	卡盘扳手、刀架扳手、垫片、加力套筒等	3	内径量表（18～35mm）、千分尺（25～50mm）

工序	工步	工序内容	切削用量 主轴转速 /(r/min)	切削用量 进给速度 /(mm/min)	切削用量 背吃刀量 /(mm)	备　注
1. 车基准端面	1	三爪自定心卡盘夹毛坯外圆，零件伸出长度 10～15mm，并找正				找正盘、卡盘扳手、加力套筒
	2	车端面	400～500	60	1	45°端面车刀、金属直尺
	3	钻孔（通孔）	200～300	手动		ϕ20 麻花钻
	4	倒角及去锐角	400～500	手动	0.2	45°端面车刀

（续）

工序	工步	工序内容	切削用量			备　注
			主轴转速 /(r/min)	进给速度 /(mm/min)	背吃刀量 /(mm)	
2. 车台阶内孔	1	调头换向三爪自定心卡盘夹毛坯外圆，零件伸出长度 10～15mm，并找正				卡盘扳手、加力套筒、找正盘
	2	车端面并保证总长 40mm	400～500	60	1	45°端面车刀、游标卡尺
	3	粗车 $\phi22^{+0.06}_{0}$mm，长度 40mm、$\phi30^{+0.05}_{0}$ mm，长度 20mm 的内孔，留 0.3mm 余量（可通过在刀杆上做痕迹来控制长度）	300～400	80	0.5～1	车孔刀、金属直尺、游标卡尺
	4	精车 $\phi22^{+0.06}_{0}$、$\phi30^{+0.05}_{0}$ 内孔，保证尺寸精度	400～500	60	0.01～0.5	车孔刀、游标卡尺、千分尺、内径量表
	5	倒角及去锐角	400～500	手动	0.2	45°端面车刀
3. 检查质量	1	长度用游标卡尺检验、内孔用内径量表和千分尺检验				

五、容易产生的问题和注意事项

1）加工过程中，中托板的退刀方向与车外圆时相反。

2）刃磨内通孔车刀时，前刀面略下沉。尽量增加刀杆截面积，提高车刀强度。

3）卷屑槽不可太宽，防止排屑困难。

4）用内径表测量前，首先应检查内径表指针是否回零，再检查测量头有无松动、指针转动是否灵活，防止读错数字。

5）用内径表测量前，应先用卡尺测量，当余量为 0.3～0.5mm 时才能用内径表测量，否则易损坏内径表。

6）孔的内端面要平直，孔壁与内端面相交处要清角，防止出现凹坑和小台阶。

7）内孔车刀的刚性比较差，需要保持切削刃锋利并合理选择切削用量。根据余量大小合理分配切削深度，力争又快又准。

8）车小不通孔时，应注意排屑，否则由于铁屑阻塞，会造成镗刀损坏把孔车废。

六、评分表（表 2-15）

表 2-15　轴套件评分表

序号	项目与技术要求	配分	评分标准	扣分	得分
1	规范操作（工件、刀具装夹、加工和测量操作姿势）	10 分	不符合要求酌情扣分		
2	长度尺寸 40mm，20mm	20 分	每项 10 分，不符合要求全扣		
3	$\phi22^{+0.06}_{0}$mm 内孔	30 分	不符合要求全扣		
4	$\phi30^{+0.05}_{0}$mm 内孔	30 分	不符合要求全扣		

（续）

序号	项目与技术要求	配分	评分标准	扣分	得分
5	车削表面粗糙度	10分	不符合要求全扣		
6	安全文明操作		违者每次扣2分		
	总分：	100分	合计：		
学生姓名：	学号：	实际工时：		教师签字：	

项目七　车内螺纹轴套件

一、训练目的与要求

1）掌握三角形内螺纹孔径的计算方法。

2）掌握三角形内螺纹车刀的刃磨方法。

3）掌握用直进法车三角形内螺纹的方法。

二、作业件及要求

作业件（图2-9）

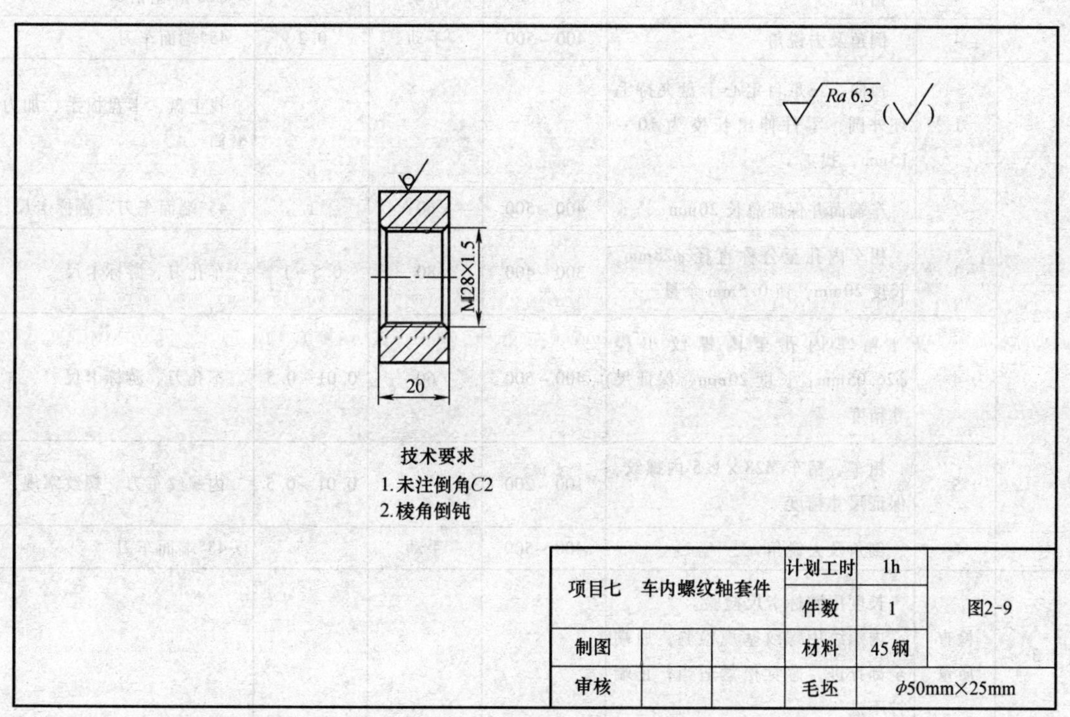

图2-9　内螺纹轴套件

三、加工重难点分析

车内螺纹时，刀具容易崩刀或磨损，重新安装车刀时，对刀切削是加工难点之一。

四、工艺卡（表2-16）

表2-16 车削内螺纹轴套件工艺卡

零件图号	图2-9	项目七 车内螺纹轴套件	机床型号	C6132卧式车床	
计划工时	1h		毛坯材料	45钢（Q235）	毛坯尺寸 ϕ50mm×25mm

刀具、夹具、工具表				量具表	
1	45°端面车刀	4	三爪自定心卡盘	1	游标卡尺（0~150mm）
2	ϕ25麻花钻	5	找正盘	2	金属直尺（0~150mm）
3	车孔刀、内螺纹车刀	6	卡盘扳手、刀架扳手、垫片、加力套筒等	3	M28×1.5螺纹塞规

工序	工步	工序内容	切削用量 主轴转速/(r/min)	进给速度/(mm/min)	背吃刀量/(mm)	备注
1	1	三爪自定心卡盘夹毛坯外圆，零件伸出长度10~15mm，找正				找正盘、卡盘扳手、加力套筒
	2	车端面，车平	400~500	60	0.5~1	45°端面车刀、金属直尺
	3	钻孔	200~300	手动		ϕ25麻花钻
	4	倒角及去锐角	400~500	手动	0.2	45°端面车刀
2	1	换向，三爪自定心卡盘夹持毛坯外圆，零件伸出长度为10~15mm，找正				找正盘、卡盘扳手、加力套筒
	2	车端面并保证总长20mm	400~500	60	1	45°端面车刀、游标卡尺
	3	粗车内孔至公称直径ϕ28mm，长度20mm，留0.5mm余量	300~400	80	0.5~1	车孔刀、游标卡尺
	4	精车内孔至内螺纹小径ϕ26.05mm，长度20mm，保证尺寸精度	400~500	60	0.01~0.5	车孔刀、游标卡尺
	5	粗车、精车M28×1.5内螺纹，保证尺寸精度	100~200		0.01~0.5	内螺纹车刀、螺纹塞规
	6	倒角及去锐角	400~500	手动		45°端面车刀
3	检查质量	长度用游标卡尺检验。内螺纹用螺纹塞规检验，通端全部拧进，感觉松紧适当；止端拧不进				

五、容易出现的问题和注意事项

1）内螺纹车刀的两刃口要刃磨平直，否则会使车出的螺纹牙型侧面不直，影响螺纹精度。

2）车刀的刀头不能太窄，否则当螺纹已车到规定深度时，中径尚未达到要求尺寸。

3）由于车刀刃磨不正确或装刀歪斜，会使车出的内螺纹一面正好用塞规拧进，另一面却拧不进或配合过松。

4）车刀刀尖要对准工件中心，如车刀装的高，车削时引起振动，使工件表面产生鱼鳞斑现象，如车刀装的低，刀头下部会和工件发生摩擦，车刀切不进去。

5）内螺纹车刀刀杆不能太细，否则由于切削力的作用，引起振颤和变形，将出现“扎刀”、“啃刀”、“让刀”现象，发出不正常的声音或产生振纹。

6）小托板宜调整的紧一些，以防止车削时车刀移位产生乱扣。

7）加工不通孔内螺纹，可以在刀杆上作记号或用薄铁皮作标记，也可用床鞍刻度的刻线等来控制退刀，避免车刀碰撞工件而报废。

8）进刀量不宜过多，以防精车时没有余量。

9）螺纹车刀要保持锋利，否则容易产生“让刀”。

10）因“让刀”现象产生的螺纹锥形误差（检查时，塞规只能在进口处拧进），不能盲目加大切削深度，必须使螺纹车刀在原来的切刀深度位置处反复车削，直至塞规可以全部拧进。

六、评分表（表 2-17）

表 2-17　内螺纹轴套件评分表

序号	项目与技术要求	配分	评分标准	扣分	得分
1	规范操作（工件、刀具装夹、加工和测量操作姿势）	10 分	不符合要求酌情扣分		
2	M28 内螺纹	80 分	不符合要求酌情扣分		
3	车削表面粗糙度	10 分	不符合要求酌情扣分		
4	安全文明操作		违者每次扣 2 分		
	总分：	100 分	合计：		
学生姓名：	学号：	实际工时：		教师签字：	

项目八　车固定套

一、训练目的与要求

1）初步掌握钻孔、车孔操作。

2）掌握车孔车刀的正确安装方法。

3）掌握通孔及台阶孔的加工方法及切削用量的选择。

4）熟练掌握内径表的安装及使用。

二、作业件及基本要求

1. 作业件（图 2-10）

2. 基本要求

1）内孔与外圆之间的同轴度。

2）内孔和内台阶平面的垂直度。

3）内孔和内台阶平面相交处的清角。

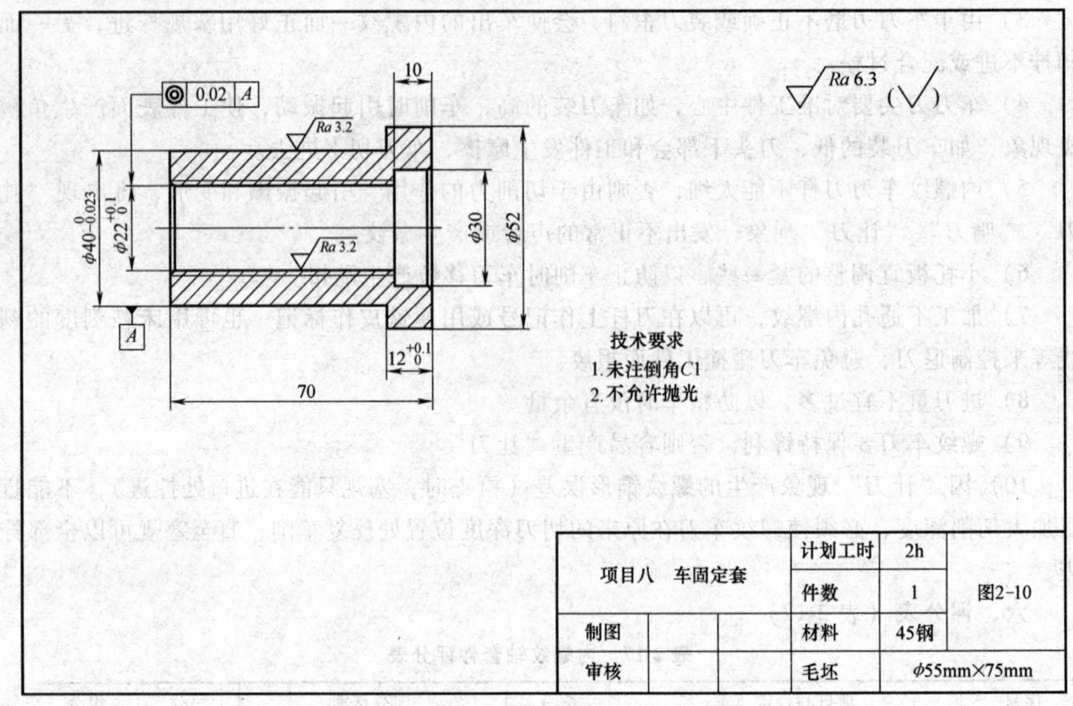

图 2-10　固定套

三、加工重难点分析

1）加工尺寸精度的保证。外圆尺寸 $\phi40_{-0.023}^{\ 0}$ mm 和内孔 $\phi22_{\ 0}^{+0.1}$ mm 的尺寸公差较小，不容易保证尺寸精度，两个尺寸还有同轴度要求，在加工时应该一次装夹，车出外圆尺寸和内孔尺寸以保证其同轴度。

2）粗糙度的保证。在加工时应该选择合适的切削用量，精加工时刀具要锋利。

四、工艺卡（表 2-18）

表 2-18　车削固定套工艺卡

零件图号	图 2-10	项目八　车固定套		机床型号	C6132 卧式车床		
计划工时	2h			毛坯材料	Q235	毛坯尺寸	φ55mm × 75mm
刀具表		夹具、工具表		量具表			
1	45°端面车刀	1	φ20 麻花钻	1	游标卡尺（0 ~ 150mm）		
2	90°外圆车刀	2	三爪自定心卡盘、活顶尖	2	千分尺、内径百分表		
3	90°内圆车刀	3	卡盘扳手、刀架扳手、垫片、加力套筒	3	粗糙度对照板		

工序	工步	工序内容	切削用量：主轴转速 /(r/min)	切削用量：进给速度 /(mm/min)	切削用量：背吃刀量 /mm	备　注
1. 车基准端面	1	三爪自定心卡盘夹毛坯外圆，伸出长度 30mm，找正				找正盘、卡盘扳手、加力套筒
	2	车端面，车平	425	0.21		45°端面车刀、钢直尺

（续）

工序	工步	工序内容	切削用量			备 注
			主轴转速/(r/min)	进给速度/(mm/min)	背吃刀量/mm	
1. 车基准端面	3	粗车 $\phi52$mm 外圆，长 15mm，放 2mm 余量车至 $\phi54$mm	425	0.3	分刀进给	90°右偏刀、金属直尺、游标卡尺
	4	钻通孔，孔径为 $\phi20$mm	350	手动	20mm	$\phi20$ 麻花钻
2. 粗车外轮廓	1	换向，三爪自定心卡盘夹 $\phi54$mm 外圆，伸出长度 64mm，找正				找正盘、卡盘扳手、加力套筒
	2	车平端面，其长度为 70mm，放 2mm 余量车至 72mm	800	0.3	0.6mm	45°端面车刀、游标卡尺
	3	粗车外圆 $\phi40$mm，放 2mm 余量车至 $\phi42$mm，长 58mm，放 1mm 余量车至 57mm	1000	0.21	0.4	90°右偏刀、金属直尺、游标卡尺
3. 粗车内轮廓	1	换向，三爪自定心卡盘夹持 $\phi42$ 外圆，伸出长度 30mm，找正				找正盘、卡盘扳手、加力套筒
	2	车右端面，留 1mm 余量，精车 $\phi52$mm 外圆，长 15mm	700	0.21	分刀进给	45°端面车刀、游标卡尺、90°右偏刀、千分尺
	3	粗车内孔 $\phi30$mm，深 10mm	700	0.21	分刀进给	车孔刀、金属直尺、游标卡尺
4. 精车内、外轮廓	1	换向，三爪自定心卡盘夹持 $\phi52$mm 外圆，伸出长度 64mm，找正				找正盘、卡盘扳手、加力套筒
	2	车端面保证总长 70mm				45°端面车刀、游标卡尺
	3	精车内孔 $\phi22^{+0.1}_{0}$mm 至精度要求，注意车孔刀安装，伸出长度为 75mm	700	0.21	分刀进给	车孔刀、游标卡尺、千分尺、内径量表、粗糙度对照板
	4	精车外圆 $\phi40^{0}_{-0.023}$mm 至精度要求，同时保证长度 $12^{+0.1}_{0}$mm	1000	0.21	0.4	90°右偏刀、游标卡尺、千分尺、粗糙度对照板
5. 检查质量	1	长度用游标卡尺检验、外圆用千分尺检验、内孔用内径百分表检验、表面粗糙度用粗糙度对照板检验				

五、容易出现的问题和注意事项

1. 钻孔时注意事项

1）起钻时进给量要小，待钻头头部全部进入工件后，才能正常钻削。

2）钻钢件时，应加切削液，防止因钻头发热而退火。

3）钻小孔或钻深孔时，由于铁屑不易排出，必须经常退出排屑，否则会因铁屑堵塞而使钻头“咬死”或折断。

4）钻头直径较小时，主轴转速应快些，钻头的直径越大，主轴转速越慢。

5）当钻头将要钻通工件时，由于钻头横刃首先钻出，轴向阻力大减，这时进给速度必须减慢，否则钻头容易被工件卡死，造成锥柄在床尾套筒内打滑而损坏锥柄和锥孔。

2. 内孔车刀装夹注意事项

1）装夹内孔车刀时，刀尖应与工件中心等高（精车时稍高一些）。如装得低于中心，由于切削力的作用，容易将刀杆压低从而产生扎刀现象，并会造成孔径扩大。

2）为了增加刚性，防止振动，刀杆伸出刀架长度不宜过长。一般比被加工孔长5～6mm。如果刀杆需伸出较长，可在刀杆下面垫一块垫铁以支承刀杆。

3）刀杆要平行于工件轴线，否则车削时，刀杆容易与内孔表面相碰。

六、评分表（表2-19）

表2-19 固定套评分表

序号	项目与技术要求	配分	评分标准	扣分	得分
1	规范操作（工件刀具装夹、加工和测量操作姿势）	10分	不符合要求酌情扣分		
2	$12^{+0.1}_{0}$mm长度	10分	超差0.01扣2分		
3	$\phi40^{0}_{-0.023}$mm外圆	30分	超差0.01扣5分		
4	$\phi22^{+0.1}_{0}$mm内孔	30分	超差0.01扣5分		
5	同轴度	10分	超差0.01扣2分		
6	70mm总长度	5分	不符合要求全扣		
7	车削表面粗糙度	5分	不符合要求酌情扣分		
8	安全文明操作		违者每次扣2分		
	总分：	100分	合计：		
学生姓名：	学号：	实际工时：	教师签字：		

内容三 实习训练件

一、图2-11a～图2-11d为一组车削实习训练件，包含车台阶轴、锥面、圆球、螺纹车削的基本技能。该组训练件在设计时考虑了零件的循环利用，由易到难的顺序加工，便于实习教学。图2-11e和图2-11f为实习考核件，综合了上述技能训练内容。

二、图2-12、图2-13所示为锤头组合件，实习学生可以根据自己的喜好适当改进锤头和锤头柄的头部。

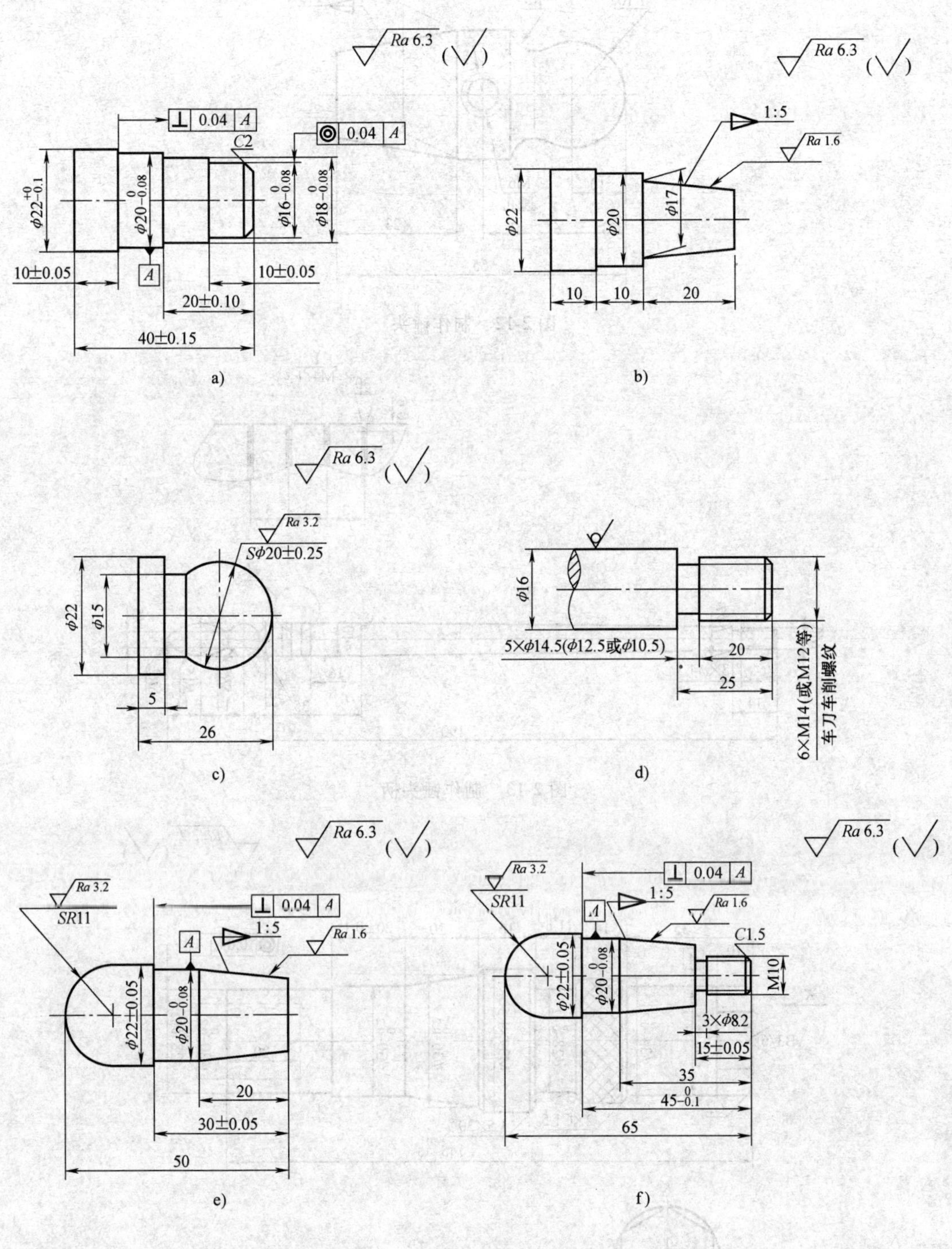

图 2-11　车削实习零件及考核零件

a）车台阶轴件　b）车锥面轴件　c）车圆球轴件　d）车螺纹件　e）考核件 1　f）考核件 2

三、图 2-14、图 2-15 为车削综合训练零件，毛坯材料：45 钢。要求：编制加工工艺，工件在 6h 内完成，棱角倒钝。

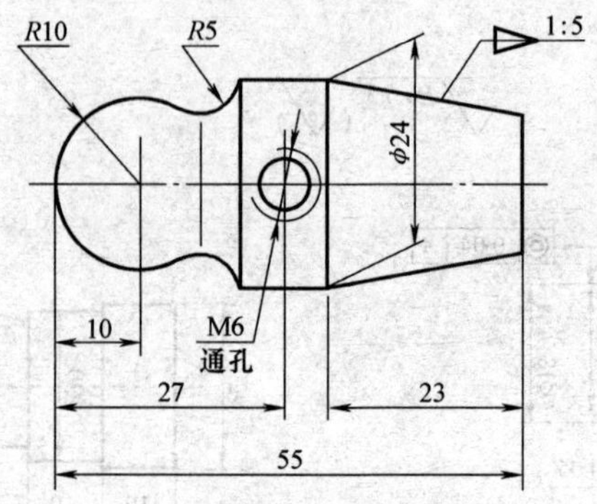

图 2-12 制作锤头

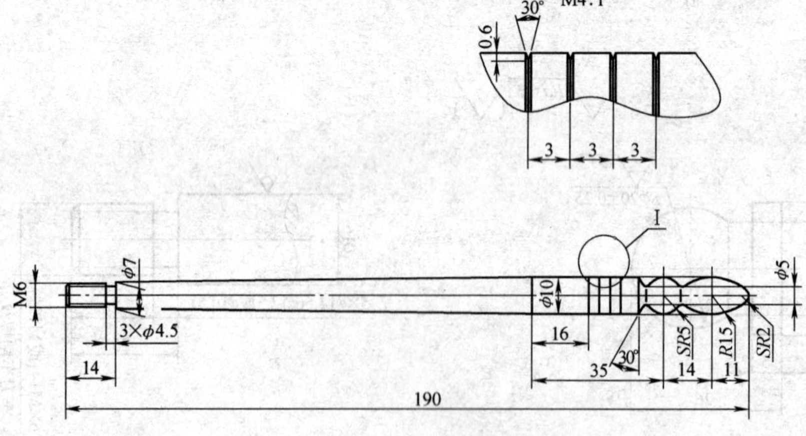

图 2-13 制作锤头柄

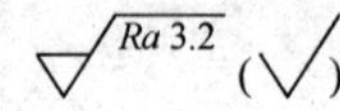

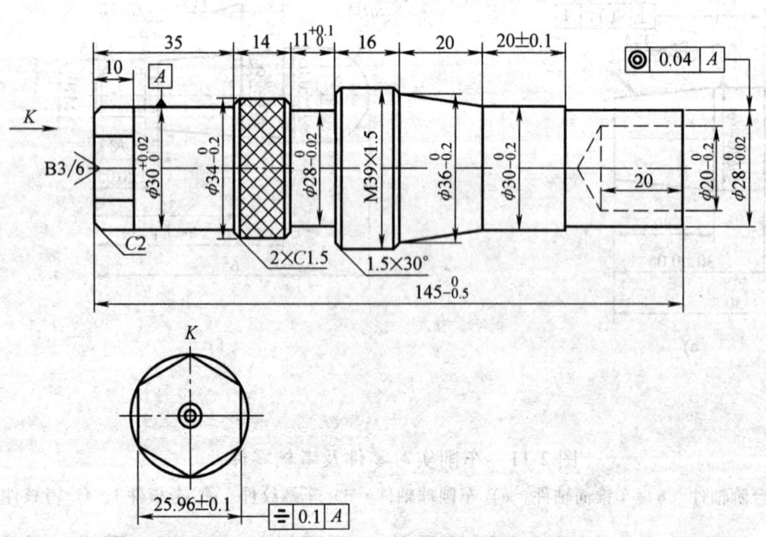

图 2-14 综合训练件（综合轴）

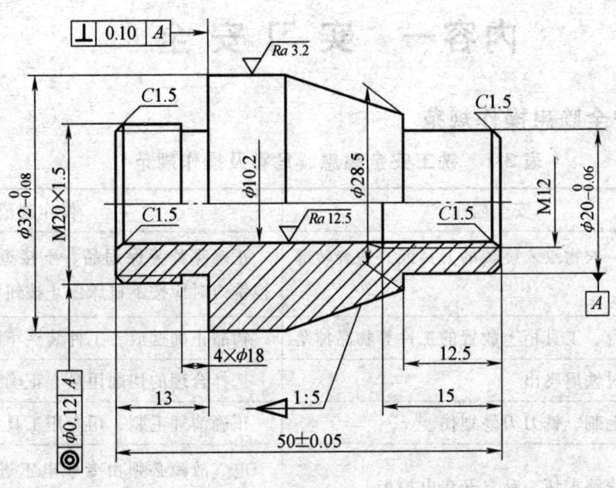

图 2-15　综合训练件（短接）

模块三　铁工基本技能训练

内容一　实 习 安 全

一、铣工伤害、安全隐患操作规范

表 3-1　铣工安全隐患、危害及操作规范

序号	危害	安全隐患	操作规范
1	绞伤	头发、衣物绞入旋转的刀具或其他旋转部件	正确穿戴劳保用品，不接近正在旋转的部件，更换铣刀时应按下机床停止按钮
2	砸伤	工作台、工具柜上放置的工件等物品掉落	物品正确摆放，工件装夹牢固
3	烫伤	加工时铁屑飞出	选择合理的切削用量、正确站位
4	划伤	工件毛刺、铣刀刃易划伤	正确清理毛刺，用专用工具清理铁屑
5	触电	电气线路损坏，私自开启电控柜	电气故障必须由专职电工进行维修，操作人员不得拆接电气线路、元件，不得开启电控柜

二、铣工安全文明生产知识

1. 防护用品穿戴

1）进入车间实习时，要穿好工作服、工作鞋，女同学要戴工作帽，并将发辫纳入帽内。

2）不得穿凉鞋、拖鞋、高跟鞋、背心、裙子等进入车间。严禁戴手套操作。

3）高速铣削或刃磨刀具时应戴防护镜。

2. 操作前的检查

1）检查机床手柄是否放在规定的位置上。

2）检查自动停止挡铁是否紧固在最大行程以内。

3）起动机床检查主轴和进给系统是否正常工作、油路是否畅通。

4）检查刀具、工件是否夹持牢固。

3. 操作中注意事项

1）装卸工件、更换铣刀必须停机，防止工件、铣刀跌落碰伤和损坏工作台面。

2）不得在机床运转时变换主轴转速和进给量。

3）在铣削加工进给中，不准触摸工件加工表面，机动进给完毕后，应先停止进给，再停止主轴(铣刀)旋转。

4）主轴未停止不准测量工件。

5）要用专用工具清除切屑，不准用嘴吹或用手拉。

6）工作台面和各导轨面上不能直接摆放工具和量具。

7）工作中如机床发出不正常声音或发生事故时，应立即停车，保持现场，并报告指导教师或师傅。

8）工作完成后，应切断电源，扫清切屑，擦净机床，在导轨面上涂防锈油，各部件应

调整到正常位置，打扫现场卫生。

内容二　项目实例

项目一　铣矩形工件

一、训练目的

1）掌握长方体零件的加工顺序和基准面的选择方法。

2）掌握铣垂直面和平行面的方法。

3）能较为合理地选择切削用量。

4）会分析铣削中出现的质量问题。

二、作业件及要求

1. 作业件（图 3-1）

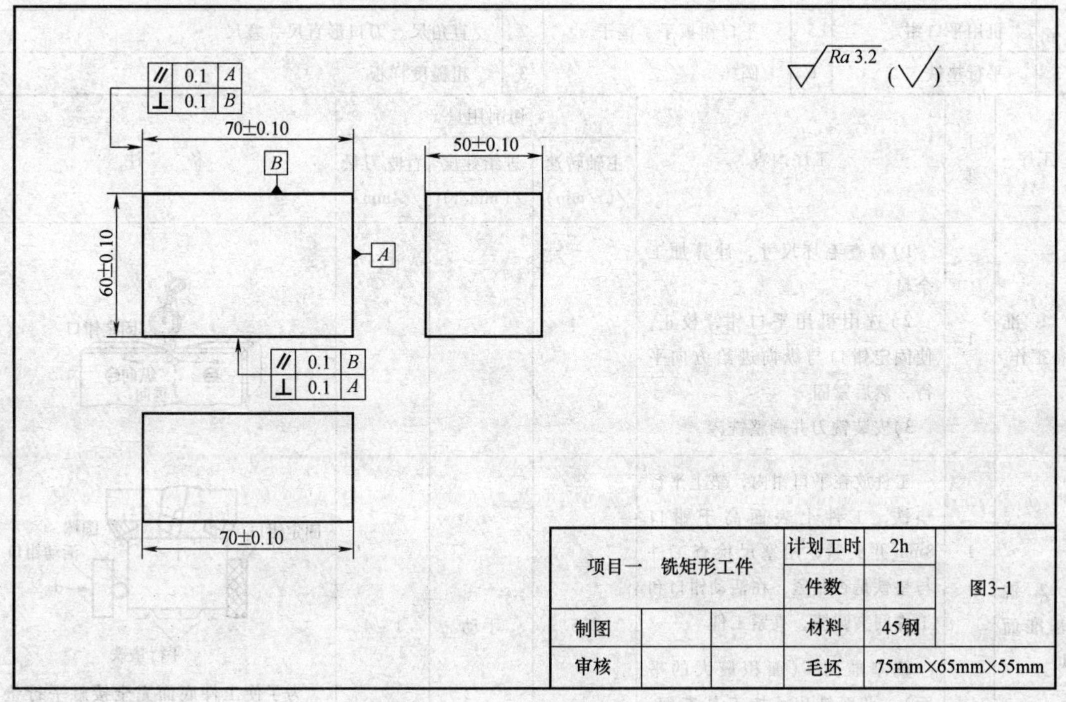

图 3-1　矩形工件

2. 基本要求

1）各平面的平面度。

2）各相邻面的垂直度。

3）各相对面的平行度。

三、加工重难点分析

保证相邻面的垂直度是重点。铣第二面时，装夹一定要仔细找正，注意六面体的铣削顺序。

四、工艺卡

为了配合铣矩形工件工艺卡内容说明，将矩形工件各面标识如图 3-2 所示，工艺卡见

表 3-2。

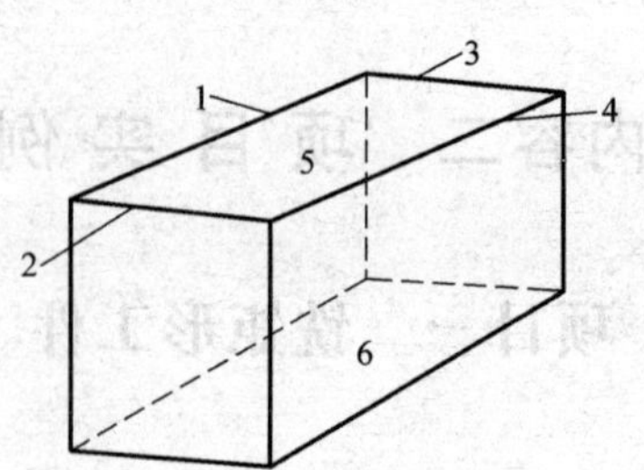

图 3-2 矩形工件各面的标识

表 3-2 铣矩形工件工艺卡

零件图号	图 3-1	项目一 铣矩形工件	机床型号	X62W 卧式铣床		
计划工时	2h		毛坯材料	45 钢	毛坯尺寸	75mm×65mm×55mm

刀具、夹具、工具表				量具表	
1	ϕ100 盘铣刀	4	锉刀、毛刷	1	游标卡尺(0~150mm)
2	机用平口钳	5	平口钳扳手、锤子	2	直角尺、刀口形直尺、塞尺
3	平行垫铁	6	圆棒	3	粗糙度样板

工序	工步	工序内容	切削用量 主轴转速/(r/min)	切削用量 进给速度/(mm/r)	切削用量 背吃刀量/mm	备注
1. 准备工作	1	1)检查毛坯尺寸，计算加工余量 2)选用机用平口钳，校正，使固定钳口与纵向进给方向平行，然后紧固 3)安装铣刀并调整铣床				固定钳口 纵向 垂向
2. 铣基准面 1	1	工件放在平口钳内，垫上平行垫铁，工件上表面高于钳口 8mm 并夹紧，用塞尺检查工件与垫铁是否贴紧，在活动钳口和工件间夹圆棒，夹紧工件	375	手动	1~4	固定钳口 圆棒 活动钳口 1 平行垫铁 为了使工件底面完全接触平行垫铁，用铜锤轻轻敲击工件，以用手不能轻易推动平行垫铁为宜
	2	铣基准面 1(面积最大的平面)，平面铣出。加工基准面，因为基准面是加工其他各面的定位基准				
3. 铣平面 2、3	1	基准面 1 紧贴固定钳口，在活动钳口和工件间夹圆棒，夹紧工件	375	手动	1~4	2 1 3
	2	铣基准面相邻平面 2、3 至两面间距为(70±0.10)mm，并保证 2、3 面与基准面 1 垂直，以及 3 面与 2 面的平行度				

（续）

工序	工步	工序内容	切削用量			备　注
			主轴转速/(r/min)	进给速度/(mm/r)	背吃刀量/mm	
4. 铣面4	1	工件翻转。将已加工的平面1、3分别与垫铁、固定钳口贴合，夹紧工件				
	2	铣基准面1的相对面4，保证面1与面4间距为(50±0.10)mm及平行度公差	375	手动	1~4	
5. 铣平面5、6	1	铣面5：基准面1紧贴钳口，为了保证面5与面1和面2都垂直，要用直角尺找正面2与工作台台面的垂直度，面5铣出即可	375	手动	1~4	固定钳口　直角尺
	2	铣面6：翻转180°铣面6，保证面6与面5间距为(60±0.10)mm	375	手动	1~4	
6. 精铣	1	按以上顺序依次精铣，保证图样尺寸和表面粗糙度，使其达到图样要求				
7. 检查质量	1	检查垂直度(直角尺)、平行度及尺寸(游标卡尺)、平面度(刀口形直尺)、表面粗糙度(粗糙度样板)				用塞尺配合直角尺检测垂直度误差，测量前用锉刀去毛刺

五、容易产生的问题和注意事项

1）装夹工件时，当工件一面是已加工面，而另一面是粗糙的毛坯表面时，应以工件的已加工面为基准面，紧贴于固定钳口，并在活动钳口与毛坯表面之间辅以一根圆棒，这样可使工件装夹得稳定，而且易保证铣削出的平面与基准面垂直。

2）使用台虎钳装夹工件时，必须使工件的加工余量高出钳口，必要时可在工件下面垫放适当厚度的平行垫铁，垫铁要有精度要求。

3）及时用锉刀修整工件上的毛刺和锐边，但不要锉伤工件已加工表面。

4）应将工件放在台虎钳的中间，不应放在某一头。否则，久而久之，会降低平口钳的夹持精度。

5）铣钢件时应使用切削液。

六、评分标准

表 3-3 矩形工件评分表

序号	项目与技术要求	配分	评分标准	扣分	得分
1	工件放置或夹持正确	10 分	不符合要求酌情扣分		
2	铣刀装夹正确	5 分	不符合要求酌情扣分		
3	加工姿势正确、自然	10 分	不符合要求酌情扣分		
4	2 处平行度公差为 0.1mm	10 分	超差全扣		
5	2 处垂直度公差为 0.1mm	10 分	超差全扣		
6	工件宽(50 ±0.10)mm	15 分	超差全扣		
7	工件高(60 ±0.10)mm	15 分	超差全扣		
8	工件长(70 ±0.10)mm	15 分	超差全扣		
9	铣削表面粗糙度 *Ra*3.2μm	10 分	不符合要求酌情扣分		
10	安全文明操作		违者每次扣 2 分		
	总分:	100 分	合计:		
姓名:	学号:		实际工时:	教师签字:	

项目二 铣台阶面

一、训练目的

1）掌握用立铣刀铣台阶的加工方法。

2）掌握铣凸台控制对称度的方法。

3）能较为合理地选择切削用量。

4）会分析铣削中出现的质量问题。

二、作业件及要求

1. 作业件(图 3-3)

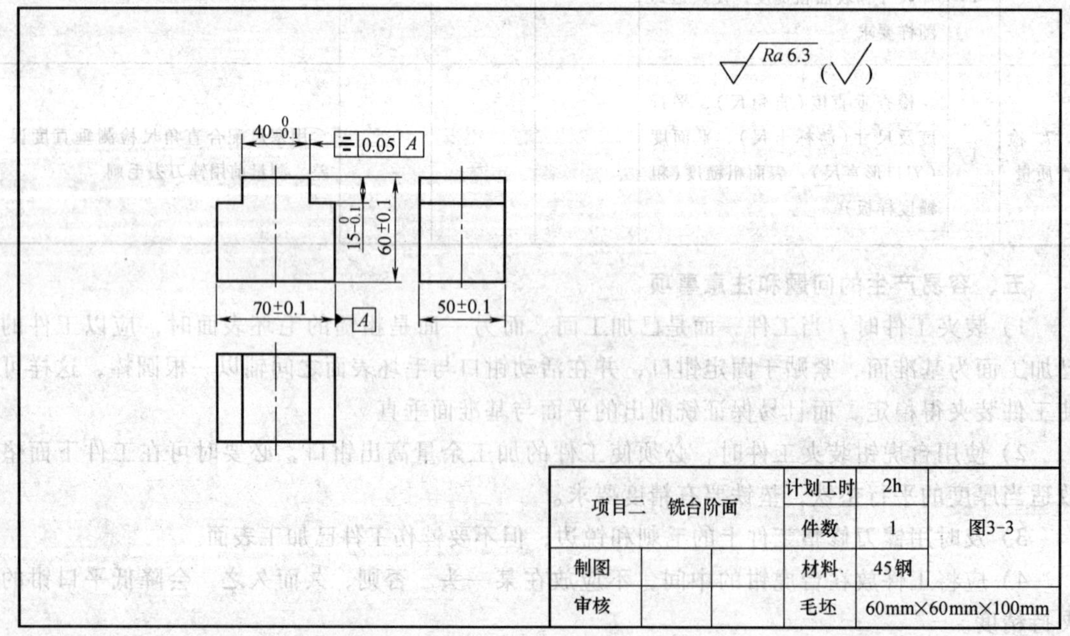

图 3-3 铣台阶面

2. 基本要求：

1）在“项目一　铣矩形工件”的基础上进一步加工出台阶面。

2）保证图样尺寸及对称度要求。

三、加工重难点分析

保证台阶对称度，对刀是重点，测量是关键。精铣时定位一定要准确。

四、工艺卡（表 3-4）

表 3-4　铣台阶面工艺卡

零件图号	图 3-3	项目二　铣台阶面	机床型号	X5032 立式铣床		
计划工时	2h		毛坯材料	45 钢	毛坯尺寸	70mm×60mm×50mm

刀具、夹具、工具表				量具表	
1	φ20 立铣刀	4	平行垫铁、平口钳扳手、毛刷	1	游标卡尺（0～150mm）、深度游标卡尺
2	机用平口钳	5	锉刀、锤子、铜棒	2	外径千分尺（0～25mm）、直角尺、百分表
3	磁性表座	6	标准平面	3	粗糙度样板

工序	工步	工序内容	切削用量 主轴转速/(r/min)	进给速度/(mm/min)	背吃刀量/mm	备注
1. 准备工作	1	确定基准：检查备料毛坯的各项尺寸，根据零件工艺要求，选择 60mm×50mm 为基准面				
	2	安装刀具：安装并校正立铣头，将铣刀安装在立铣头锥口中				
	3	校正平口钳：将平口钳安装在工作台中间位置。利用百分表校正并固定钳口，使其与工作台纵向进给方向平行并紧固				纵向 垂向 60 活动钳口 70 A 固定钳口 横向
	4	装工件：工件放入平口钳中，将 60mm×50mm 基准面紧贴固定钳口，下面垫上适当高度的平行垫铁，使工件上表面高出钳口约 16mm，夹紧工件				用铜棒轻轻敲击工件，使之与平行垫铁贴紧
2. 对刀	1	深度对刀：启动主轴，操作手柄，使铣刀与工件上表面刚刚接触，在垂向刻度盘上作记号，使工件先垂向后纵向退出，竖直方向工作台升高 14.5mm（分两刀铣削），留 0.5mm 左右精铣余量，并紧固垂向工作台	475	手动	1～4	垂向 纵向 60 70 A 横向
	2	侧面对刀：操作手柄，移动横向工作台，使铣刀圆周刃与工件侧面刚接触，在横向刻度盘上作记号，先横向、后纵向退出工件。根据记号，横向工作台移动“背吃刀量”并紧固横向工作台	475	手动	1～4	垂向 纵向 60 70 A 横向 注意消除工作台丝杠与螺母间隙

（续）

工序	工步	工序内容	切削用量			备注
			主轴转速/(r/min)	进给速度/(mm/min)	背吃刀量/mm	
3. 铣台阶面	1	粗铣非基准面一侧的台阶：开启主轴，摇动纵向手柄，使工件靠近铣刀直至接触，打开切削液开关，纵向机动进给，根据铣削余量分刀铣削，完成该侧面的粗铣，停机，关闭切削液开关，使工件纵向退出 用千分尺测量工件的基准面 *A* 至铣出台阶宽的实际尺寸 55.5mm，用深度游标卡尺测得深度为 14.5mm	600	118	1~4	纵向(铣削) 55.5 垂向(深度) 60 14.5 活动钳口 70 固定钳口 A 横向(背吃刀量)
		精铣非基准面一侧的台阶：根据实测尺寸，确定精铣余量；操作手柄，调整铣削深度，调整转速和进给量，用前述方法精铣台阶面：使深度尺寸 $15_{-0.1}^{0}$ mm；凸台间接控制尺寸 $M=54.975$mm，获得第二基准面（非基准面一侧的台阶面）	900	118	1~4	根据式 1-1 计算间接控制尺寸值为 $M=54.975$mm，目的是加工出第二基准面，作为铣削凸台另一侧面的测量基准面。注意测量前用锉刀去除毛刺
		粗铣基准面 *A* 一侧的台阶：松开并移动横向工作台，移动量 S = *L* + *B* = 60mm，先移动 60.5mm，留 0.5mm 精铣余量，紧固横向工作台垂向下降 0.5mm（精细余量），纵向自动进给，分刀粗铣出基准面一侧的台阶面。粗铣后，测量台阶宽度尺寸为 40.5mm，深度尺寸为 14.5mm	600	118	1~4	S L B A
	3	精铣基准面 *A* 一侧的台阶：以铣出的第二基准面（非基准面一侧的台阶面）为基准，测量凸台宽度实际尺寸，确定精铣余量；松开横向工作台，横向移动背吃刀量为“精铣余量”，紧固横向工作台；以工件上端面为基准，实际测量凸台深度尺寸，垂向升高“精铣余量”。精铣后，测量台阶宽度为 $40_{-0.1}^{0}$ mm，深度为 $15_{-0.1}^{0}$ mm	900	118	1~4	注意消除工作台丝杠与螺母间隙

（续）

工序	工步	工序内容	切削用量			备注
			主轴转速 /(r/min)	进给速度 /(mm/min)	背吃刀量 /mm	
3	检查质量	台阶宽度用游标卡尺或外径千分尺测量；台阶底部高度用游标卡尺或深度尺测量；对称度用百分表测量，借助标准平面，采用工件翻身法进行对比测量				对比法进行测量

五、容易产生的问题和注意事项

1）平口钳的固定钳口应调整好。

2）选择的垫铁应平行，铣削时工件与垫铁应清理干净。

3）铣削中不使用的进给机构要紧固。

4）铣削时，进给量和切削深度不能太大，铣削钢件必须加入切削液。

六、评分标准(表 3-5)

表 3-5 铣台阶面评分表

序号	项目与技术要求	配分	评分标准	扣分	得分
1	工件放置或夹持正确	5 分	不符合要求酌情扣分		
2	铣刀装夹正确	5 分	不符合要求酌情扣分		
3	加工操作正确、自然	5 分	不符合要求酌情扣分		
4	凸台深 $15_{-0.1}^{\ 0}$ mm	15 分	超差 0.01mm 扣 5 分，扣完为止		
5	凸台宽 $40_{-0.1}^{\ 0}$ mm	30 分	超差 0.01mm 扣 5 分，扣完为止		
6	对称度公差 0.05mm	30 分	超差 0.01mm 扣 5 分，扣完为止		
7	铣削表面粗糙度 Ra6.3μm	10 分	不符合要求酌情扣分		
8	安全文明操作		违者每次扣 2 分		
	总分：	100 分	合计：		
姓名：	学号：		实际工时：	教师签字：	

项目三 铣 沟 槽

一、训练目的

1）进一步掌握铣床上工件及铣刀的安装方法。

2）熟悉铣削操作，熟悉各开关位置。

3）掌握铣削加工沟槽的操作技能。

4）掌握铣沟槽控制对称度的方法。

5）能较为合理地选择切削用量。

二、作业件及要求

1. 作业件(图 3-4)

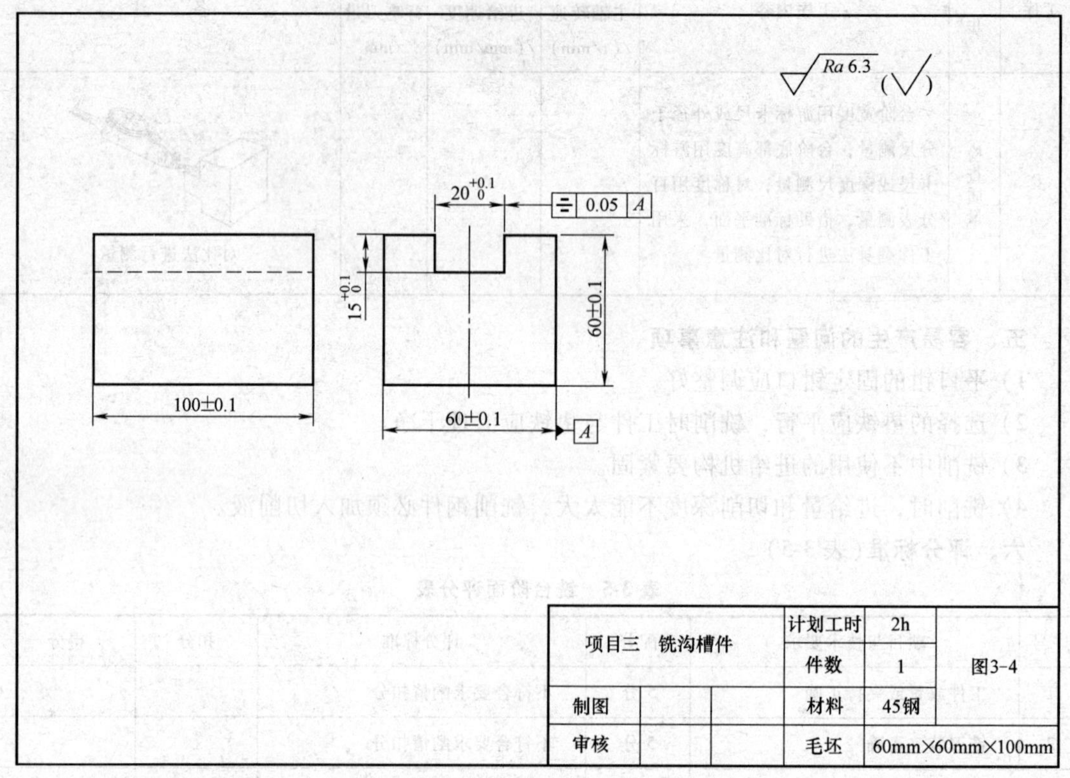

图 3-4 沟槽件

2. 基本要求

1）六面体的铣削已完成。

2）保证沟槽尺寸精度及对称度要求。

三、加工重难点分析

本项目中保证沟槽对称度是重点。具体方法请参照模块一中项目四的内容。

四、工艺卡(表 3-6)

表 3-6 铣沟槽工艺卡

<table>
<tr><td>零件图号</td><td colspan="2">图 3-4</td><td colspan="2" rowspan="2">项目三 铣沟槽</td><td>机床型号</td><td colspan="3">X5032 立式铣床</td></tr>
<tr><td>计划工时</td><td colspan="2">2h</td><td>毛坯材料</td><td>45 钢</td><td>毛坯尺寸</td><td>60mm×60mm×100mm</td></tr>
<tr><td colspan="5">刀具、夹具、工具表</td><td colspan="4">量具表</td></tr>
<tr><td>1</td><td colspan="2">ϕ16 直柄立铣刀</td><td>4</td><td>划线工具</td><td>1</td><td colspan="3">游标卡尺(0～150mm)、深度游标卡尺</td></tr>
<tr><td>2</td><td colspan="2">机用平口钳</td><td>5</td><td>平行垫铁、平口钳扳手、锉刀、铜棒、毛刷</td><td>2</td><td colspan="3">内径千分尺、百分表</td></tr>
<tr><td>3</td><td colspan="2">磁性表座</td><td>6</td><td>标准平板</td><td>3</td><td colspan="3">粗糙度样板</td></tr>
</table>

（续）

<table>
<tr><th rowspan="2">工序</th><th rowspan="2">工步</th><th rowspan="2">工序内容</th><th colspan="3">切削用量</th><th rowspan="2">备　注</th></tr>
<tr><th>主轴转速 /(r/min)</th><th>进给速度 /(mm/min)</th><th>背吃刀量 /mm</th></tr>
<tr><td rowspan="4">1. 准备工作</td><td>1</td><td>确定基准：检查备料毛坯的各项尺寸，选择较大的平面作为基准面，即60mm×60mm×100mm面为基准面</td><td rowspan="4"></td><td rowspan="4"></td><td rowspan="4"></td><td rowspan="4">纵向 ⊗⊙ 垂向 60 60 活动钳口 固定钳口 A 横向
用铜棒轻轻敲击工件，使之与平行垫铁贴紧</td></tr>
<tr><td>2</td><td>划线：毛坯放置于划线平台上，划出槽的顶线和端线</td></tr>
<tr><td>3</td><td>校正平口钳：将平口钳安放在工作台中间位置。利用百分表校正并固定钳口，使其与工作台纵向进给方向平行并紧固</td></tr>
<tr><td>4</td><td>装夹工件：工件放入平口钳中，将基准面紧贴固定钳口，并夹紧工件</td></tr>
<tr><td rowspan="2">2. 对刀</td><td>1</td><td>侧面对刀：开启主轴，移动横向工作台，使旋转的立铣刀缓缓地与工件侧面相接触，并停止移动，在横向刻度盘上做好记号，纵向退出工件。根据测量零件尺寸和图样尺寸进行计算，横向工作台移动距离为 $S=B/2+D/2=60/2\text{mm}+16/2\text{mm}=38\text{mm}$，将铣刀移动到槽的中心位置处，再紧固横向工作台</td><td rowspan="2">475</td><td rowspan="2">手动</td><td rowspan="2">1~4</td><td rowspan="2">D 纵向 ⊗⊙ 固定钳口 S B 活动钳口 A 横向
侧面或深度对刀时，可以在工件的侧面或上端面附上一张薄纸（用机油贴好），当铣刀擦到薄纸时即可降低工作台，然后再横向或垂向移动工作台，使铣刀中心移至工件中心，此时 $S=B/2+D/2+$纸的厚度</td></tr>
<tr><td>2</td><td>深度对刀：移动机床纵向、垂向工作台，使工件铣削部位处于铣刀下方。开启主轴，升降台带动工件缓缓升高，使铣刀刚好切削到工件后停止上升，在垂向刻度盘上做标记，停车后下降工作台，纵向退出工件；摇动垂向手柄，调整铣削深度（分两刀铣削，注意留 0.5mm 左右为精铣余量），紧固垂向工作台</td></tr>
</table>

（续）

工序	工步	工序内容	切削用量			备注
			主轴转速/(r/min)	进给速度/(mm/min)	背吃刀量/mm	
3. 铣沟槽	1	粗铣：分两次调整。铣削层深度，每次进给 7mm，开启主轴，纵向自动进给铣出直角沟槽，此时，槽宽 16mm，槽深 14mm。松开横向工作台手柄后，向前移动 1.5mm（留精铣余量 0.5mm），紧固横向工作台，垂向工作台升高 0.5mm（留 0.5mm 余量），纵向自动进给铣出槽的一侧面。再次松开横向工作台后，反向移动工作台 3mm，紧固横向工作台，纵向自动进给铣出槽的另一侧面，此时，测量槽的宽度应该为 19mm，槽深应该为 14.5mm	600	118	1～4	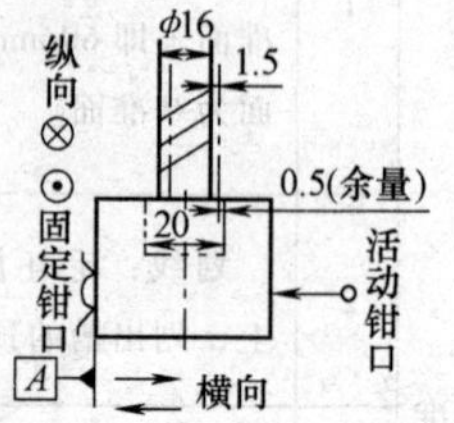 纵向 ⊗ ⊙ 固定钳口 A 横向 φ16 1.5 20 0.5(余量) 活动钳口 在移动横向工作台时，要注意消除工作台丝杆和螺母的间隙，特别当反向移动工作台时，必须要消除"间隙"
	2	精铣。用游标卡尺测量实际槽宽、槽深以及槽的对称度，根据测量值确认精铣横向背吃刀量 Δ 和垂向背吃刀量 δ 后，松开横向工作台手柄，向前移动实际测量的 Δ，紧固横向工作台，垂向工作台升高实际测得值为 δ，纵向自动进给铣出槽的一侧面。再次松开横向工作台后反向移动工作台 2Δ，紧固横向工作台，纵向自动进给铣出槽的另一侧面。测量槽的宽度和深度，符合图样要求，表面粗糙度 Ra 应小于 6.3μm	900	118	1～4	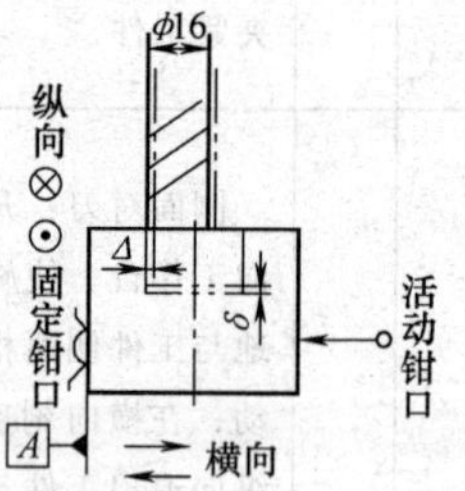 纵向 ⊗ ⊙ 固定钳口 A 横向 φ16 Δ δ 活动钳口 注意先精铣靠基准 A 面（固定钳口）较近的侧面（第二基准面），将该面到基准面 A 的距离（槽宽）铣削到要求尺寸后，再铣另一侧面。另一侧面的测量是以先前铣出的第二基准面为测量基准面
4. 检查质量		槽宽用游标卡尺或内径千分尺测量；槽深度用深度尺或游标卡尺测量；槽宽对工件两侧面的对称度用百分表测量，借助标准平面，采用工件翻身法进行对比测量，如图所示				注意测量前用锉刀去毛刺

五、容易产生的问题和注意事项

1）工件必须装夹牢固，装夹工件时要在钳口与工件间垫铜皮。

2）调整切削深度时，应注意消除丝杠和螺母间隙，以免铣错尺寸。

3）铣床主轴未停稳时不准用手触摸工件表面。

4）进给结束后，工件不能立即在旋转的铣刀下退刀，应先降落工作台再退刀。

六、评分标准表(表 3-7)

表 3-7　铣沟槽评分表

序号	项目与技术要求	配分	评分标准	扣分	得分
1	工件放置或装夹正确	10 分	不符合要求酌情扣分		
2	铣刀选择、安装正确	10 分	不符合要求酌情扣分		
3	加工操作正确、自然	10 分	不符合要求酌情扣分		
4	槽深 $15^{+0.1}_{0}$mm	20 分	超差 0.1mm 扣 5 分，扣完为止		
5	槽宽 $20^{+0.1}_{0}$mm	20 分	超差 0.1mm 扣 5 分，扣完为止		
6	对称度公差 0.05mm	20 分	超差 0.01mm 扣 5 分，扣完为止		
7	铣削表面粗糙度 Ra 为 6.3μm	10 分	不符合要求酌情扣分		
8	安全文明操作		违者每次扣 2 分		
	总分：	100 分	合计：		
姓名：	学号：		实际工时：	教师签字：	

项目四　铣封闭键槽

一、训练目的

1）掌握封闭键槽的铣削方法。

2）掌握键槽的测量方法。

3）能正确选用和安装键槽铣刀。

4）会分析铣削键槽中出现的质量问题。

二、作业件及要求

用键槽铣刀铣削如图 3-5 所示轴上的封闭键槽。

三、加工重难点分析

键槽尺寸的测量是重点，保证键槽的对称度是加工难点，掌握在轴上的对刀方法是关键。

图样分析：键槽宽度的要求比较高，通常用内径千分尺或塞规测量；键槽深度要求不高，基准工件上、下素线或轴线的尺寸，在测量时常按需要进行尺寸计算，键槽宽度和高度的测量如图 3-6、图 3-7 所示。用游标卡尺测量后，若槽深尺寸基准是轴线，则需减去工件实际半径才能得到槽深测量尺寸。测量键槽对称度的基本方法如图 3-8 所示，先用百分表检测工件的轴线与测量基准面是否平行，如与测量平板的测量面平行，再找正键槽的一侧平面，使其与基准平面平行(较小的键槽可插入键块进行测量)，将工件绕轴线旋转 180°，找正键槽另一侧平面与基准平面平行，并观察百分表的示值，若两侧等高，即百分表值相同或有偏差，但在对称度允许差值的范围内，则说明对称度符合图样要求。

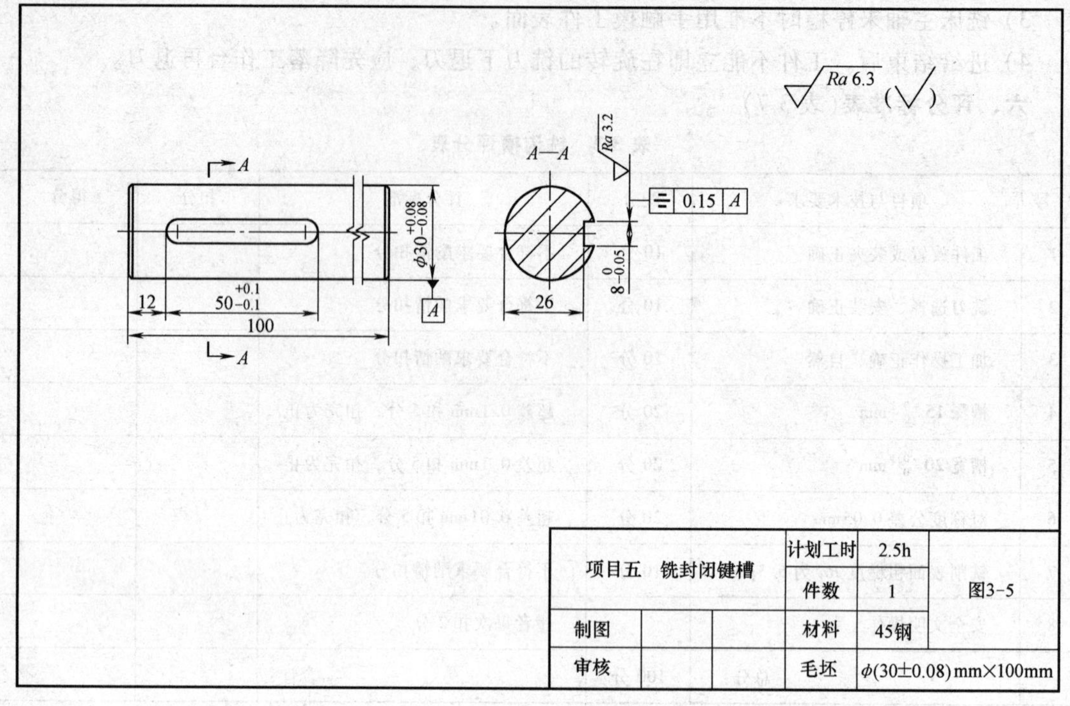

图 3-5 铣封闭键槽

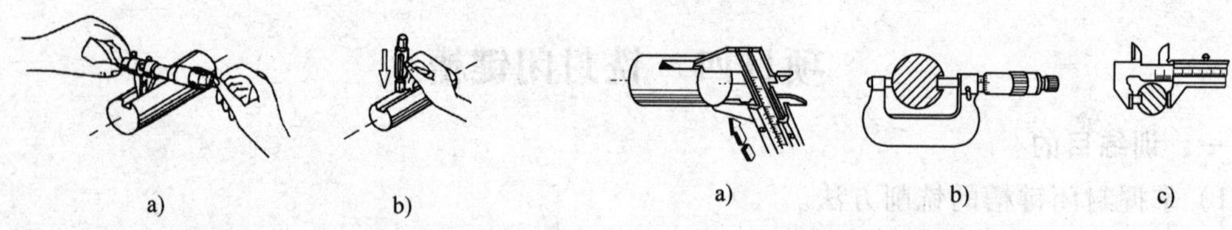

图 3-6 测量键槽宽度

a)用内径千分尺测量 b)用塞规测量

图 3-7 测量键槽深度

a)用游标卡尺直接测量 b)用千分尺测量 c)塞入键块测量

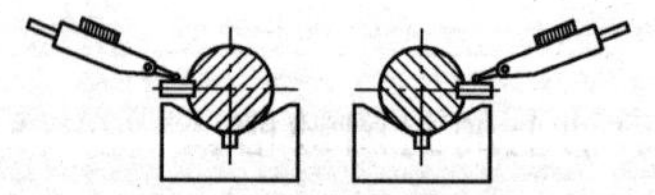

图 3-8 测量槽的对称度

四、工艺卡(表 3-8)

表 3-8 铣削封闭键槽工艺卡

<table>
<tr><td colspan="2">零件图号</td><td>图 3-6</td><td colspan="2" rowspan="2">项目四 铣封闭键槽</td><td colspan="2">机床型号</td><td colspan="3">X5032 立式铣床</td></tr>
<tr><td colspan="2">计划工时</td><td>2.5h</td><td colspan="2">毛坯材料</td><td>45 钢</td><td>毛坯尺寸</td><td>φ30mm×100mm</td></tr>
<tr><td colspan="5">刀具、夹具、工具表</td><td colspan="5">量具表</td></tr>
<tr><td>1</td><td colspan="2">键槽铣刀 φ8, z = 2mm</td><td>3</td><td>标准平面、键块</td><td>1</td><td colspan="4">游标卡尺(0～150mm)、内径千分尺、千分尺、塞规、金属直尺</td></tr>
<tr><td>2</td><td colspan="2">机用平口钳</td><td>4</td><td>平行垫铁、锤子、平口钳扳手、锉刀、毛刷</td><td>2</td><td colspan="4">粗糙度样板</td></tr>
</table>

（续）

工序	工步	工序内容	切削用量			备　注
			主轴转速/(r/min)	进给速度/(mm/min)	背吃刀量/mm	
1. 准备工作	1	基准确定：外圆表面作基准面				
	2	安装刀具：选用键槽铣刀及弹簧夹头，安装铣刀，并校正铣刀的径向跳动误差				装刀前，清洁弹簧夹头和刀柄
	3	安装工件：用机用平口钳装夹工件，校正固定钳口，使其与纵向进给方向平行，然后紧固；将工件放在钳口内，垫上平行垫铁并夹紧。注意装夹前用手锤轻敲工件，使其与平行垫铁紧贴				用万能分度头直接装夹，也可用V形架装夹。注意用百分表校正其上素线与工作台面的平行度，校正侧素线与工作台纵向进给方向平行度
2. 对刀调整	1	切痕对刀：将工件铣削部位大致调整到铣刀的中心位置下面，紧固纵向工作台。开启主轴，工件垂向缓缓上升，使铣刀端面齿刃接触工件表面，再稍上升一个高度，横向工作台往复移动，待工件表面切出一个矩形切痕(其宽度略大于铣刀直径)。停车并摇动横向手柄，目测使铣刀处于切痕中间，紧固横向工作台，垂向微量上升切出圆痕后停车。下降工作台，使矩形切痕的两边至圆痕的周边距离相等。如果两边距离相等即已对刀，如果不等则根据两边偏差值的一半调整横向工作台，换一个部位再进行对刀，直至两边相等	475	手动	1～4	
3. 铣封闭键槽	1	调整铣削层深度：将工件调整到键槽起始位置，锁紧横向工作台；开启主轴，打开切削液开关，摇动垂向手柄，使铣刀擦到工件表面，继续摇垂向手柄，铣削至所要求的深度；摇动纵向手柄，铣削键槽长度，铣完键槽，关闭切削液，下降垂向工作台，停车，拆卸工件	475	手动	1～4	若工件外圆留有磨削余量，则铣削层深度应加上磨削余量的一半
	2	去毛刺，测量工件尺寸12mm、(50±0.1)mm、26mm、$8_{-0.05}^{\ 0}$mm，工件的表面粗糙度$Ra3.2\mu m$，检测后若不符合要求，应重新铣削加工到图样要求尺寸				如键槽精度较高，可在装好铣刀后用废料试铣，测量槽宽合格后再正式铣削。也可用两把铣刀分别进行粗铣、精铣

（续）

工序	工步	工序内容	切削用量			备注
			主轴转速 /(r/min)	进给速度 /(mm/min)	背吃刀量 /mm	
4. 检查质量		键槽的长度和轴向位置可用金属直尺和游标卡尺测量；键槽宽度测量如图 3-6 所示；键槽深度测量如图 3-7 所示；键槽对称度测量如图 3-8 所示				注意测量前用锉刀去毛刺

五、容易产生的问题和注意事项

1）注意校正铣刀的径向圆跳动，否则槽宽不合格。

2）铣刀装夹应牢固，防止铣削时产生松动。

3）铣削时，深度不能过大，进给也不能过快，否则会出现让刀现象。

4）铣刀磨损后应及时刃磨和更换，以避免尺寸和表面粗糙度不合格。

5）工作中不用的进给方向应紧固，加工完毕后松开。

6）校正工件时不能直接用锤子敲击工件，以免破坏工件表面。

7）测量工件时应停止铣刀旋转。

8）铣削中应及时清除切屑。

六、评分标准（表 3-9）

表 3-9 铣削封闭键槽评分表

序号	项目与技术要求	配分	评分标准	扣分	得分
1	工量具的正确使用，规范操作	10 分	不符合要求酌情扣分		
2	键槽长度(50 ±0.1)mm	20 分	不符合要求全扣		
3	键槽宽度 $8_{-0.05}^{\ 0}$mm	20 分	不符合要求全扣		
4	键槽深度 26mm	10 分	不符合要求全扣		
5	键槽轴向位置 12mm	10 分	不符合要求全扣		
6	键槽对称度公差 0.01mm	20 分	不符合要求全扣		
7	铣削表面粗糙度	10 分	不符合要求酌情扣分		
8	安全文明操作		违者每次扣 2 分		
	总分：	100 分	合计：		
姓名：	学号：		实际工时：	教师签字：	

项目五 分度头铣六角

一、训练目的

1）掌握在轴类零件上铣六角的方法。

2）熟悉分度头的使用方法。

3）会分析铣削中出现的质量问题。

二、作业件及要求(图 3-9)

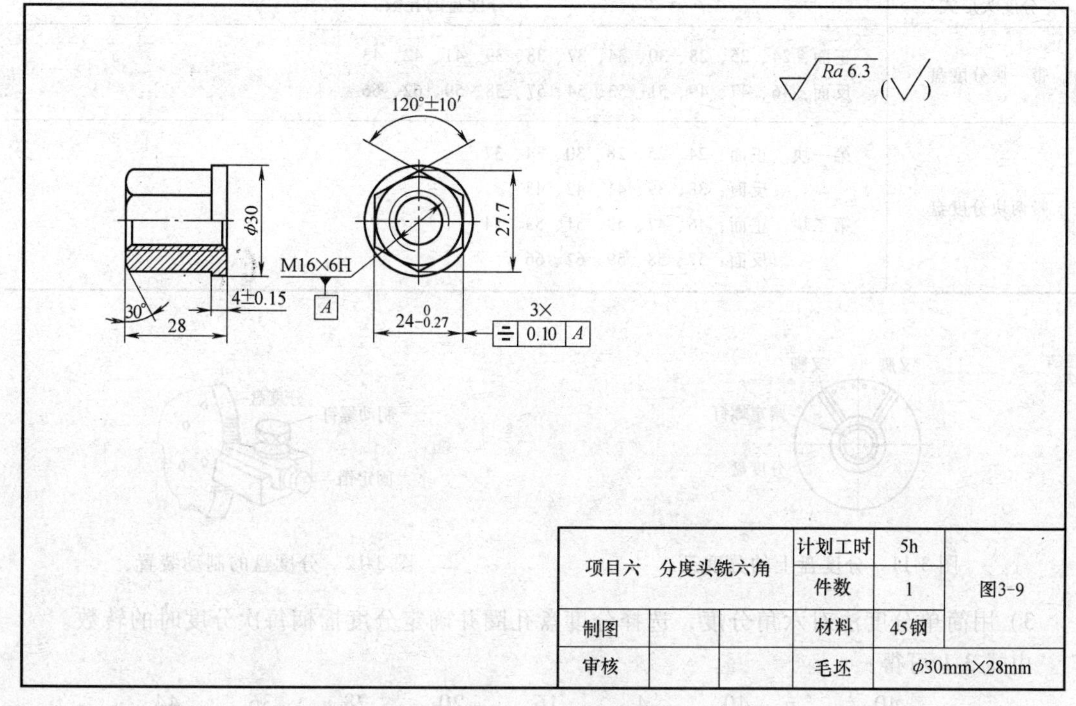

图 3-9　分度头铣六角

三、加工重难点分析

学习分度头的调整和应用是本项目的重点。

1）简单分度计算公式

$$n=\frac{N}{z}=a+\frac{p}{q} \tag{3-1}$$

式中，n 为每等分一次分度摇柄应转过的转数；z 为工件的圆周等分数(齿数或边数)；N 为分度头的定数，一般为 40；a 为每次分度时，手柄 k 应转的整数转；q 为所选用孔圈的孔数；p 为分度定位销在 q 个孔的孔圈上应转的孔距数。

注：当用式 3-1 计算所得的 n 不是整数而是分数时，可用分度盘上的孔数来进行分度。

2）调整分度定位销和分度叉方法。分度头上的分度盘有带一块的和带两块的，正面和反面的孔数不相同，分度盘如图 3-10 所示，分度头孔数见表 3-10。

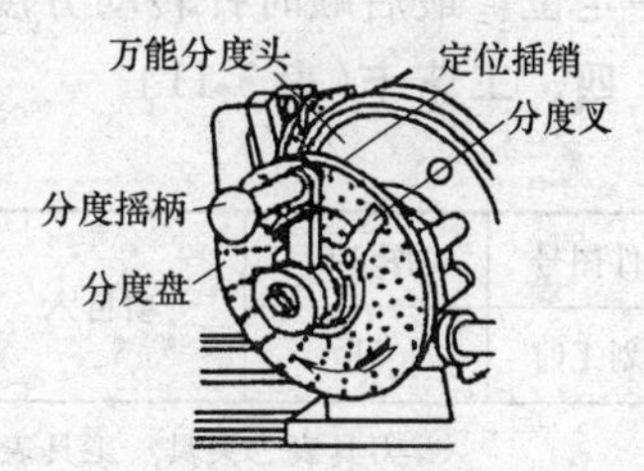

图 3-10　分度盘部分

按照计算出的分度摇柄转数，先转过整转数，再在孔圈上转过一定的孔数。由于分度盘上的孔很多，所以安装了分度叉，在分度中根据计算出的孔数调整分度叉间的孔数。调整时，松开紧定螺钉，如图 3-11 所示，每进行一次分度，分度叉转动一次位置。在分度盘左侧有一制动装置，拔出固定销，分度盘可以自由灵活转动；插入固定销，固定销上的齿与分度盘被制动，如图 3-12 所示。

表 3-10 分度盘的孔数

分度头形式	分度盘的孔数
带一块分度盘	正面：24、25、28、30、34、37、38、39、41、42、43 反面：46、47、49、51、53、54、57、58、59、62、66
带两块分度盘	第一块 正面：24、25、28、30、34、37 反面：38、39、41、42、43 第二块 正面：46、47、49、51、53、54 反面：57、58、59、62、66

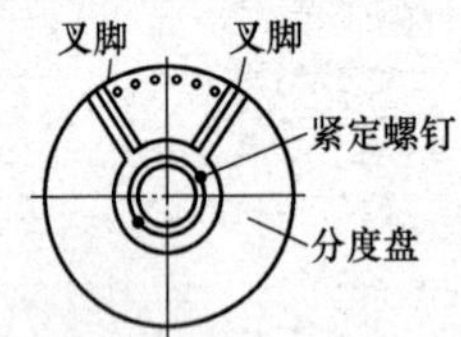

图 3-11 分度盘上的分度叉

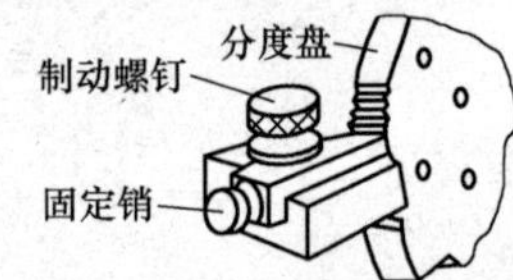

图 3-12 分度盘的制动装置

3）用简单分度法对六角分度，选择分度盘孔圈并确定分度摇柄每次分度时的转数。

由式 3-1 可得：

$$n=\frac{40}{z}=a+\frac{p}{q}=\frac{40}{6}=6+\frac{4}{6}=6+\frac{16}{24}=6+\frac{20}{30}=6+\frac{28}{42}=6+\frac{36}{54}=6+\frac{44}{66}$$

F11125 型分度头备有两个分度盘。由于分度盘上没有 6 的孔圈，因此根据分度盘上的孔圈数，把分子和分母同时扩大或缩小同一倍数。根据表 3-2 分度盘上的孔数（在第一块分度盘正面对应有 24 孔、30 孔、42 孔的孔圈，第二块分度盘的反面对应有 54 孔、66 孔的孔圈）共有五种分度方案可选。如选 66 孔的孔圈，分度摇柄每次应转 6 整转，再转 44 个孔距。

为了保证分度不出错误，应调整分度盘上分度叉两叉间的夹角，使两叉间在 66 孔的孔圈上包含（44 +1）个孔（即 44 个孔距）。

分度时，拔出分度定位销，转动摇柄 6 整圈，转分度叉内的孔距数，再重新将插销插入孔中定位。最后顺时针转动分度叉，使其左叉紧靠插销，为下次分度作准备。

四、工艺卡（表 3-11）

表 3-11 分度头铣六角工艺卡

零件图号	图 3-9	项目六 分度头铣六角		机床型号	X62W 卧式铣床		
计划工时	5h			毛坯材料	45 钢	毛坯尺寸	ϕ30mm ×28mm
刀具表、夹具、工具表				量具表			
1	直齿三面刃铣刀	4	机用平口钳	1	游标卡尺（0 ~150mm）		
2	F11125 分度头	5	螺纹专用心轴、管子钳	2	游标万能角度尺（0 ~320°）		
3	锉刀	6	平行垫铁、锤子、平口钳扳手				

（续）

工序	工步	工序内容	切削用量			备　注
			主轴转速/(r/min)	进给速度/(mm/min)	背吃刀量/mm	
1. 工件的装夹与找正	1	安装与校正分度头。将分度头水平安装在工作台中间T形槽偏右端处，校正方法与三爪自定心卡盘夹持圆棒校正相同				横向 纵向
	2	装夹工件。将带有螺纹专用心轴装夹在三爪自定心卡盘上，校正心轴，使其同轴度公差在 $\phi0.05$mm 以内，然后将工件用管子钳扳紧在心轴上				
2. 对刀调整	1	对刀方法与铣四方相同。每面铣削层深度为(30mm－24mm)÷2＝3mm，由横向刻度盘控制，铣削长度为24mm，由纵向刻度盘控制				
3. 铣削六角	1～6	调整铣削层深度和长度后，将横向、纵向工作台紧固，垂向机动进给，铣完一面后，分度摇柄在66孔圈上转过20转，铣出对应面，经测量后，再进行调整。每铣完一面后，66孔圈上转过6整圈又44个孔距，依次铣完六面	75	95	1～2	注意铣削顺序，分度铣削一面后，再铣对应面，保证对应面尺寸为 $24_{-0.027}^{\ 0}$mm。分度摇柄在66孔圈上分度1/6角度时转(6＋4/6)圈，即6整圈又44个孔距、分度对应面时转(6＋4/6)×3＝20圈
4. 检查质量	1	用千分尺测量六角对边尺寸为 $24_{-0.027}^{\ 0}$mm，用游标卡尺测量台阶尺寸为(4±0.15)mm，用游标万能角度尺测量120°±10′				

五、容易产生的问题和注意事项

1）为保证对称度要求，铣第一面时，应先试切，然后确定切削深度。

2）在卧式铣床上使用垂向进给时，必须思想集中，以防铣刀、工作台面或悬梁与三爪自定心卡盘相撞。

3）平行度超差，其原因可能是分度头没安装好、工件没夹紧等。

4）利用分度头进行铣削加工时，铣削前，先要了解正多边形的重要尺寸关系，以便正确计算分度值。

5）在分度时，注意分度叉的调整应比需要转过的孔数多一个孔，因为第一个孔作为起点，不计算。

6）主轴未停稳，不得测量工件和触摸工件表面。

六、评分标准(表 3-12)

表 3-12 六方体评分表

序号	项目与技术要求	配分	评分标准	扣分	得分
1	工件放置或夹持正确	5 分	不符合要求酌情扣分		
2	铣刀装夹正确	5 分	不符合要求酌情扣分		
3	工量具放置位置正确、排列整齐	5 分	不符合要求酌情扣分		
4	平行度公差 0.10mm(3 处)	15 分	每处 5 分，不符合要求全扣		
5	六角对应边尺寸 $24_{-0.027}^{0}$ mm(3 处)	15 分	每处 5 分，不符合要求全扣		
6	台阶尺寸(4 ±0.15) mm	10 分	不符合要求全扣		
	倒角均匀，各棱线清晰	10 分	不符合要求酌情扣分		
	角度要求(120° ±10′)(6 处)	30 分	每处 5 分，不符合要求全扣		
7	表面粗糙度 $Ra \leqslant 6.3\mu m$，纹理整齐	5 分	不符合要求酌情扣分		
8	安全文明操作		违者每次扣 2 分		
	总分：	100 分		合计：	
姓名：	学号：		实际工时：	教师签字：	

项目六 铣凸模块

一、训练目的

1）掌握用立铣刀铣斜面的方法。

2）掌握斜面的测量方法。

3）会分析铣削中出现的质量问题。

二、作业件及要求

综合运用铣削操作知识，成形工件如图 3-13 所示，要求尺寸精度、位置精度及表面粗糙度符合要求。

三、加工重难点分析

对称度及角度的保证、斜面的加工与测量为加工重难点。

关于铣头角度调整的相关知识：

1）回转盘的调整方法。先用活扳手松开立铣头右边圆柱销顶端的六角螺母，拔出圆锥柱定位销；松开立铣头回转盘上的四个螺母；转动立铣头回转盘左侧的齿轮轴，使回转盘上要转的角度刻线与固定盘上的基准线对准，最后紧固立铣头回转盘上的四个螺母。回转盘调整示意图，如图 3-14 所示。

2)铣头转动角度的确定。铣斜面确定铣头转动角度数值时，应根据斜面倾斜和所使用

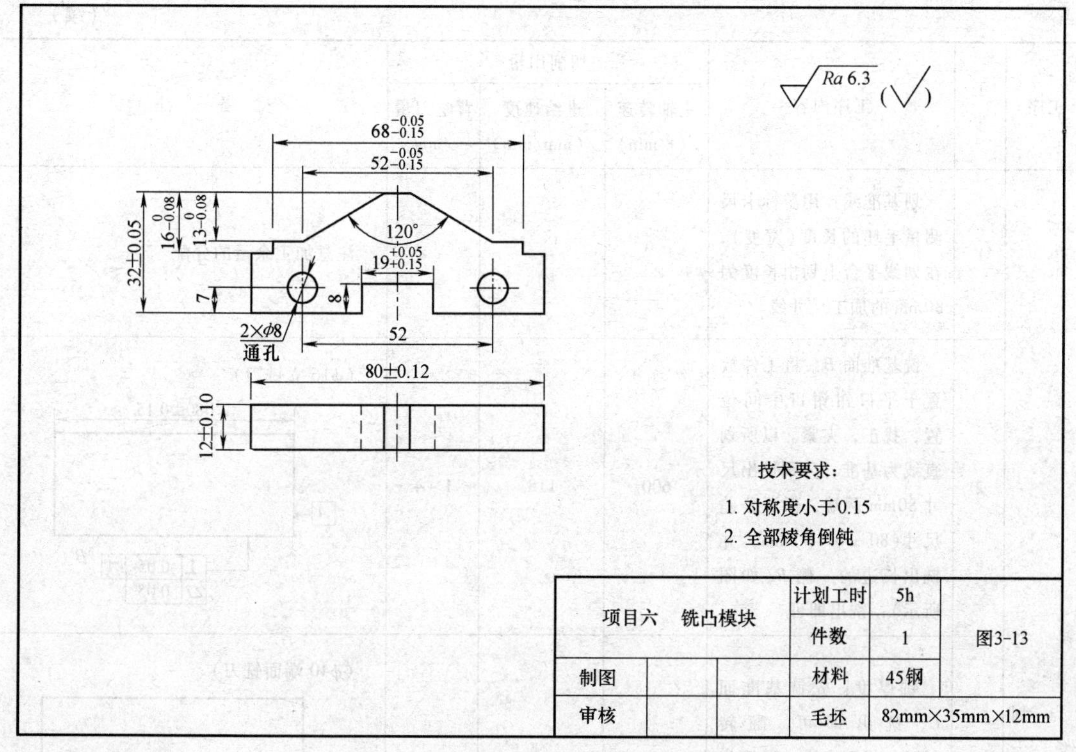

图 3-13　铣凸模块

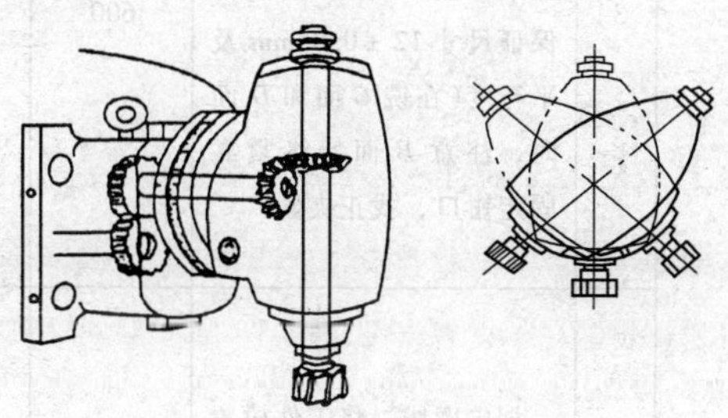

图 3-14　回转盘调整示意图

铣刀的情况而定。①如果斜面和垂直面相交成某个数值，用立铣刀的圆周刀齿切削，这时铣头转动角度应等于斜面和垂直面相交的数值，用端面铣刀的刀齿切削，这时铣头转动角度应等于90°减去斜面和垂直面相交的度数。②如果斜面和水平面相交成某个数值，用端铣刀的刀齿切削，这时铣头转动角度应等于斜面和水平面相交的数值，用立铣刀的圆周刀齿切削，这时铣头转动角度应等于90°减去斜面和水平面相交的度数。

四、工艺卡(表 3-13)

表 3-13　铣凸模块工艺卡

零件图号	图 3-8	项目七　铣凸模块		机床型号	X5032 立式铣床		
计划工时	5h			毛坯材料	45 钢	毛坯尺寸	82mm×35mm×12mm
刀具、夹具、工具表				量具表			
1	ϕ8 钻头	4	机用平口钳	1	游标卡尺(0～150mm)		
2	ϕ16 立铣刀(4 面刃，刃长 30mm)	5	划针、样冲、锤头、划线平台	2	游标万能角度尺(0～320°)		
3	ϕ40 端面铣刀	6	平行垫铁、锤子、锉刀、平口钳扳手	3	粗糙度样板		

（续）

工序	工步	工序内容	切削用量			备　注
			主轴转速/(r/min)	进给速度/(mm/min)	背吃刀量/mm	
1. 划线	1	划基准线：用游标卡尺测量毛坯的长度(宽度)，在划线平台上划出长度为80mm的加工尺寸线				注意加工余量的分配
	2	铣基准面 *B*：将工件放置于平口钳钳口中间位置，找正，夹紧。以所划直线为基准，分别铣出尺寸80mm两端，保证公差尺寸(80 ± 0.15)mm，并铣出长边的一侧 *B*(如图所示)，铣出即可	600	118	1 ~ 4	(ϕ16 立铣刀) 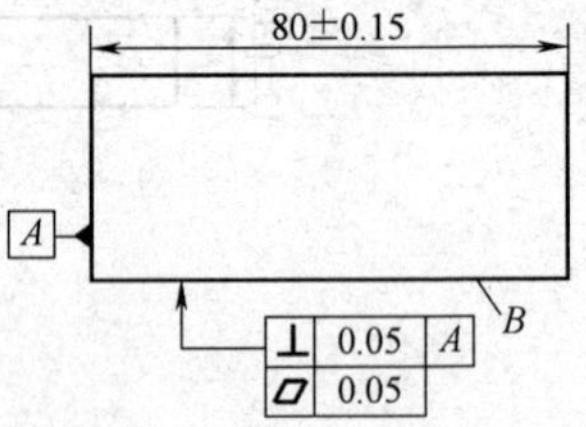 80±0.15；A；B；⊥ 0.05 A；▱ 0.05
	3	铣厚度：先铣基准面 *C*，铣出即可。翻转180°，找正夹紧，以 *C* 为基准，铣出对应端面 *D*，保证尺寸12 ± 0.05mm 及平行度(在铣 *C* 面和 *D* 面时，注意 *B* 面始终紧靠固定钳口，找正夹紧	600	118	1 ~ 4	(ϕ40 端面铣刀) 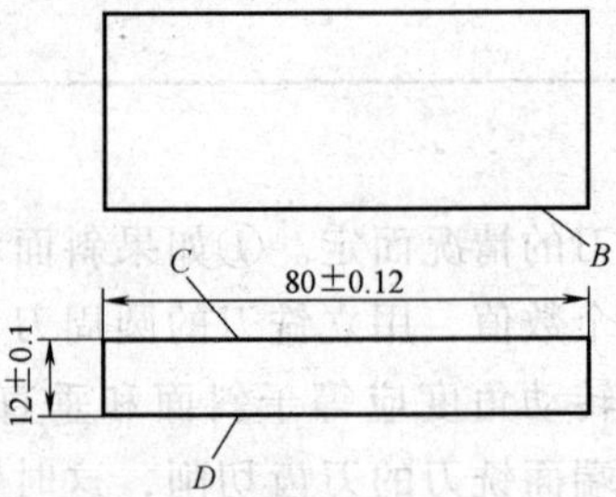 B；C；80±0.12；12±0.1；D
	4	划轮廓线：将工件放置于划线平台上，以对称中心线 *A* 和底面 *B* 为基准，划出所有加工线条的形状和位置				注意加工余量的分配 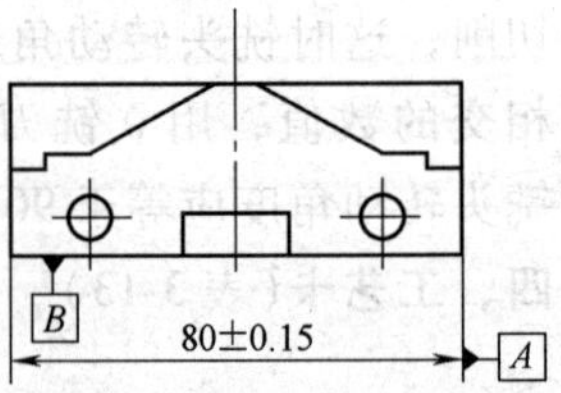 B；80±0.15；A
2. 钻孔	1	以底面 *B* 为基准，紧靠固定钳口，找正夹紧。钻出 2 × ϕ8 通孔到尺寸	475	手动	1 ~ 4	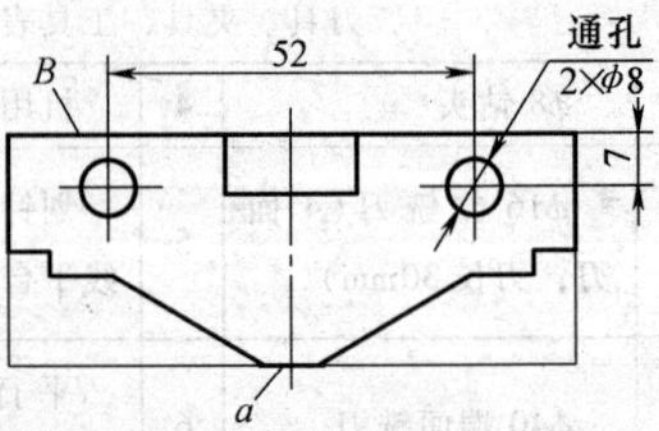 (ϕ8 钻头) B；52；通孔 2×ϕ8；7；a

（续）

工序	工步	工序内容	切削用量			备 注
			主轴转速 /(r/min)	进给速度 /(mm/min)	背吃刀量 /mm	
	1	铣台阶轮廓：将工件夹持于有合适高度垫铁的平口钳上，使底面 B 紧贴垫铁，找正后夹紧（注意留出加工高度）。先以 B 为基准，加工出高度尺寸 (32 ± 0.05)mm，再分别加工 $68^{-0.05}_{-0.015}$ mm 凸台的两侧面，注意对称度的要求，保证凸台高度尺寸 $16^{\ 0}_{-0.08}$ mm 和宽度尺寸 $68^{-0.05}_{-0.015}$ mm	600	118	1~4	通过对称度工艺控制尺寸 M 值保证对称度要求（ϕ16 立铣刀） 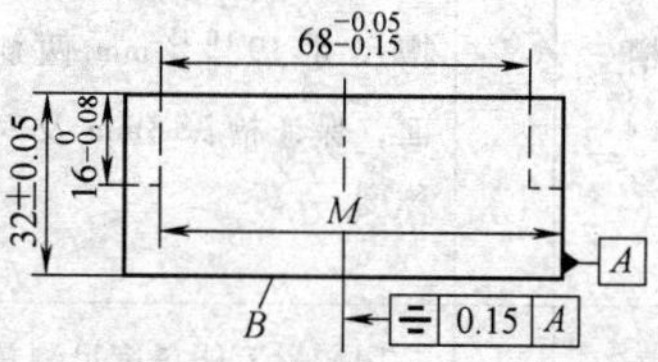 $68^{-0.05}_{-0.15}$　$16^{\ 0}_{-0.08}$　32 ± 0.05　M　B　A　⌯ 0.15 A
3. 铣外轮廓	2	1）粗铣左斜面： ① 调整主轴转角。使回转盘上的60°刻线与固定盘上的基准线对准，紧固立铣头。 ② 调整铣削深度。移动横向、纵向工作台，升高垂向工作台，使工件32mm上端面轻碰立铣刀齿刃（如图所示），横向移出后，升高工作台13mm，并紧固垂向工作台。 ③ 纵向对刀。开启主轴，移动横向、纵向工作台，使铣刀周边齿刃与工件端面交角处接触（如图所示），横向移出工件并在纵向刻度盘上做标记（纵向工作台确定背吃刀量，注意留1mm余量精铣），并紧固纵向工作台。 ④ 横向进给粗铣斜面。 2）精铣左斜面。纵向工作台移动约1mm进行半精铣，然后精铣至左斜面与工件上端面相交，下端面至 $52^{-0.05}_{-0.015}$ mm 交点处与工件 $68^{-0.05}_{-0.015}$ mm 右侧面的距离为 M（对称度工艺控制尺寸），用游标卡尺测量，并纵向移动调整背吃刀量，精铣出左侧斜面。 3）用上述方法，加工对称的右斜面，使斜面与上端面相交，保证下端面 $52^{-0.05}_{-0.015}$mm 尺寸距离，达到对称度及角度要求	475	手动	1~4	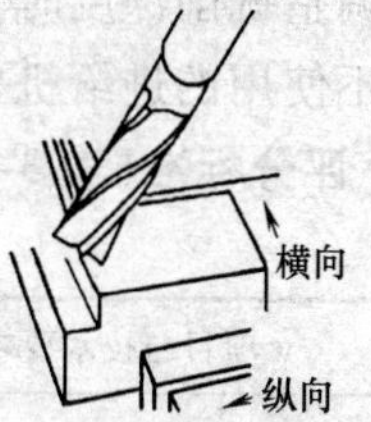 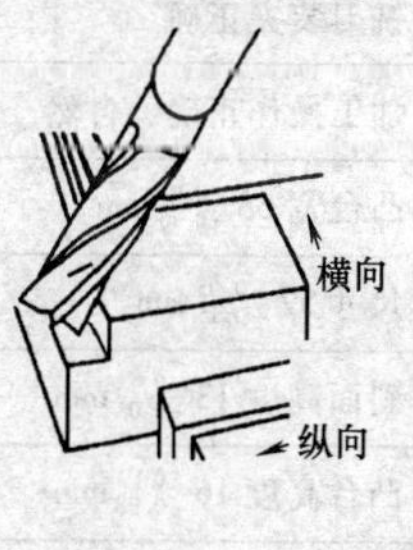 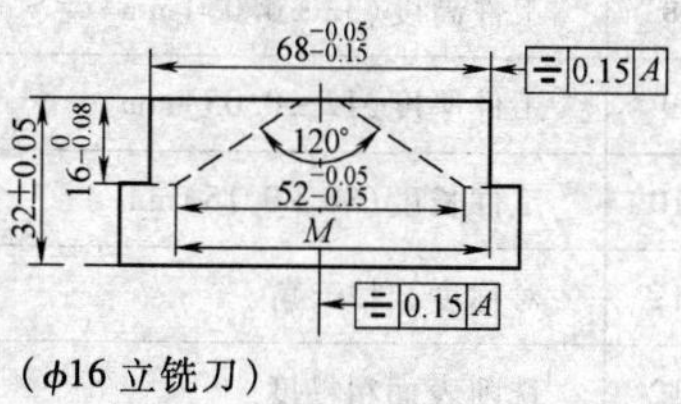 横向　纵向 横向　纵向 $68^{-0.05}_{-0.15}$　⌯ 0.15 A　$16^{\ 0}_{-0.08}$　32 ± 0.05　120°　$52^{-0.05}_{-0.15}$　M　⌯ 0.15 A （ϕ16 立铣刀）

（续）

工序	工步	工序内容	切削用量			备　注
			主轴转速 /(r/min)	进给速度 /(mm/min)	背吃刀量 /mm	
4. 铣凹槽		工件旋转 180°，以上端面 a 为基准，重新夹持，找正并夹紧，加工凹槽尺寸 $19^{+0.15}_{+0.05}$ mm 两侧面，保证槽深 8mm 及对称度	600	118	1～4	c)（ϕ16 立铣刀）
5. 检查质量		用游标万能角度尺测量斜面，用游标卡尺检查工件各尺寸				注意测量前去毛刺

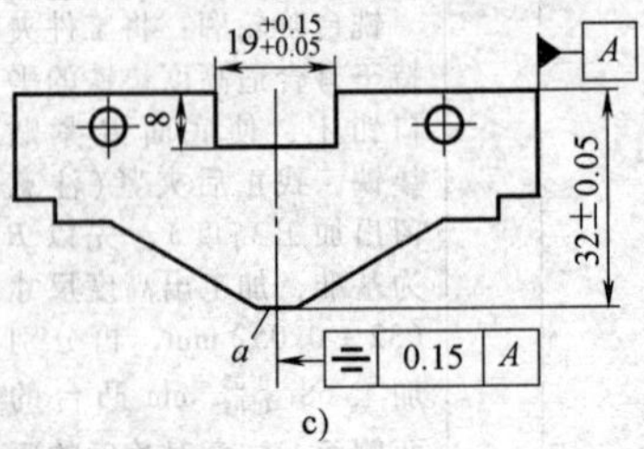

五、容易产生的问题和注意事项

1）铣削时切削力应靠向平口钳的固定钳口。

2）调整铣削深度时，如余量过大，可分几次完成。

3）不使用的进给机构要紧固，工作完毕后应松开。

六、评分标准（表 3-14）

表 3-14　铣削凸模块评分表

序号	项目与技术要求	配分	评分标准	扣分	得分
1	工件放置或夹持正确	5 分	不符合要求酌情扣分		
2	铣刀装夹正确	5 分	不符合要求酌情扣分		
3	加工操作正确、自然	5 分	不符合要求酌情扣分		
4	凸台宽 $68^{-0.05}_{-0.15}$mm	10 分	不符合要求全扣		
5	尺寸 $52^{-0.05}_{-0.15}$mm	10 分	不符合要求全扣		
6	斜面高度 $13^{0}_{-0.08}$mm	8 分	不符合要求全扣		
7	凸台高度 $16^{0}_{-0.08}$mm	8 分	不符合要求全扣		
8	工件高度(32 ±0.05)mm	8 分	不符合要求全扣		
9	工件厚度(12 ±0.05)mm	8 分	不符合要求全扣		
10	工件长度(80 ±0.15)mm	8 分	不符合要求全扣		
11	对称度、120°角	10 分	不符合要求全扣		
12	铣削表面粗糙度	15 分	不符合要求酌情扣分		
13	安全文明操作		违者每次扣 2 分		
	总分：	100 分		合计：	

姓名：	学号：	实际工时：	教师签字：

内容三　实习训练件

一、图3-15、图3-16为内外T形槽，要求外T形槽件1和内T形槽件2配合，配合间隙小于0.5mm，错边量小于1mm。建议两个同学一组完成内外T形槽配合件的铣削加工。

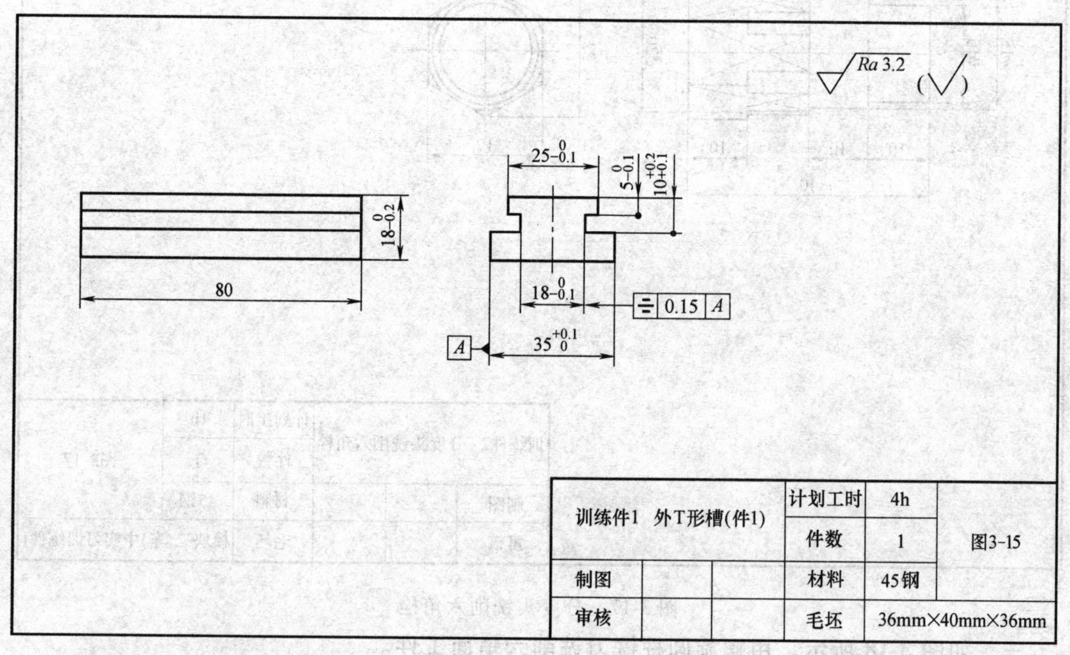

图3-15　外T形槽(件1)

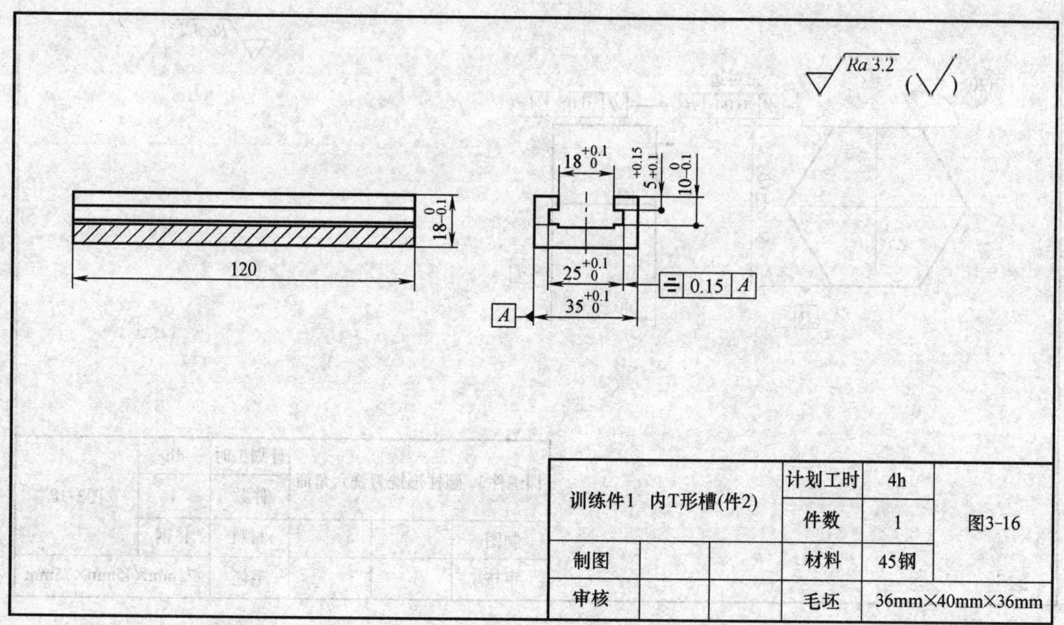

图3-16　内T形槽(件2)

二、将模块二(车)中的实习训练件1，借助分度头完成六角栓的铣削加工，如图3-17所示。

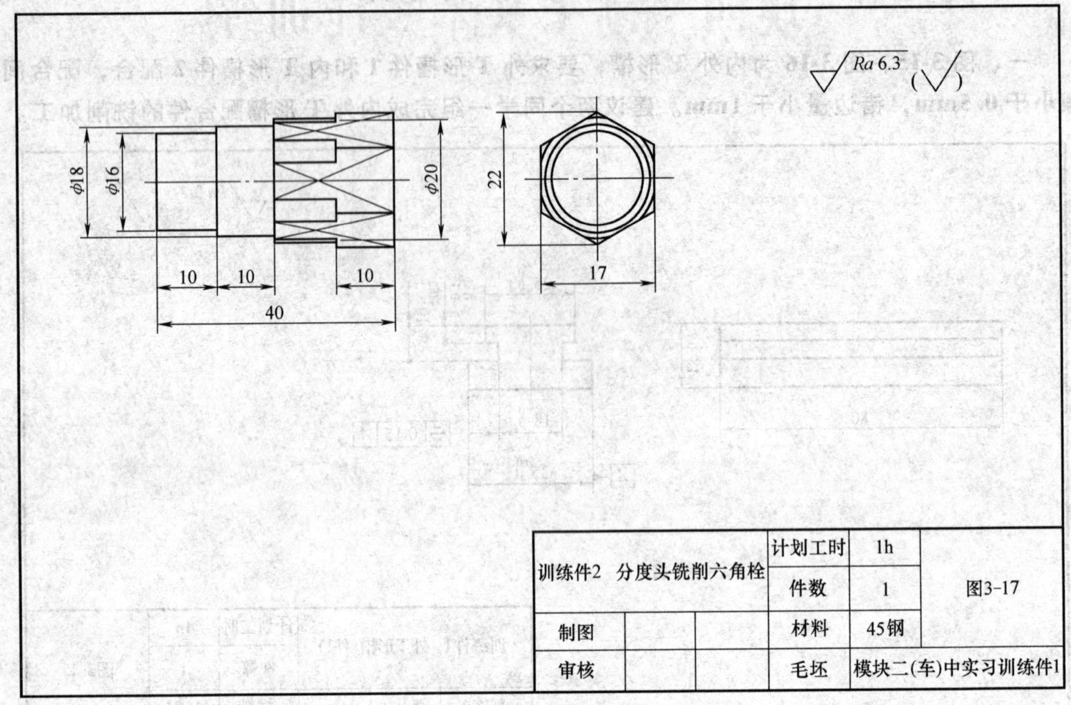

图3-17 分度头铣削六角栓

三、如图3-18所示，用螺旋圆柱铣刀铣削六角面工件。

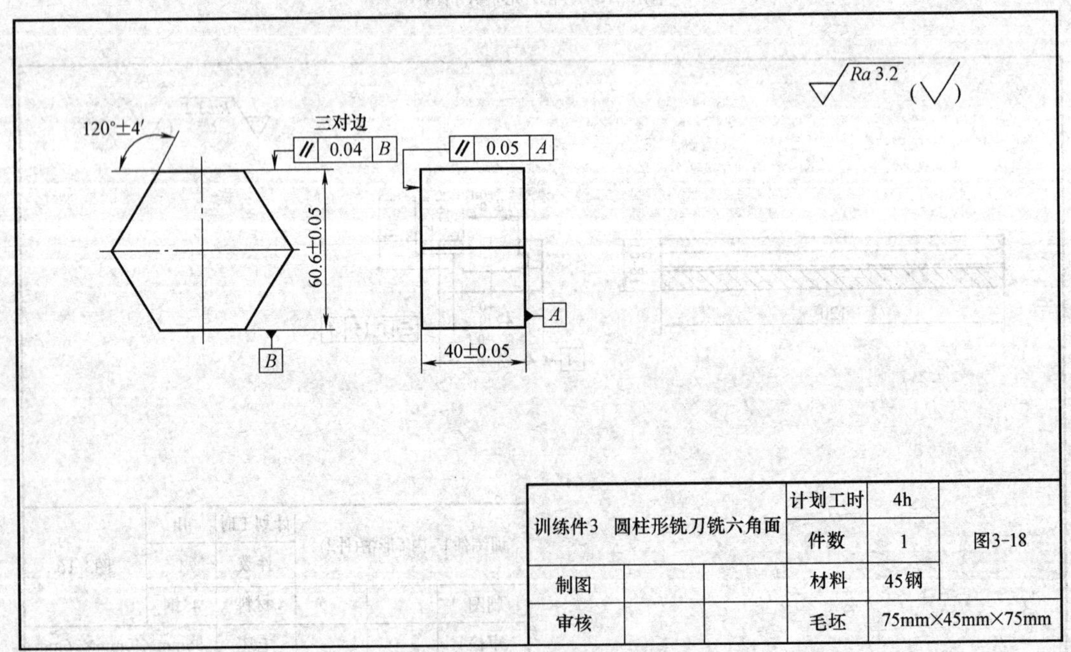

图3-18 圆柱形铣刀铣六角面

模块四　刨工基本技能训练

内容一　实 习 安 全

一、刨工伤害、安全隐患及操作规范（表4-1）

表4-1　刨工伤害、安全隐患及操作规范

序号	伤害	安全隐患	操作规范
1	撞伤	运动中的刨床头部	加工时不要站在刨床的前方，应站在刨床的两侧；注意不能多人操作机床；测量工件须按下机床停止按钮
2	砸伤	工具柜上放置的工件等物品掉落	物品正确摆放，工件应该装夹牢固
3	烫伤	加工时铁屑飞出	远离机床、正确站位
4	划伤	工件毛刺、刨刀刃易划伤	正确清理毛刺，用专用工具清理铁屑
5	触电	电气线路损坏，私自开启电控柜	电气故障必须由专职电工进行维修，操作人员不得拆接电气线路、元件，不得开启电控柜

二、刨工安全文明生产知识

1. 防护用品穿戴

1）进入车间实习时，要穿好工作服（领口紧、手口紧、下摆紧）和工作鞋，女同学要戴工作帽，并将发辫纳入帽内。

2）不得穿凉鞋、拖鞋、高跟鞋、背心、裙子和戴围巾等进入车间，严禁戴手套操作。

2. 操作前的检查

1）检查机床手柄是否放在规定的位置上。

2）工作台和滑枕不能调整到极限位置。

3）开车前，先检查机床、刀具、工件的装夹是否正确、牢固等，检查周围有无障碍物。

3. 操作过程注意事项

1）多人共用一台刨床时，只能一人操作，严禁两人同时操作。

2）不准戴手套操作，不准用手摸正在运动的刀具，停车时不得用手制动刨床。

3）加工过程中，头、手不准伸到滑枕行程内。

4）机床运转中，严禁调整滑枕行程，须停车进行。调整滑枕行程时，滑枕运动方向两端不能站人。

5）不要站在切屑飞出的方向，以免伤人。开车后要精力集中，不准离开机床，如离开，必须停车。

6）要用专用工具清除切屑，不准用嘴吹或用手拉。

7）不得把工、量具放在机床工作台和滑枕上。

8）工作中，如机床发出不正常声音或发生事故时，应立即停车，保持现场，并报告指导教师或师傅。

9）工作完后，应切断电源，清除切屑，擦净机床，在导轨面上涂防锈油，各部件应调整到正常位置，打扫现场卫生。

内容二 项目实例

项目一 刨削方条

一、训练目的

1）掌握刀具的选择、安装和刨床的调整方法。

2）掌握合理选用切削用量的方法。

3）掌握划线和平口钳装夹工件的方法。

4）掌握刨削平面的一般方法和步骤。

二、作业件及要求

1. 作业件(图 4-1)

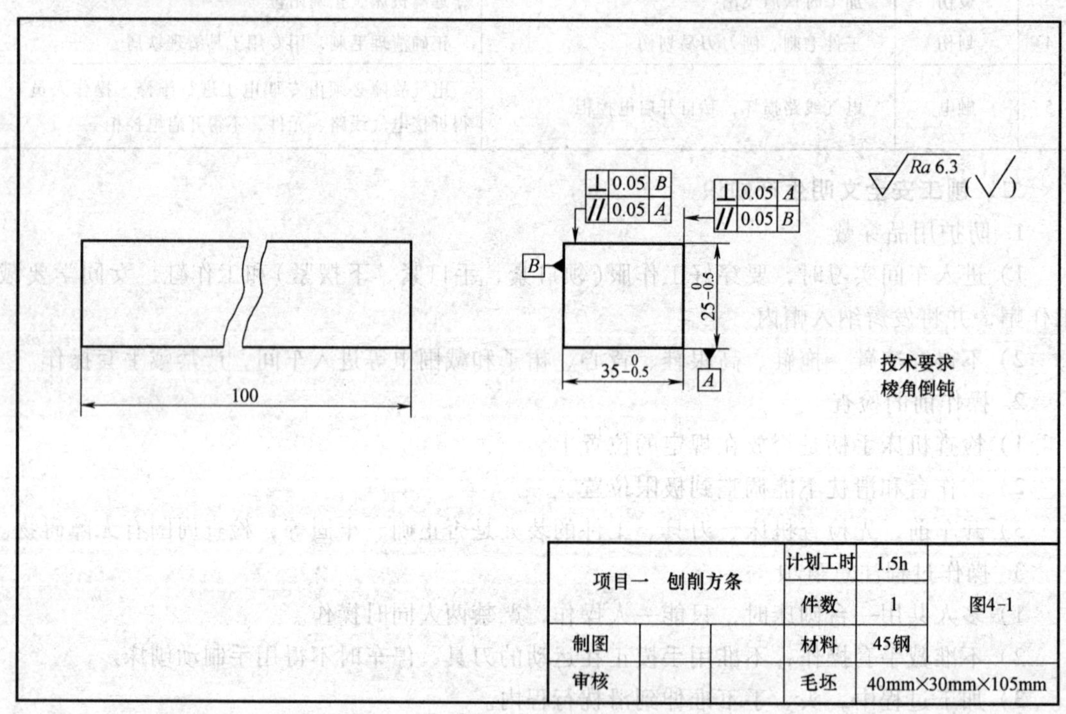

项目一 刨削方条		计划工时	1.5h	图4-1
		件数	1	
制图		材料	45钢	
审核		毛坯	40mm×30mm×105mm	

图 4-1 刨削方条

2. 基本要求

1）各平面的平面度。

2）各相邻面的垂直度。

3）各相对面的平行度。

三、加工重难点分析

工件的装夹和测量是本项目的重难点。

四、工艺卡(表4-2)

表4-2　刨削方条工艺卡

零件图号	图4-1	项目一　刨削方条		机床型号	B6065牛头刨床		
计划工时	1.5h			毛坯材料	45钢	毛坯尺寸	40mm×30mm×105mm

刀具、夹具、工具表				量具表	
1	弯头平面刨刀	3	机用平口钳	1	游标卡尺(0~150mm)
2	端面刨刀	4	垫铁、ϕ10短圆钢、垫铁、橡皮锤、圆棒、划针	2	金属直尺(0~200mm)、游标万能角度尺、粗糙度样板

工序	工步	工序内容	切削用量		备　注
			进给量/(mm/双行程)	背吃刀量/mm	
1. 准备工作	1	弯头平面刨刀安装，如图所示；选择大平面为基准面(弯头平面刨刀)			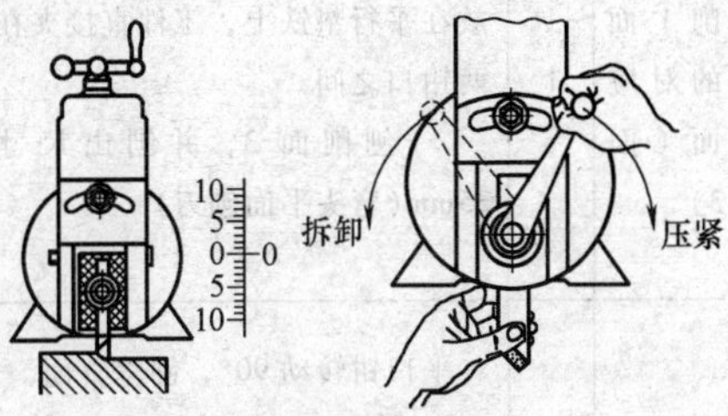 10 5 0 5 10 0 拆卸 压紧
	2	平口钳夹持工件，工件在钳口两端露出长度相等，加工面高于钳口表面4mm，找正，如图所示			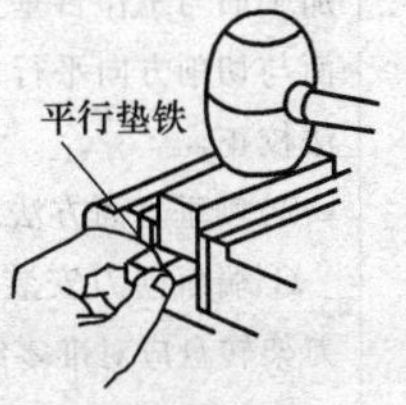 平行垫铁 轻轻敲击工件，以垫铁不易抽出为宜，找正，待加工面之后夹紧
2. 刨削基准面	1	先刨出大平面1作为基准，如图所示。平面刨出即可(弯头平面刨刀)	0.5	1	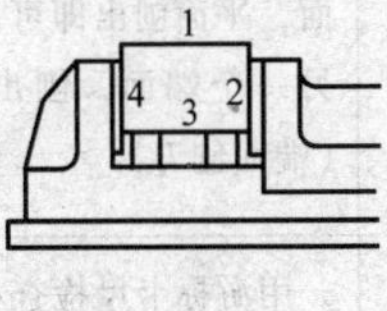 1 4 3 2
3. 刨削1面相邻面(面2和面4)	1	1)以刨出的基准面1作为基准面贴紧固定钳口，在活动钳口与工件中部垫一个圆棒后夹紧，如图所示。 2)刨基准平面1的相邻平面2，平面刨出即可(弯头平面刨刀)	0.5		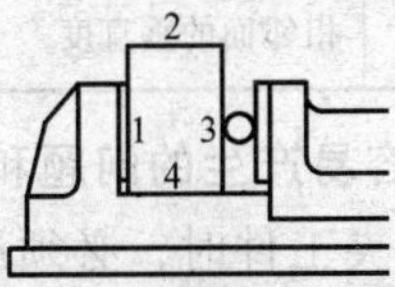 2 1 3 4 面2对面1的垂直度取决于固定钳口与水平走刀的垂直度。在活动钳口与工件之间垫一个圆棒，是为了使夹紧力集中在钳口

（续）

工序	工步	工序内容	切削用量		备　注
			进给量/(mm/双行程)	背吃刀量/mm	
3. 刨削1面相邻面（面2和面4）	2	1）工件旋转180°，面2朝下，同样按上述方法，安装工件，使面1贴紧固定钳口，如右图所示 2）刨削加工面4，并刨出尺寸35mm（弯头平面刨刀）	0.5		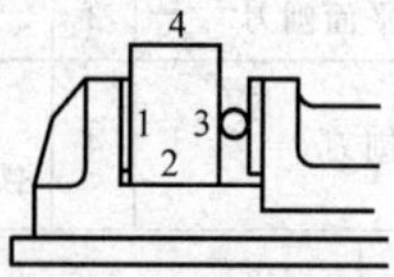 4 1 3 2 装夹时，用锤子轻轻敲打工件，使面2与平口钳底部贴实
4. 刨削1面的对应面（面3）	1	1）如图所示装夹工件，把面1放在平行垫铁上，工件直接夹在两钳口之间 2）刨削面3，并刨出尺寸25mm（弯头平面刨刀）	0.5		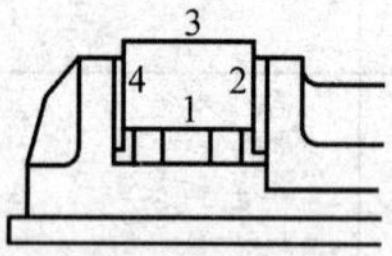 3 4 2 1 装夹时，用锤子轻轻敲打工件，使面1与垫铁贴紧
5. 刨削垂直端面	1	平口钳转动90°，刨垂直面。 1）刨垂直面要点。①保证待加工面与工作台垂直；②待加工面与切削方向平行，常用划线方法校正。 2）刨垂直面方法 ①端面刨刀安装，如图所示，刀架转盘应对准零线，使刨刀沿垂直方向移动。刀座必须偏转10°~15°，使刨刀在返回行程时离开零件表面，减少刀具的磨损及划伤工件。②刨工件的一个端面，平面刨出即可。③刨工件的另一个端面，刨出尺寸100mm（端面刨刀）	0.5	1	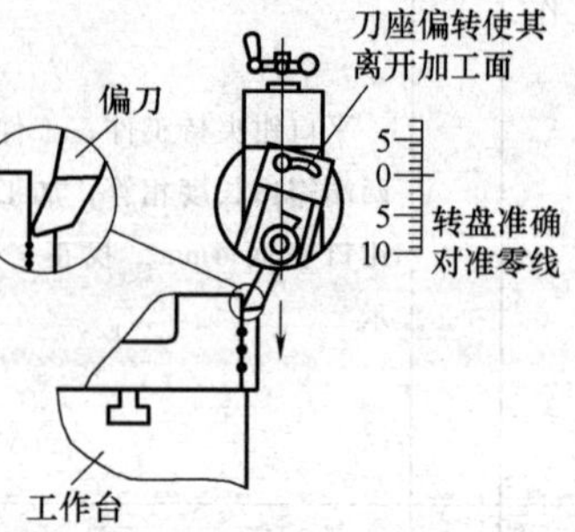 刀座偏转使其离开加工面 偏刀 5 0 5 10 转盘准确对准零线 工作台 注意工件不要伸出钳口过长
6. 检查质量	1	用游标卡尺检查相对面尺寸及平行度、用游标万能角度尺检查相邻面的垂直度			测量前去毛刺

五、容易产生的问题和注意事项

1）装夹工件时，必须严格找正，注意毛坯表面与工作台表面的平行度。

2）刨削第二面时，以已刨出表面为基准面。把已加工表面紧贴平口钳固定钳口，平口钳活动钳口与工件另一面加圆棒，找正待加工面后夹紧。

3）测量工件时，必须先清理毛刺。

4）刨刀不锋利时，应及时修磨刨刀，以免影响工件表面质量。

5）刨削时，切削速度、切削深度、进给量不能过大，不然会引起工件飞出伤人及损坏工件。

六、评分标准(表 4-3)

表 4-3　刨削方条评分表

序号	项目与技术要求	配分	评分标准	扣分	得分
1	工件放置或夹持正确	5 分	不符合要求酌情扣分		
2	刨刀装夹正确	5 分	不符合要求酌情扣分		
3	加工操作正确、自然	5 分	不符合要求酌情扣分		
4	垂直度(3 处)	15 分	每处 5 分		
5	平行度(2 处)	10 分	每处 5 分		
6	端面宽 $25_{-0.5}^{0}$mm	15 分	不符合要求酌情扣分		
7	端面长 $35_{-0.5}^{0}$mm	15 分	不符合要求全扣		
8	方条长 100mm	15 分	不符合要求全扣		
9	刨削表面粗糙度	15 分	不符合要求全扣		
10	安全文明操作		违者每次扣 2 分		
11	总分：	100 分	合计：		
姓名：	学号：		实际工时：	教师签字：	

项目二　刨削凹模块

一、训练目的

1）进一步掌握刀具的选择、安装和刨床的调整方法。

2）进一步熟悉合理选用切削用量的方法和划线技巧。

3）掌握用平口钳装夹工件，刨削垂直面的方法。

4）掌握刨削斜面的一般方法、步骤以及检验手段。

5）综合运用刨削操作知识，加工出成形工件。

二、作业件及要求

1. 作业件(图 4-2)

2. 要求

该刨削凹模块与铣削凸模块(图 3-13)配合，配合间隙小于 0.5mm，错边量小于 1mm。

三、加工重难点分析

刨内斜面时刨刀的选择与角度的调整、切削用量的选择、保证工件对称度和角度是加工的重难点。

切削用量的选择：

1）背吃刀量。粗刨 $a_p = 0.5 \sim 1.5$mm，精刨 $a_p = 0.1 \sim 0.5$mm。

2）刨削速度。滑枕调整的行程长度 $L = 60$mm，往复行程次数为 $n = 60$ 次/min，$v_c = 6.12$m/min。

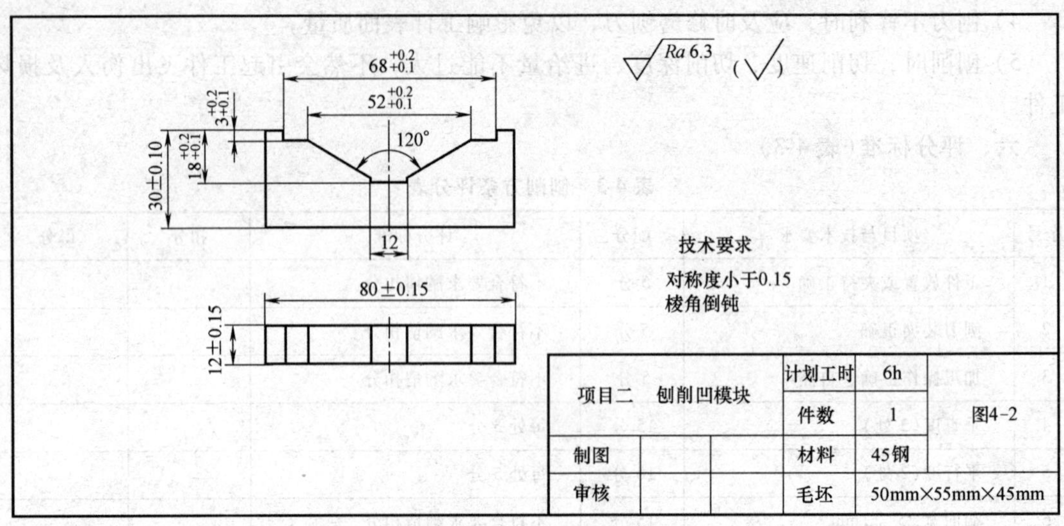

图 4-2　刨削凹模块

四、工艺卡（表 4-4）

表 4-4　刨削凹模块工艺卡

零件图号	图 4-2	项目二　刨削凹模块	机床型号	B6065 牛头刨床		
计划工时	6h		毛坯材料	45 钢	毛坯尺寸	82mm × 35mm × 14mm

刀具、夹具、工具表				量具表	
1	平面刨刀	6	机用平口钳	1	游标卡尺（0 ~ 150mm）
2	端面刨刀	7	划线工具	2	金属直尺（0 ~ 200mm）
3	切槽刨刀	8	垫铁、橡皮锤	3	游标万能角度尺
4	左弯头刨刀	9	锉刀	4	高度游标卡尺（0 ~ 150mm）、深度尺
5	右弯头刨刀				

工序	工步	工序内容	切削用量：进给量 /（mm/双行程）	切削用量：背吃刀量 /mm	备　注
1. 划线	1	工件放置于划线平台上，划出长度加工尺寸线			
	2	刨削划线基准： 1）机用平口钳夹紧工件（注意加工面不要伸出过长），按划线找正；刨 80mm 长度端面，刨到划线处 *A* 面，作为垂向划线基准。 2）工件旋转 180°装夹，以 *A* 面为基准，刨出（80 ± 0.15）mm 长度尺寸。 3）刨削 *B* 面，作为水平向划线基准	0.5	1	80±0.15；30±0.1；A；B；⊥ 0.05 A；80±0.15；12±0.15
	3	刨削 12mm 工件厚度： 1）以厚度 12mm 一端面为基准，夹持 30mm 尺寸两端，找正，并刨出一面 2）旋转 180°找正夹紧，刨出另一面，保证尺寸（12 ± 0.05）mm 公差	0.5	1	注意对称中心线的划法，可参见图1-11（平面刨刀）

（续）

工序	工步	工序内容	切削用量		备　注
			进给量/(mm/双行程)	背吃刀量/mm	
1. 划线	4	划出工件尺寸界线：工件放置于划线平台上，以基准面 *A* 和基准面 *B* 为基准，划出所有加工尺寸线，注意分配余量			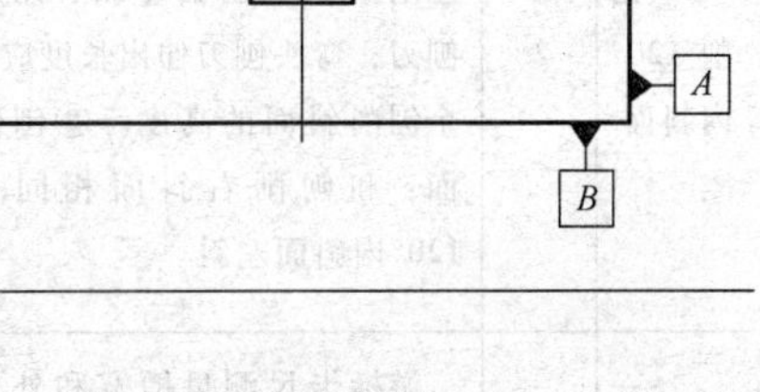 A B
2. 刨沟槽	1	工件放置在平口钳钳口中间，*B* 面紧贴垫铁，按划线找正，夹紧工件			
	2	刨削 *B* 面的对应面，保证尺寸 (30 ± 0.1) mm	0.5	1	平面刨刀
	3	划线后，刨削槽宽 12mm、槽深 $18^{+0.2}_{+0.1}$ mm 尺寸的直角沟槽	0.5	1	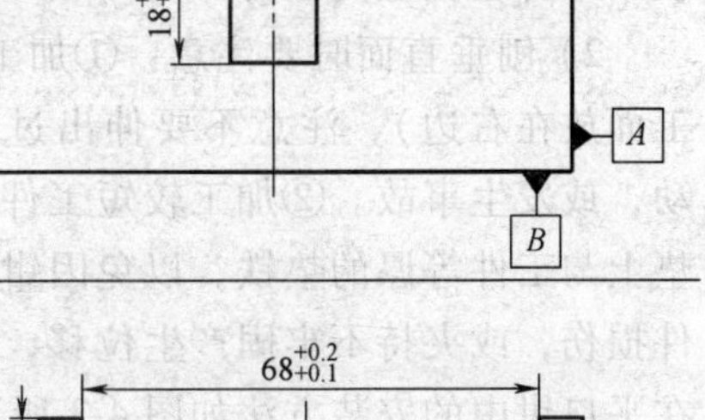 12 $18^{+0.2}_{+0.1}$ A B
	4	划线后，刨削宽 $68^{+0.2}_{+0.1}$ mm、深 $3^{+0.2}_{+0.1}$ mm 尺寸的宽槽	0.5	1	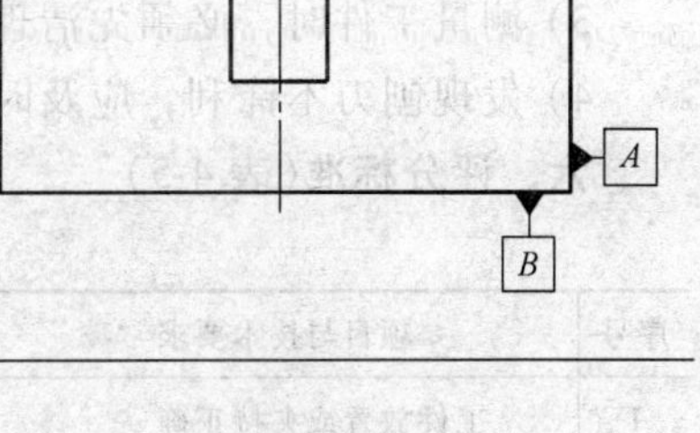 $68^{+0.2}_{+0.1}$ $3^{+0.2}_{+0.1}$ A B
3. 刨削 120°内斜面	1	刨削 120°内斜面右斜面：①刨刀选择与调整：刨刀架转动 60°，刨削 120°内斜面右斜面，用右弯头刨刀，弯头刨刀伸出长度应大于整个刨削斜面的高度。②刨削右斜面：如图所示，把刀架和刀座分别扳转一定角度，再将刀座转动至上端偏离所需加工的斜面 60°。用手摇刀架，从上向下转动刀架手柄刨削斜面，切削深度由横向移动工作台来调整，刨出 120°内斜面右斜	0.5	1	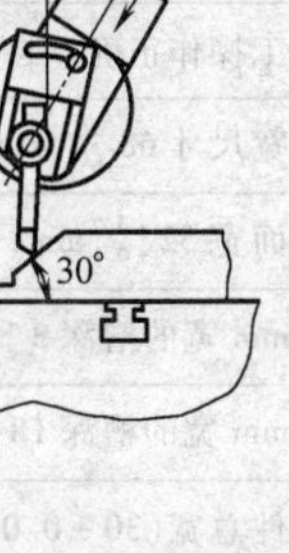 60° 30° (右弯头刨刀)

（续）

工序	工步	工序内容	切削用量		备　注
			进给量/(mm/双行程)	背吃刀量/mm	
3. 刨削 120°内斜面	2	刨削 120°内斜面左斜：①刨刀选择与调整：刀架反向转动 60°，刨削 120°内斜面左斜，用左弯头刨刀，弯头刨刀伸出长度应大于整个刨削斜面的高度。②刨削左斜面：和刨削右斜面相同，刨出 120°内斜面左斜	0.5	1	120° A B （左弯头刨刀）
4. 检查质量	1	游标卡尺测量槽宽和外轮廓尺寸；深度尺测量槽深、游标万能角度尺测量斜面角度			注意测量前去毛刺

五、容易产生的问题和注意事项

1）刨削平面时，工件的被加工面必须高于钳口，否则就用平行垫块垫高工件。

2）刨垂直面时要注意：①加工的一端伸出钳口(一般加工面放在右边)，注意不要伸出过长，否则工件容易产生振动，或发生事故。②加工较短工件时，在钳口的另一端必须垫上与工件等厚的垫铁，以免因钳口两端受力不平衡而使工件损伤，或夹持不牢固产生位移，影响加工精度，较短工件在平口钳中的安装方法如图 4-3 所示。

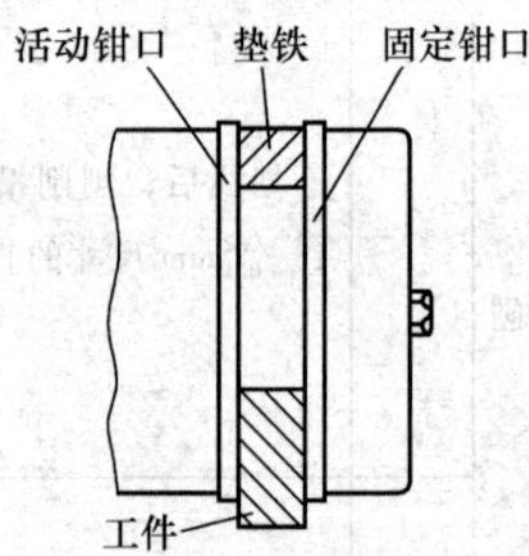

图 4-3　较短工件在平口钳中的安装方法

3）测量工件时，必须先清理毛刺。

4）发现刨刀不锋利，应及时修磨刨刀，以免影响工件表面质量。

六、评分标准(表 4-5)

表 4-5　刨削凹模块评分表

序号	项目与技术要求	配分	评分标准	扣分	得分
1	工件放置或夹持正确	10 分	不符合要求酌情扣分		
2	刨刀选择和装夹正确	10 分	不符合要求酌情扣分		
3	加工操作正确、自然	5 分	不符合要求酌情扣分		
4	槽宽尺寸 $68^{+0.2}_{+0.1}$mm	10 分	不符合要求全扣		
5	斜面宽 $52^{+0.2}_{+0.1}$mm	10 分	不符合要求全扣		
6	68mm 宽的槽深 $3^{+0.15}_{+0.05}$mm	8 分	不符合要求全扣		
7	12mm 宽的槽深 $18^{+0.15}_{+0.05}$mm	8 分	不符合要求全扣		
8	工件总宽(30 ± 0.05)mm	8 分	不符合要求全扣		

（续）

序号	项目与技术要求	配分	评分标准	扣分	得分
9	工件厚度(12 ± 0.05) mm	8 分	不符合要求全扣		
10	工件总长(80 ± 0.15) mm	8 分	不符合要求全扣		
11	刨削表面粗糙度	15 分	不符合要求酌情扣分		
12	安全文明操作		违者每次扣 2 分		
	总分：	100 分	合计：		
姓名：	学号：		实际工时：	教师签字：	

内容三　实习训练件

运用所学刨削知识，在牛头刨床上手动或机动刨削如图 4-4 所示的斜块零件。

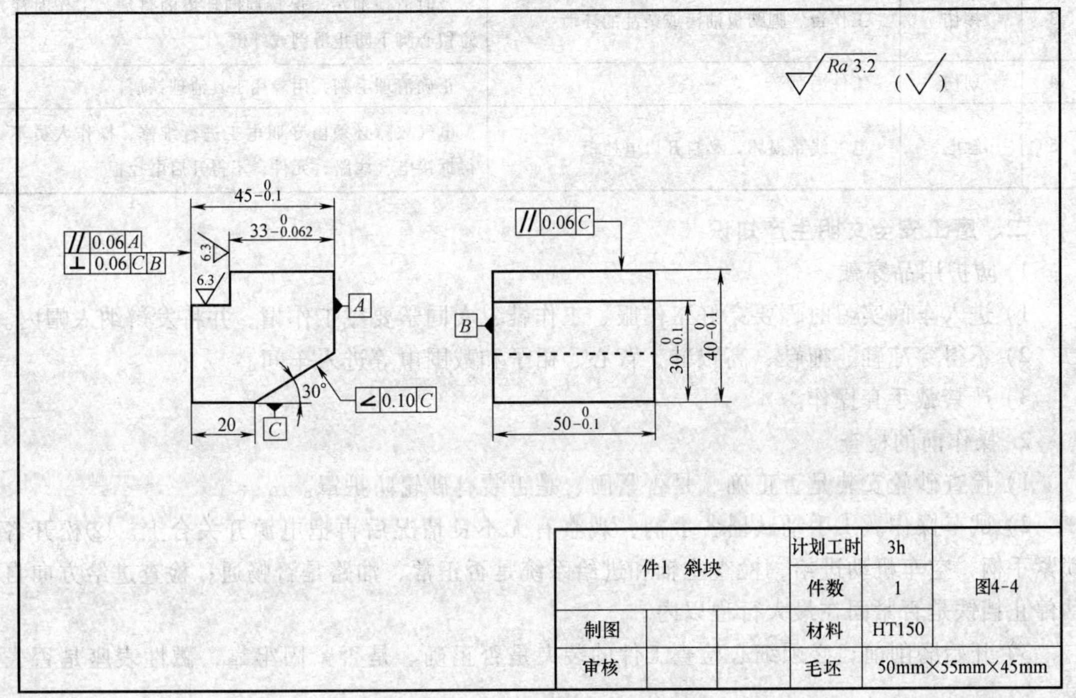

件1　斜块			计划工时	3h	图4-4
			件数	1	
制图			材料	HT150	
审核			毛坯	50mm×55mm×45mm	

图 4-4　斜块

模块五 磨工基本技能训练

内容一 实 习 安 全

一、磨工伤害、安全隐患及操作规范(表5-1)

表5-1 磨工伤害、安全隐患及操作规范

序号	伤害	安全隐患	操作规范
1	绞伤	头发、衣物绞入旋转部件	正确穿戴劳保用品、不接近正在旋转的部件
2	砸伤	工具柜上放置的工件等物品掉落	物品正确摆放，工件应该装夹牢固
3	摔伤	工作台、脚踏板油污或杂乱的环境	及时清理油污，保持周围环境的整洁。工作时注意留心脚下防止滑倒或绊倒
4	划伤	工件毛刺	正确清理毛刺，用专用工具清理铁屑
5	触电	电气线路损坏，私自开启电控柜	电气故障必须由专职电工进行维修，操作人员不得拆接电气线路、元件，不得开启电控柜

二、磨工安全文明生产知识

1. 防护用品穿戴

1）进入车间实习时，要穿好工作服、工作鞋，女同学要戴工作帽，并将发辫纳入帽内。

2）不得穿凉鞋、拖鞋、高跟鞋、背心、裙子和戴围巾等进入车间。

3）严禁戴手套操作。

2. 操作前的检查

1）检查砂轮安装是否正确、是否紧固、是否装有砂轮防护罩。

2）试车操作。①手动试摇各手柄，观察有无不良情况后再把电源开关合上。②松开各锁紧手柄，空车机动进给，检查主轴和进给系统是否正常、油路是否畅通；检查进给方向自动停止挡铁是否紧固在最大行程以内。

3）开始磨削前，必须细心检查工件的装夹是否正确、是否紧固牢靠，磁性表座是否失灵。

3. 操作过程注意事项

1）正确启动机床。①开机前，必须调整好行程挡铁的位置，并将其紧固，以免挡铁松动而使工作台超越限程，发生危险。②磨削前，砂轮应经过1~2min空运转试验，运转正常后才能开始磨削。

2）必须在砂轮和工件转动后再进给，在砂轮退刀后再停车，否则容易挤碎砂轮和损坏机床，且易使工件报废。

3）测量工件或调整机床都应在砂轮退刀和磨床头架停转以后再进行，机床运转时，严禁用手接触工件或砂轮，不能在旋转的工件或砂轮附近作清洁工作。

4）工件加工结束后，必须将砂轮架横向进给手轮(外圆磨床)或垂直进给手轮(平面磨床)退出些，以免装好下一个工件再开车时，砂轮碰撞工件。

5）多人使用磨床时，只能一人操作，其他人观看，同时务必注意他人安全。所有人员不许站在旋转砂轮可能飞出的方向。

6）每日工作完毕后，工作台面应停留在机床的中间位置，并将所有的操作手柄处于“停止”、“退出”或“空档”位置上，以免在开车时部件突然运动而发生事故。

7）电气故障须由电工人员检修，不许乱动。

8）实习完后，打扫机床并进行场地清洁，清点工具，文明生产。

内容二 项目实例

项目一 磨削垫块

一、训练目的

1）初步掌握平面磨削方法，熟悉各开关位置。

2）熟悉电磁吸盘使用方法。

3）熟悉千分尺的使用方法。

二、作业件及要求

1. 作业件(图 5-1)

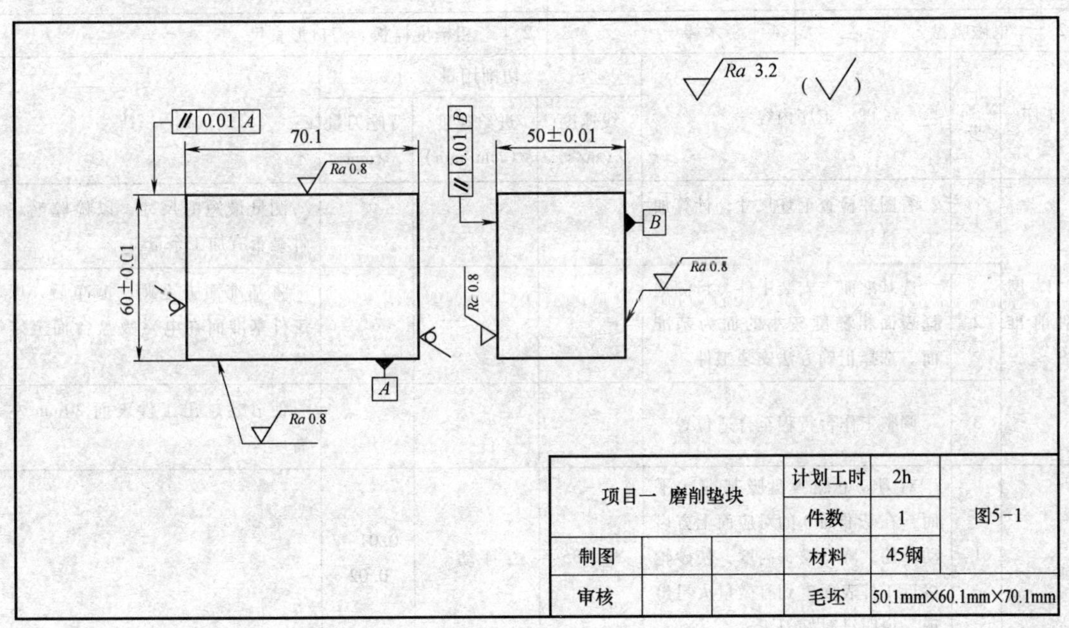

图 5-1 垫块

2. 基本要求

垫块作为机床上常用的装夹工具之一，其技术要求有以下几点：

1）各平面的平面度。

2）各相邻平面间的垂直度。

3）各相对平面间的平行度。

三、加工重难点分析

本项目中砂轮的选择、磨削用量的选择以及磨削平行面方法的掌握是加工的重难点。

1）砂轮的选择。选择砂轮的特性代号为 1-350 × 127 × 40-A60L5V35，砂轮外径为 ϕ250mm。

2）磨削用量的选择。主运动速度以砂轮外圆周的线速度 v_c 表示，一般 $v_c = 30 \sim 35\text{m/s}$。采用横向磨削法。当在电磁吸盘台面上装夹工件后，工作台作纵向进给；滑板下降，磨头作垂直进给；当砂轮磨到工件后，磨头作横向断续进给，通过数次横向进给，磨去第一层余量，然后砂轮作第二次垂直进给；磨头换向继续作横向断续进给，磨去第二层余量。如此往复多次直至磨去全部余量。横向进给量一般为 $f_z = 0.005 \sim 0.05\text{mm}$。粗磨取上限，精磨取下限。

3. 磨削平行面的方法。磨削前应检查毛坯，选表面粗糙度值较小的一面为基准面，先磨削其对应平面。每组平行平面的第一面只磨削到铣刀痕迹没有即可，所有余量留给第二面。

四、工艺卡（表 5-2）

表 5-2 磨削垫块工艺卡

零件图号	图 5-1	项目一 磨削垫块	机床型号	M7120 平面磨床		
计划工时	2h		毛坯材料	45 钢	毛坯尺寸	50.1mm × 60.1mm × 70.1mm

刀具、夹具、工具表				量具表	
1	砂轮（1-350 × 127 × 40-A60L5V35）	3	扳手	1	游标卡尺、千分尺（50 ~ 75mm）、直角尺
2	电磁吸盘	4	木棒	2	粗糙度样板、刀口形直尺

工序	工步	工序内容	切削用量：线速度 /(m/s)	切削用量：进给速度 /(mm/min)	切削用量：背吃刀量 /mm	备注
1. 磨削前准备	1	看图并检查毛坯尺寸，计算加工余量				测量最短的尺寸，以检验毛坯件是否有加工余量
	2	选基准面，安装工件。目测选择表面粗糙度较小的面为基准面。选择正确方法安装工件				将基准面去毛刺、擦净后，以工件基准面在电磁吸盘台面上定位
	3	调整工作台行程至合适位置				使砂轮越出工件表面 20mm 左右
2. 磨削（60 ± 0.01）mm 平行面	1	对刀。电磁吸盘吸基准 A 平面，在基准面 A 的对应面上方启动砂轮，降低模头高度，使砂轮接近工件表面直到有微量火星出现，说明已对好刀	30 ~ 35	手动	0.01 ~ 0.02	
	2	开启切削液，砂轮作垂直进给。用横向磨削法磨出即可	30 ~ 35	手动	0.01 ~ 0.02	磨削到铣刀痕迹没有即可
	3	工件旋转 180°，磨削 A 面至图样尺寸（60 ± 0.01）mm	30 ~ 35	手动	0.01 ~ 0.02	为获得较高的平行度，可将工件多次旋转 180°，反复磨削，这样可以把工件两个面上的残余误差逐步减小

（续）

工序	工步	工序内容	切削用量			备　注
			线速度/(m/s)	进给速度/(mm/min)	背吃刀量/mm	
3. 磨削 50 ± 0.01mm 平行面	1	对刀。电磁吸盘吸基准 *B* 平面，在基准面 *B* 对应面的上方，启动砂轮，降低模头高度，使砂轮接近工件表面直到有微量火星出现，说明已对好刀	30 ~ 35	手动	0.01 ~ 0.02	
	2	开启切削液，砂轮作垂直进给。用横向磨削法磨出即可	30 ~ 35	手动	0.01 ~ 0.02	磨削到铣刀痕迹没有即可
	3	工件旋转 180°，磨削 *B* 面至图样尺寸(50 ± 0.01)mm	30 ~ 35	手动	0.01 ~ 0.02	为获得较好平行度，可将工件多次旋转 180°，反复磨削，这样可以把工件两个面上的残余误差逐步减小
4. 检查质量	1	检查平行度、平面度、垂直度、表面粗糙度和尺寸精度				游标卡尺、千分尺检查尺寸精度和平行度；刀口形直尺检查平面度；直角尺检查垂直度；粗糙度样板检查粗糙度

五、容易产生的问题和注意事项

1）每次装夹工件时，都要仔细清理工作台及工件表面。

2）测量工件尺寸前，应把工件擦拭干净并清理工件边缘毛刺，以免产生测量误差。

3）砂轮不锋利应及时修磨砂轮。

4）使用千分尺测量时，测砧应和测量面贴平，以防测量杆歪斜，产生测量误差。

5）平面磁力磨削工件时，检查工件是否牢固，磨削高而狭窄的工件时，周围要用挡铁，而且挡块高度不低于工件的 2/3，待工件吸牢后才能开车。

六、评分标准(表 5-3)

表 5-3　磨削垫块评分表

序号	项目与技术要求	配分	评分标准	扣分	得分
1	工件放置或夹持正确	10 分	不符合要求酌情扣分		
2	加工操作正确、自然	10 分	不符合要求酌情扣分		
3	平行面(50 ± 0.01)mm	30 分	超差 0.01mm 扣 5 分，扣完为止		
4	平行面(60 ± 0.01)mm	30 分	超差 0.01mm 扣 5 分，扣完为止		
5	表面粗糙度(4 处)	20 分	每处 5 分，每处超差扣 5 分		
6	安全文明操作		违者每次扣 2 分		
	总分：	100 分	合计：		
姓名：	学号：		实际工时：	教师签字：	

项目二　磨削轴套类零件

一、训练目的

1）初步掌握内、外圆磨削方法，熟悉各开关位置。

2）熟悉内、外径千分尺的使用。

3）熟悉心轴的使用。

二、作业件及要求

1. 作业件（图 5-2）

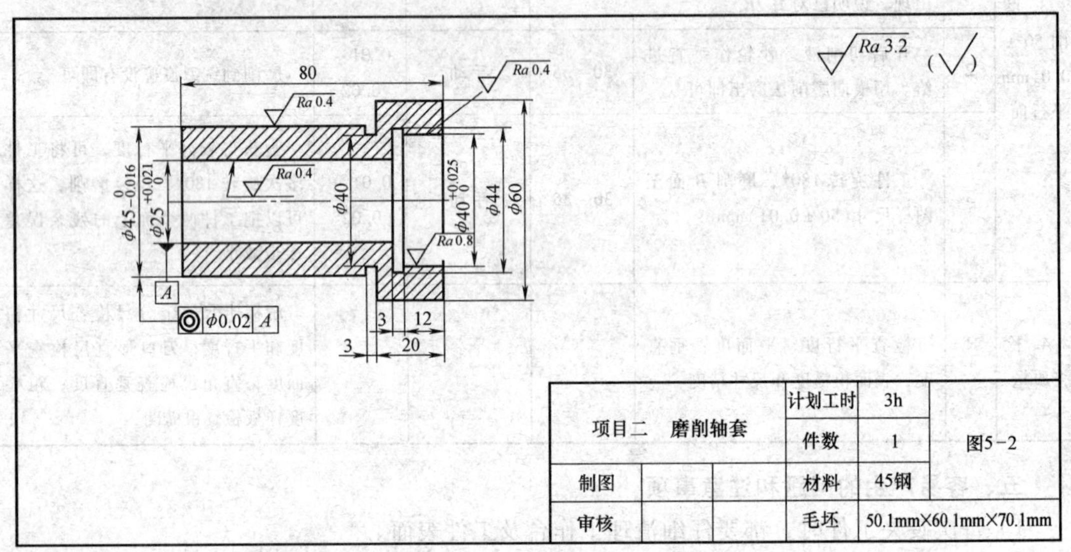

图 5-2　磨削轴套

2. 要求

1）外形已加工好，磨削处留有磨削余量，粗糙度为 3.2μm。

2）要求磨削内孔 $\phi25_{\ 0}^{+0.021}$ mm、$\phi40_{\ 0}^{+0.025}$ mm 和外圆 $\phi45_{-0.016}^{\ 0}$ mm 至图样要求。

3）内外圆有同轴度 ϕ0.02mm 要求。

三、加工重难点分析

内圆磨削装夹时必须找正，保证内圆轴线与端面垂直。

四、工艺卡（表 5-4）

表 5-4　磨削轴套工艺卡

零件图号	图 5-2	项目二　磨削轴套	机床型号	M2120 内圆磨床；MQ1420 外圆磨床		
计划工时	4h		毛坯材料	45 钢淬火硬度 42HRC	毛坯尺寸	留有磨削余量的零件
刀具、夹具、工具表				量具表		
1	砂轮 1-300×127×40-WA60N5V35	3	电磁吸盘、心轴	1	外径千分尺(25~50mm)、内径千分尺(25~50mm)	
2	砂轮 1-16×25×6-A60L5V35	4	三爪自定心卡盘	2	百分表、粗糙度样板	

（续）

工序	工步	工序内容	切削用量			备注
			线速度/(m/s)	进给速度/(mm/min)	背吃刀量/mm	
1. 磨削内孔	1	工件装夹。以外圆 $\phi45_{-0.016}^{0}$ mm定位，将工件用三爪自定心卡盘装夹，用百分表找正，选用磨内孔的砂轮				百分表
	2	粗磨内孔 $\phi25$mm。更换砂轮，采用纵磨法粗磨 $\phi25$mm 内孔，留有精磨余量0.04～0.06mm	30～35	手动	0.01～0.02	砂轮 1-16×25×6-A60L5V35、内径千分尺
	3	粗磨、精磨内孔 $\phi40_{0}^{+0.025}$ mm。更换砂轮，采用纵磨法先粗磨 $\phi40$ 内孔，留有精磨余量0.04～0.06mm，再精磨至图样尺寸 $\phi40_{0}^{+0.025}$ mm	30～35	手动	0.01～0.02	砂轮 1-16×25×6-A60L5V35、内径千分尺
	4	精磨内孔 $\phi25_{0}^{+0.021}$ mm。粗磨 $\phi40$ 内孔时会影响 $\phi25$mm 的精度，因此 $\phi25$mm 分两次磨削。更换砂轮，采用纵磨法精磨至图样尺寸 $\phi25_{0}^{+0.021}$ mm	30～35	手动	0.01～0.02	砂轮 1-16×25×6-A60L5V35、内径千分尺
2. 磨削外圆	1	工件装夹。采用心轴装夹，以保证外圆与内圆的同轴度，选用磨内孔的砂轮				（心轴、百分表）将工件套在专用心轴上，两顶针安装。注意用百分表找正
	2	粗磨、精磨外圆 $\phi45_{-0.016}^{0}$ mm。更换砂轮，采用纵磨法先粗磨 $\phi45$ 外圆，留有精磨余量(0.04～0.06)mm，再精磨至图样尺寸 $\phi45_{-0.016}^{0}$ mm	30～35	手动	0.01～0.02	砂轮1-300×127×40-WA60N5V35、外径千分尺
3. 检查质量	1	对照图样，对工件所有尺寸逐一测量检查				内径千分尺、外径千分尺、粗糙度样板

五、容易产生的问题和注意事项

1）内圆磨削时应充分冷却，防止热变形。

2）测量工件尺寸前，应把工件擦拭干净并清理工件边缘毛刺，以免产生测量误差。

3）砂轮不锋利时，应及时修磨砂轮。

4）使用千分尺测量时，测砧应和测量面贴平，以防测量杆歪斜，产生测量误差。

5）用内径千分尺测量孔时，将其测量触头测量面支承在被测表面上，调整微分筒，使微分筒一侧的测量面在孔的径向截面内摆动，找出最小尺寸。

6）外圆磨削时，工件应放在顶针上。砂轮启动进刀时要轻要慢，不许进刀过大，以防径向力大造成工件飞出，引发事故。

7）无心磨削前，要检查托架是否装对。在砂轮未停止转动时，严禁用手或棒去拨动工件。

六、评分标准(表 5-5)

表 5-5 轴套评分表

序号	项目与技术要求	配分	评分标准	扣分	得分
1	工件放置或夹持正确	15 分	不符合要求酌情扣分		
2	加工操作正确、自然	10 分	不符合要求酌情扣分		
3	外圆 $\phi45_{-0.016}^{\ 0}$mm	20 分	超差 0.01mm 扣 10 分，扣完为止		
4	内孔 $\phi25_{\ 0}^{+0.021}$mm	20 分	超差 0.01mm 扣 10 分，扣完为止		
5	内孔 $\phi40_{\ 0}^{+0.025}$mm	20 分	超差 0.01mm 扣 10 分，扣完为止		
6	表面粗糙度(3 处)	15 分	每处 5 分，不符合要求全扣		
7	安全文明操作		违者每次扣 2 分		
	总分：	100 分	合计：		
姓名：	学号：		实际工时：	教师签字：	

内容三 实习训练件

利用所学知识，完成图 5-3 所示训练件的加工。

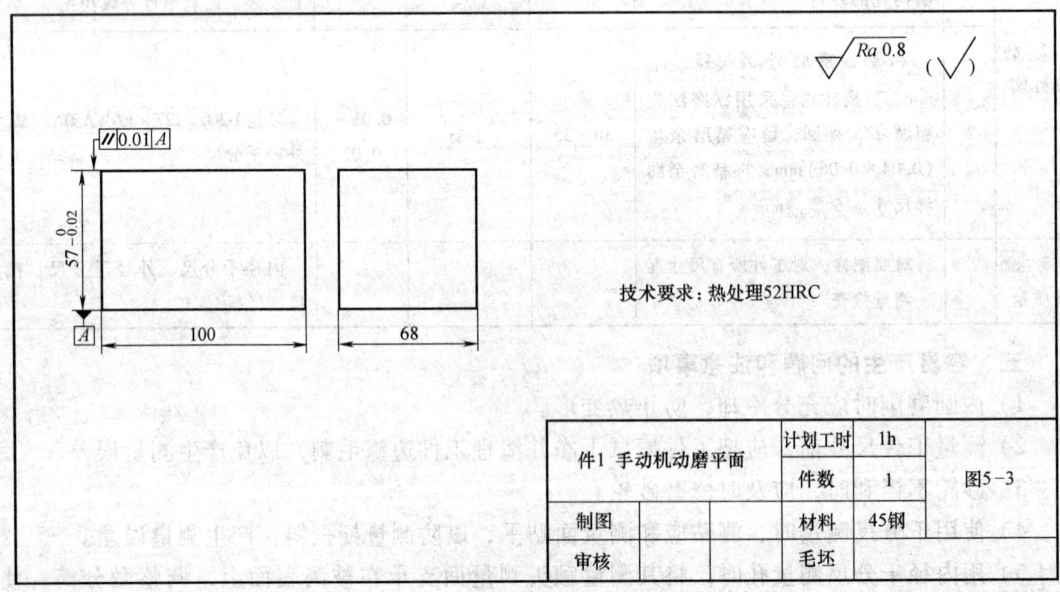

图 5-3 磨平面

模块六　砂型铸造基本技能训练

内容一　实习安全

一、砂型铸造的伤害、安全隐患及操作规范(表6-1)

表6-1　砂型铸造的伤害、安全隐患及操作规范

序号	伤害	安全隐患	操作规范
1	烫伤	在熔炼金属和浇注时，易产生高温的熔融金属飞溅物，会烫伤人体面部及颈部	正确使用防护面罩，避免飞溅物对人体的烫伤，最好穿戴纯棉工作服，以防止灼伤皮肤
2	灼伤	熔融金属的温度较高，会产生强烈的热辐射	防护面罩上的防护镜片，可以避免强烈热辐射对眼睛的伤害，穿戴工作服，以减少热辐射对皮肤的直接作用
3	有毒气体、烟尘	熔炼金属时会产生大量的烟尘和H_2S等有毒气体，长期接触容易中毒和患金属热职业病	必须戴好合适的防尘口罩、专用面具或防毒面具，以减少烟尘和有毒气体等对人体的危害
4	四肢触电、烫伤和砸伤	铸造过程中由于操作不当引起伤亡事故	要求铸造过程中在任何情况下操作时，必须佩带好符合要求的防护手套、工作鞋及鞋盖，以避免触电、烫伤和砸伤等事故发生

二、砂型铸造安全文明生产知识

铸造在热加工车间进行，劳动条件比较差，事故较多，所以，安全生产要引起学生的高度重视。铸造车间的安全问题要由专人负责，制定并严格遵守安全生产规程和制度等。

1）进入车间必须按规定穿戴好劳保用品，并保持工作场地的清洁整齐。

2）熟悉一切安全技术规程，避免在生产实习中可能发生的事故。

3）熟悉各种机器设备的性能，避免损坏机器。

4）造型时不可用嘴吹型砂和芯砂。

5）浇注时，不操作浇注的人应远离浇包。

6）出铁液时，不准加料，不能用湿的或冷铁杆搅动铁液或扒渣。

7）抬运浇包时，动作要协调。抬包时，若发生金属液体飞溅，应保持冷静，抬包双方应同时慢慢放包，切不可单独摔掉浇包，否则会发生大的工伤事故。

8）浇注时，浇包内铁液不能过满，浇包要对准铁槽，人不能站在浇注的正面，不能垂直去看冒口是否浇满，以免铁液飞溅伤人。

9）清理铸件时，应避免伤人。

10）拿取铸件前应注意是否足够冷却。

11）砂箱、砂型等应平稳放置，防止其倒塌伤人。

12）实习结束后，作好工具和用具的清理、打扫场地卫生，保持车间整洁。

内容二 项 目 实 例

项目一 手 工 造 型

一、训练目标

1）了解手工造型安全知识。

2）了解整模造型的工艺过程及特点。

3）了解型砂、芯砂的组成、性能要求以及型砂对铸件质量的影响。

4）了解模样、铸件、零件的关系与区别。

5）了解常用造型工具的名称并能正确使用。

6）了解手工造型操作要领，了解修型的操作方法。

7）了解砂型紧实度要求及紧实度与铸件质量的关系。

二、作业件及要求

1. 作业件

如图 6-1 所示的模样，按要求完成造型工序。

2. 基本要求

能正确使用常用的造型工具，在老师的指导下，能利用模样进行整模造型。

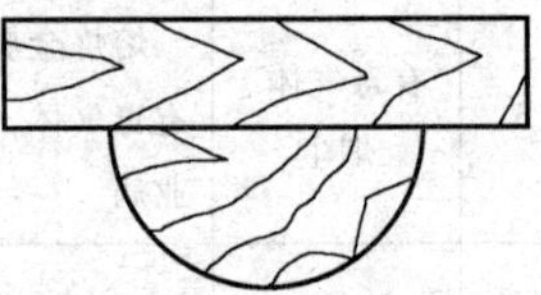

图 6-1 模样

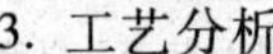

3. 工艺分析

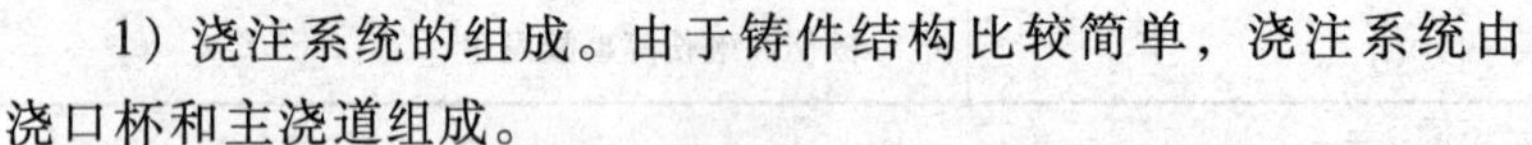

1）浇注系统的组成。由于铸件结构比较简单，浇注系统由浇口杯和主浇道组成。

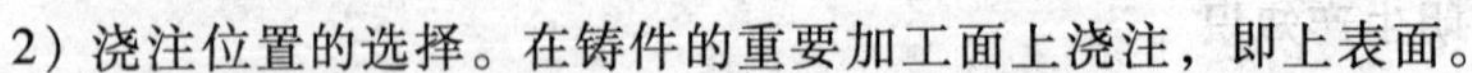

2）浇注位置的选择。在铸件的重要加工面上浇注，即上表面。

3）分型面的选择。分型面设在铸件最大截面处。

三、加工重难点分析

在造上型和合型时定位比较困难，合型时，应使上型保持水平下降，并按定位装置或合型线定位。

四、工艺准备

选择大小尺寸合适的手工造型工装（如砂箱、底板等），手工造型工具 1 套（包括刮砂板、砂舂、压勾、提勾、半圆、毛笔、墁刀、通气针、起模针、水桶、分型砂盒等）。

五、手工造型操作基本技术（表 6-2）

表 6-2 手工造型操作基本技术

工序	工序内容	简图说明
1. 造型前的准备工作	准备造型工具，选择平直的底板和大小合适的砂箱；模样与砂箱内壁及顶部之间应留（30～100）mm 距离，称之为吃砂量，其值视模样大小而定；安放模样，应注意模样的起模斜度，不要放错	

（续）

工序	工序内容	简图说明
2. 舂砂	舂砂时必须将型砂分次加入；对小砂箱每次加砂厚度约(50～70)mm，过多、过少都舂不紧，且浪费工时	~50 舂得紧 加砂量合适，易舂紧(正确)　舂不紧 加砂量过多，舂不紧(错误)
	第一次加砂时须用手将模样按住，并用手将模样周围的砂塞紧，以免舂砂时模样在砂箱内移动	
	舂砂应均匀地按一定的路线进行，以保证砂型各处紧实均匀	舂砂
	舂砂时应注意不要舂到模样上	20～40 砂舂锤与木模相距20～40mm(正确)　砂舂锤撞到木模，木模损坏(错误)
	舂砂用力大小应适当。舂砂用力过大，砂型太紧，浇注时型腔内的气体排不出去，使铸件产生气孔等缺陷；舂砂用力太小，砂型太松易造成塌箱。同一砂型，各处的紧实度是不同的	松些 紧些
3. 撒分型砂	下型造好，翻转180°，在造上型前，应在分型面上撒上无粘性的分型砂，以防上、下箱粘在一起而开不了箱。最后应将模样上的分型砂吹掉，以避免造上型时，分型砂粘到上砂型表面，浇注时被液体金属冲洗下来，落入铸件，使其产生缺陷	
4. 扎通气孔	上型舂紧刮平后，要在模样投影面的上方，用直径(2～3)mm的通气针扎出通气孔，以利于浇注时气体逸出。通气孔要分布均匀，深度适当	20～30 通气孔 10 下型一般不扎通气孔

（续）

工序	工序内容	简图说明
5. 开外浇口	开外浇口应挖成约60°的锥形，大端直径约(60～80)mm，浇口面应修光，与直浇道连接处应修成圆滑过渡，便于浇注时引导液体金属平稳流入砂型。如外浇口挖得大、浅，成为碟形，则浇注液体金属时易飞溅而伤人	ϕ60～80 60° 浇包 外浇口 圆弧 正确 错误 漏斗形外浇口
6. 做合箱线	若上、下砂箱没有定位销，则应在上、下型打开之前，在砂箱壁上标记合箱线。最简单的办法是在箱壁上涂上粉笔灰等，然后用划针画出细线。合箱线应位于砂箱壁上两直角边外侧，以保证 x 与 y 方向均能定位，并可限制砂型转动	合箱线 y x 合箱线
7. 起模	起模前要用水笔沾些水，刷在模样周围的型砂上，以增加这部分型砂的强度，防止起模时损坏型腔	起模针钉在木模重心上，起模平直，型腔完好(正确) 起模针离木模重心太远，起模倾斜，碰坏型腔(错误)
	起模时，起模针位置要尽量与模样的重心垂直线重合。起模前要用小锤或敲棒轻轻敲打起模针的下部，使模样松动，以利于起模	轻敲 重敲 轻轻敲打，使木模松动(错误) 敲打太重，型腔尺寸过大和开裂(错误)
8. 修型	起模后，型腔如有损坏，应根据型腔形状和损坏程度，使用各种修型工具进行修补	将缺口处划松 手工修补砂型缺口，将缺口处用墁刀划松 用墁刀粘上砂子，沿砂子受压方向抹到缺口上，将砂补上 墁刀向下运动，抹平铅垂壁上的砂
9. 合箱	合箱时应注意使砂箱保持水平，均匀下降，并应对准合箱线，防止错箱。合箱包括修补砂型及型芯，安放及固定型芯、型芯及砂型的排气道，检验型腔尺寸，压箱或紧固铸型等工作。合箱工序直接影响铸件的质量	
10. 熔炼	熔炼设备：电阻坩埚炉；浇注材料：铝合金 熔炼操作原则： 1)炉料成分准确，清理干净且充分预热。 2)熔炼工具及坩埚应仔细清理，喷涂适当涂料并经充分干燥。严格避免铁器直接与铁液接触。 3)所用覆盖剂、精炼剂及变质剂必须脱水处理。 4)避免炉子与铁液直接接触，必要时使用覆盖剂。 5)快速熔化，但应注意坩埚的“热惯性”，避免合金过热。 6)熔炼过程中，尽量保持氧化膜的完整性，避免不必要的搅拌。搅拌时，搅拌勺上下运动，但不能破坏表面氧化膜。 7)精炼后，熔液应除渣，镇静8～15min后浇注或再进行变质处理	

六、容易产生的问题和注意事项

①在造上型时，若砂箱上没有定位装置，则应在上、下型打开前，在砂箱壁上标记合型线或打上泥号，否则定位比较困难；②在合型时，应使上型保持水平下降，并按定位装置或合型线定位。必要时，合型后，可再将上型吊起来，检查合型时有无压坏的部位。

七、评分标准(表 6-3)

表 6-3　手工造型评分表

序号	项目与技术要求	配分	评分标准	扣分	得分
1	砂型(芯)紧实度均匀、适当	15 分	砂型(芯)紧实度不均匀扣 1 ~ 10 分；紧实度过小或过大扣 1 ~ 5 分		
2	型腔各部分形状和尺寸符合要求	20 分	尺寸误差大于 2mm 扣 1 ~ 10 分；形状不符合要求扣 1 ~ 10 分		
3	砂型定位准确可靠	5 分	砂型定位偏斜大于 1mm 扣 1 ~ 5 分		
4	浇冒口的开设位置、形状符合要求	20 分	浇冒口开设不齐全扣 5 ~ 10 分；位置不正确扣 1 ~ 5 分；形状不合理扣 1 ~ 5 分		
5	型腔内无散砂，合型准确，抹型、压型安全可靠	10 分	型腔内有散沙扣 1 ~ 5 分；合型未对准扣 1 ~ 2 分；抹型、压型不正确扣 1 ~ 3 分		
6	砂型分型面平整	5 分	砂型分型面不平整扣 1 ~ 5 分		
7	表面光滑、轮廓清晰、圆角均匀	10 分	表面不光滑扣 1 ~ 4 分；轮廓不清晰扣 1 ~ 4 分；圆角不均匀扣 1 ~ 2 分		
8	出气孔的数量和分布合理	5 分	出气孔不足扣 1 ~ 3 分；分布不合理扣 1 ~ 2 分；未插出气孔不得分		
9	表面光滑，浇道各组元连接圆角均匀	10 分	浇冒口系统表面不光滑扣 1 ~ 8 分；浇口各组元连接圆角不均匀或不是圆角扣 1 ~ 7 分；两项均不合格扣 10 分		
10	安全文明操作		违者每次扣 2 分		
	总分：	100 分	合计：		
学生名称：	学号：		实际工时：	教师签字：	

内容三　实习训练件

制定如图 6-2 ~ 图 6-4 所示模样砂型铸造工艺，并选择一种模样进行手工造型。

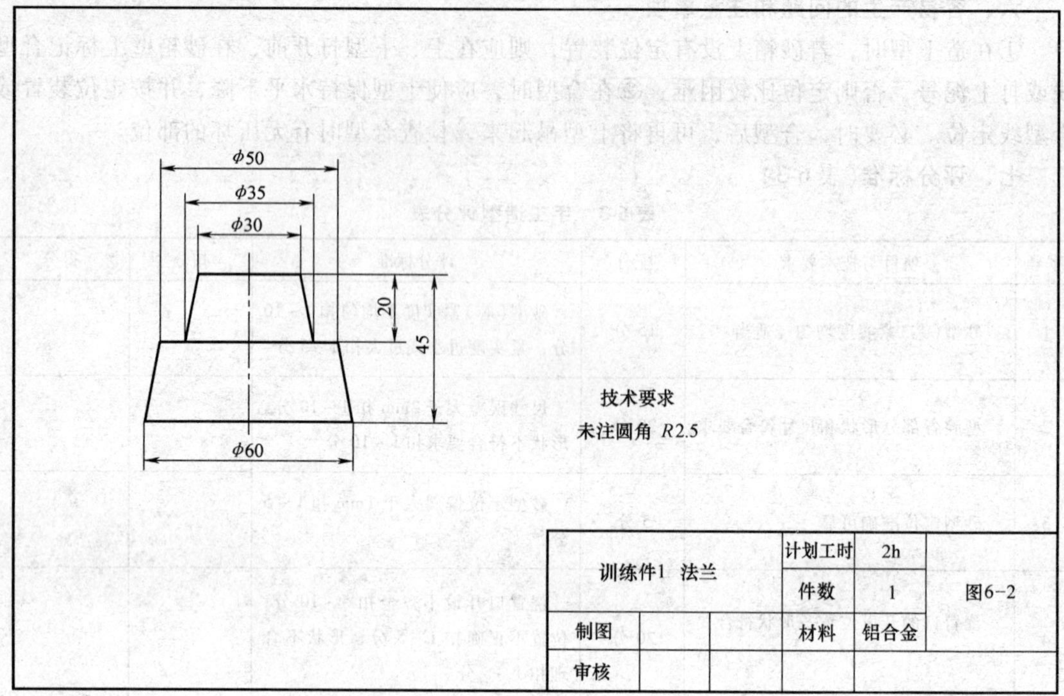

图 6-2 法兰

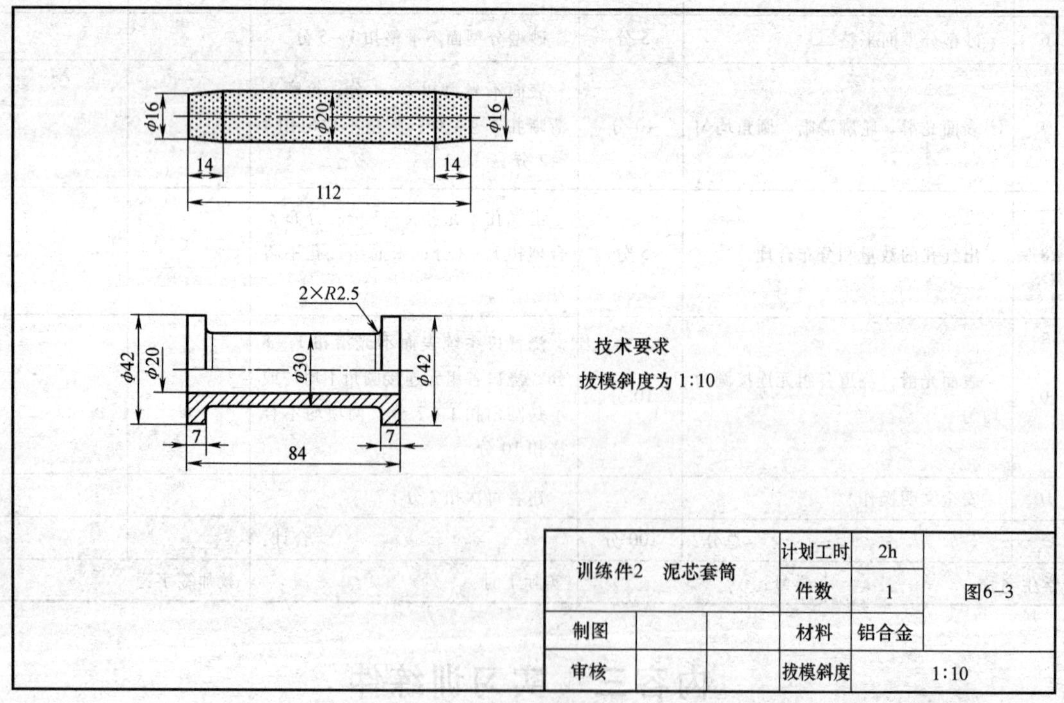

图 6-3 泥芯套筒

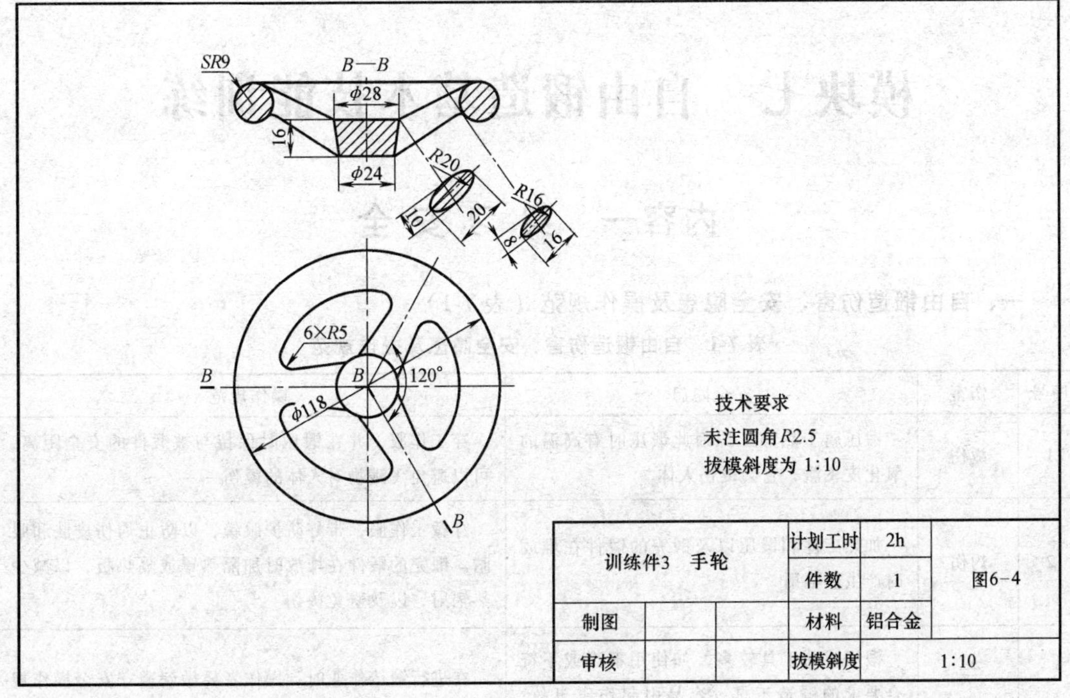

SR9
B—B
ϕ28
16
ϕ24
R20
10
20
R16
8
16
6×R5
B
B
120°
ϕ118
B
技术要求
未注圆角R2.5
拔模斜度为 1:10
训练件3　手轮
计划工时
2h
件数
1
图6-4
制图
材料
铝合金
审核
拔模斜度
1:10

图 6-4　手轮

模块七　自由锻造基本技能训练

内容一　实 习 安 全

一、自由锻造伤害、安全隐患及操作规范（表 7-1）

表 7-1　自由锻造伤害、安全隐患及操作规范

序号	伤害	安全隐患	操作规范
1	烫伤	锻压属于热加工，因此锻压时有高温的氧化皮飞溅，它会烫伤人体	穿工作服，并在锻压时保持与被锻件的安全距离，可以避免飞溅物对人体的烫伤
2	灼伤	加热工件和锻压以及锻完的锻件在堆放时产生热辐射	穿戴工作服，带好防护眼镜，以防止灼伤皮肤和眼睛。锻完的锻件在堆放时加隔热罩或隔热板，以减少热辐射，以及避免烫伤
3	砸伤	锻压辅助工具较多，如使用不当或不符合要求的锻造工具，容易引起伤害事故；杂乱的工作环境，乱堆放的材料与工具，容易发生跌伤、砸伤事故	在进行锻造作业时，操作者要做到遵守安全操作规程，集中精力，互相配合，要注意选择安全位置，避开危险方向。保持工作场地清洁整齐，做到文明生产
4	噪声	锻压设备工作时产生的振动和噪声，影响工人神经系统，增加发生事故的可能性	工作时应佩戴耳塞、防声棉或耳罩等个人劳保用品。加强车间通风换气，提高对流散热，减小噪声，做好卫生保健和个人防护
5	触电	电加热炉故障或使用不当均可发生触电事故	必须对电炉进行安全检查。装料取料时须关闭电源，坯料与发热元件应保持一定距离，并使用套有绝缘胶管手柄的工具，站立在胶皮垫子上，以免发生触电事故

二、自由锻造安全文明生产知识

在锻造车间里的主要设备有锻锤、压力机和加热炉等，生产工人处在振动、噪声、高温灼热和烟尘，以及料头毛边堆放等不利的工作环境中。因此对安全文明生产要特别加以注意。

1）进入车间要穿工作服，并保持工作场地清洁整齐。

2）随时检查锤柄是否装紧，锤柄、锤头以及其他工具是否有裂纹或损坏。

3）打大锤时，先要看周围，以免伤人。

4）操作时，锤柄或钳柄都不可对着腹部。

5）不得用手锤、大锤对砧面敲击，以免锤头反跳伤人。

6）操作时，要密切配合，听从“轻打”、“打”、“重打”、“停止”等口令。

7）加热时，要严格控制锻造温度范围，加热时，不准猛开风门，以防火星或煤屑飞出伤人。

8）下料和冲孔时，周围人员应避开，以防料头及冲头等飞出伤人。切割时，当料头将要切断时应轻打。

9）不准用手直接拿工件，以防烫伤。必要时，应洒水确保温度不高后方可取工件。

10）未经许可，不准擅自动用锻造机，操作空气锤时，只准一个人，严禁他人在旁帮忙。

11）空气锤在开始时不可“强打”，使用完毕，要将锤头提起，并用木块垫好。

12）在砧面上不得积存氧化皮，必须用扫帚清除。

13）工作完毕后，及时熄灭手锻炉，并清理工作场地。

内容二　项 目 实 例

项目一　手工自由锻造六面体

一、训练目的

1）熟悉锻造安全操作规程。

2）了解自由锻造六面体的工艺特点及应用。

3）了解手工锻常用工具的用途和使用方法。

4）熟悉自由锻的操作方法和基本工序。

二、作业件及要求

（1）作业件材料与尺寸　材料为45钢，毛坯尺寸为ϕ30mm×40mm。

（2）基本要求

1）用手工自由锻方法，锻造六面体，厚12mm。

2）锻件厚度尺寸误差小于±3mm。

3）锻件的上下面平行度小于±3mm。

4）加热均匀，不产生过热及过烧现象。

5）锻件不得有夹层。

三、工艺准备

1）设备。箱式电阻炉（1350℃），设备使用前，应仔细检查其完好程度。

2）工、量具。铁砧、大锤、手锤、平锤、夹钳、金属直尺等如图7-1所示。

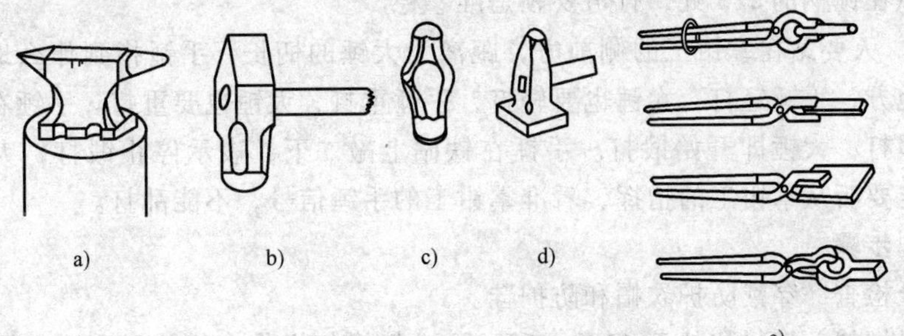

图7-1　常用手工自由锻工具

a）铁砧　b）大锤　c）锤子　d）平锤　e）夹钳

四、技术准备

1. 对手工锻造工作场地的要求

为保证操作者的安全，锤工和掌钳工的工作位置最好呈 90°~120°，这样可以避免当锤把断裂或锤头滑落时，不致把掌钳工打伤。锤工和掌钳工工作区的合理布置如图 7-2 所示。

2. 对锻打姿势的要求

（1）大锤锻打姿势　手工自由锻时，持大锤的操作者站离铁砧约半步、右脚在左脚后半步，上身稍向前倾，眼睛注视锻件的锻击点，要保证锻打力稳准（图 7-3）。锻击时必须将锻件平稳地放置在铁砧上，掌钳工按锻击变形需要，不断将锻件翻转或移动。

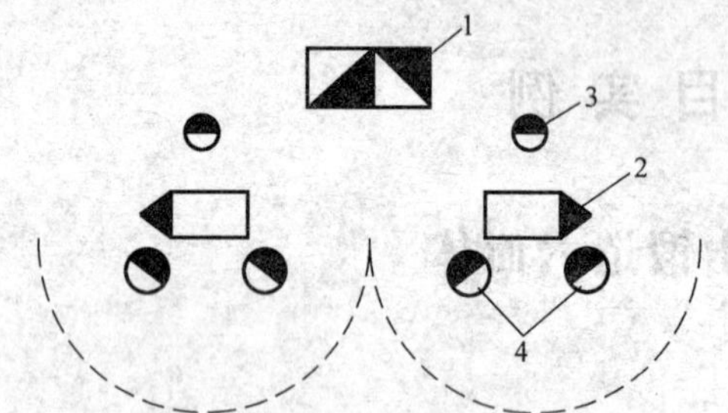

图 7-2　锤工和掌钳工工作区的合理布置
1—锻造炉　2—铁砧　3—掌钳工　4—大锤工

图 7-3　大锤锻打姿势

（2）手锤锻打方法　手工自由锻时，可有以下三种锻打的方法（图 7-4）：

1）手挥法。主要靠手腕的运动来挥锤锻击，锻击力较小，用于指挥大锤的打击点和打击轻重（图 7-4a）。

2）肘挥法。手腕与肘部同时作用、同时用力，锤击力度较大（图 7-4b）。

3）臂挥法。手腕、肘和臂部一起运动，作用力较大，可使锻件产生较大的变形量，但费力甚大（图 7-4c）。

3. 手工自由锻实习操作要求

手工自由锻实习需要有一个工作组（一般 2 人一组），其分工为（或轮换操作）：

1）掌钳工。首先要选择合适的钳子，钳口与锻件的截面形状相适应，以保证夹持牢固，左手掌钳，工件要平放在铁贴上，翻转时动作要准、要快，右手握紧手锤，抓在锤柄的 2/3 处，打击要领是准、稳。

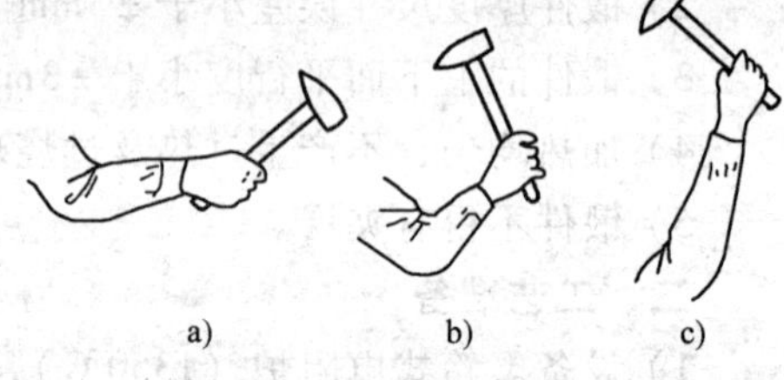

图 7-4　手锤锻打方法
a）手挥法　b）肘挥法　c）臂挥法

2）锤工。人要站在掌钳工的侧前方，距离为大锤的柄长，手锤指到什么地方，大锤就要打到什么地方，手锤轻打，大锤也要轻打，手锤重打，大锤也要重打。手锤在铁砧上敲一下表示开始锻打，大锤即开始锻打。手锤在铁砧上敲二下，表示停止锻打，大锤应立即停止，锤工一定要听从掌钳工的指挥，看准掌钳工的手锤信号，不能乱打。

五、操作步骤

（1）安全检查　穿戴防护衣帽和防护鞋。

（2）坯料加热　坯料加热至 1100~1200℃ 进行锻打操作。加热过程中，严格控制加热温度和保温时间。

（3）锻打成形步骤

1）锻圆饼形状。掌钳的同学用夹钳取出已加热好的锻件，夹紧夹稳，放置于铁砧上；握大锤的同学用大锤进行击打，镦粗该锻件。待到锻件温度低于800℃，停止锻打，并将锻件放回炉中再次加热，不断重复以上锻打步骤，直到将40mm长的柱状锻件，锻打成12mm厚的盘形件为止，如图7-5a所示。

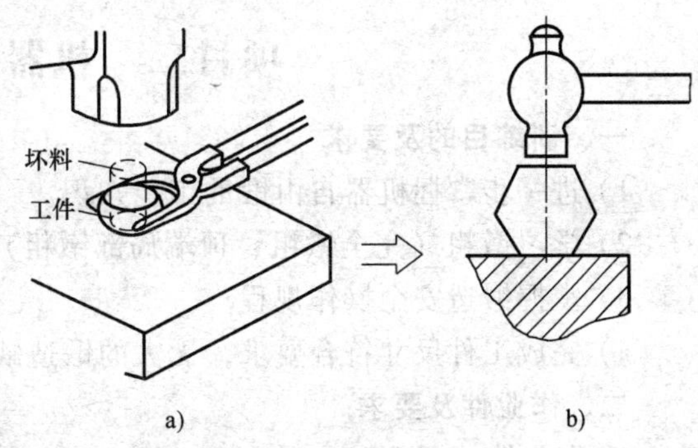

图7-5　自由锻造六面体
a）锻圆饼　b）锻六面体

2）锻六面体。将12mm厚的盘形件，重复加热，掌钳的同学一般用左手掌钳，夹稳夹紧工件，用右手挥动手锤指示大锤的打击落点和轻重；握大锤的同学根据掌钳人手锤指挥的锻打点，将圆饼锻打至六面体。方法是：锻好一面转60°锻第二面，再转60°直至锻出六面体，如图7-5b所示。

3）修整。用平锤进行修整，修整温度可略低于800℃。

（4）工件冷却　采用水冷的方式冷却。

六、容易产生的问题和注意事项

1. 加热过程中要避免金属产生过热、过烧现象

镦粗的始锻温度采用坯料允许的最高始锻温度，坯料的加热要均匀，否则镦粗时工件变形不均匀，对某些材料还可能锻裂。电加热时工件需距离电阻丝100mm以上。

2. 自由锻加热操作注意事项

1）坯料装炉时要依次排列，记清先后顺序，依次取出锻打。

2）炉口至锻锤间应保持通畅，工件在传送途中要贴近地面，防止碰人，不准抛掷传送。

3）及时清除炉内氧化皮等。

3. 锻打过程严格注意做到“五不打”：

1）低于终锻温度不打；

2）锻件放置不平不打；

3）铁砧等工具上有油污不打；

4）镦粗时工件弯曲不打；

5）工具、工件易飞出的方向有人时不打。

七、评分标准

表7-2　自由锻造六面体评分表

序号	项目与技术要求	配分	评分标准	扣分	得分
1	加热均匀，不产生过热及过烧现象	10分	根据具体情况酌情扣分		
2	锻件厚度尺寸误差不超过±3mm	30分	每超差2mm扣5分，超差5mm不得分		
3	锻件的平面度不超过±3mm	15分	每超差1mm扣5分，扣完为止		
4	锻件的上下面平行度不超过±3mm	15分	每超差1mm扣5分，扣完为止		
5	锻件不得有夹层	10分	根据具体情况酌情扣分		
6	工具操作无误，姿势正确	10分	根据具体情况酌情扣分		
7	安全文明生产	10分	违反规定酌情扣分		
	总分：	100分	合计：		
学生姓名：	学号：		实际工时：	教师签字：	

项目二　机器自由锻造齿轮

一、训练目的及要求

1）进一步掌握机器自由锻的工艺知识。

2）学习镦粗（完全镦粗、顶端局部镦粗）、冲孔等基本技能。

3）掌握锻造安全操作规程。

4）完成工件尺寸符合要求，无大的锻造缺陷。

二、作业件及要求

1. 作业件（图 7-6）

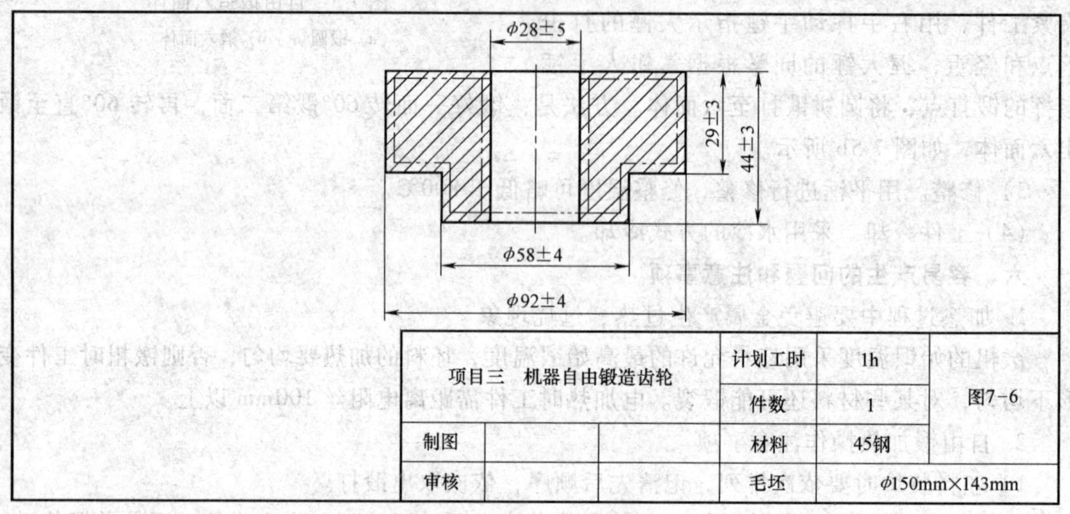

图 7-6　机器自由锻造齿轮

2. 基本要求

1）机器自由锻，加热火次 1 次，要求达到图样尺寸要求。

2）加热均匀，不产生过热及过烧现象。

3）锻件不得有夹层。

三、工艺准备

1）设备。箱式电阻炉（1350℃）；100kg 锻造机。

2）工量具。金属直尺、夹钳、镦粗漏盘，冲子、冲孔漏盘等。

四、操作步骤

1）安全检查。穿戴防护衣帽和防护鞋。

2）齿轮机器自由锻工艺过程见表 7-3。

表 7-3　齿轮机器自由锻工艺过程

工序	操作内容	工艺简图	使用工具
1. 加热	锻造温度 1100～1200℃		
2. 镦粗	注意控制镦粗后的锻件高度为 45mm	45	镦粗漏盘

（续）

工序	操作内容	工艺简图	使用工具
3. 冲孔	注意冲子对中；由于锻件较厚，应采用双面冲孔		冲子、冲孔漏盘、镦粗漏盘
4. 整修外圆	边轻打，边旋转锻件，使外圆消除鼓形，并达到图中所注尺寸	$\phi92\pm1$	镦粗漏盘
5. 修整平面	边轻打，边旋转锻件，使锻件厚度达到图中所注尺寸	44 ± 1	镦粗漏盘

五、容易产生的问题和注意事项

1）镦粗的两端面要平整且轴线垂直，否则可能会产生镦歪现象。矫正镦歪的方法是将坯料斜立，轻打镦歪的斜角，然后放正，继续锻打，如图 7-7 所示。锻打时要不断地将坯料旋转，以便获得均匀的变形而不致镦歪。

2）镦粗的锤击力量要足够，否则就可能产生细腰形，若不及时纠正，继续锻打下去，则可能产生夹层，使工件报废，如图 7-8 所示。

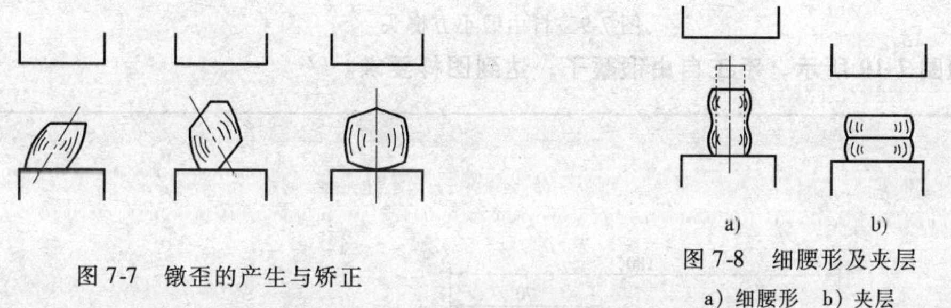

图 7-7　镦歪的产生与矫正

图 7-8　细腰形及夹层

a）细腰形　b）夹层

3）冲孔前需镦粗，是为了减少冲孔深度并使端面平整。由于冲孔锻件的局部变形量很大，为了提高塑性，防止冲裂，冲孔应在始锻温度下进行。

六、评分标准（表 7-4）

表 7-4　齿轮机器自由锻工评分表

序号	项目与技术要求	配分	评分标准	扣分	得分
1	加热均匀，不产生过热及过烧现象	10 分	根据具体情况酌情扣分		
2	齿轮总高度（44 ±3） mm	20 分	每超差 2mm 扣 5 分，超差 5mm 不得分		
3	齿轮大端高度（29 ±3） mm	15 分	每超差 2mm 扣 3 分，超差 5mm 不得分		
4	齿轮大端外径 φ（92 ±4） mm	15 分	每超差 2mm 扣 3 分，超差 5mm 不得分		
5	齿轮小端外径 φ（58 ±4） mm	20 分	每超差 2mm 扣 2 分，超差 5mm 不得分		
6	齿轮孔径 φ（28 ±5） mm	10 分	根据具体情况酌情扣分		
7	安全文明生产	10 分	违者每次扣 2 分		
	总分：	100 分	合计：		
学生姓名：	学号：		实际工时：	教师签字：	

内容三 实习训练件

一、如图 7-9 所示，手工自由锻小方锤头，达到图样要求。

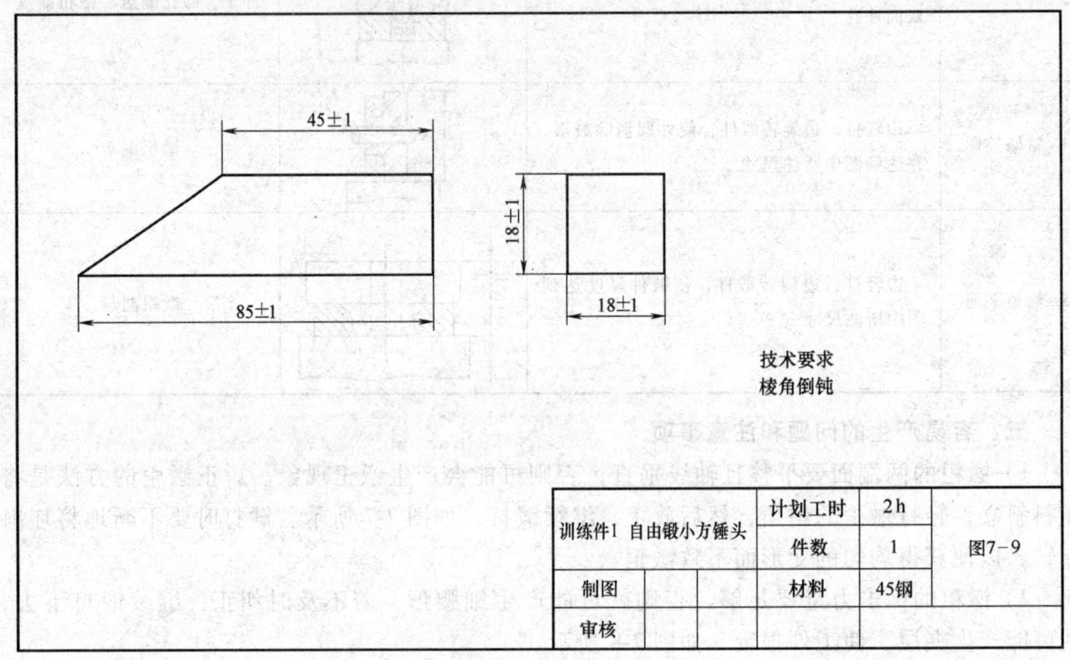

图 7-9 自由锻小方榔头

二、如图 7-10 所示，手工自由锻錾子，达到图样要求。

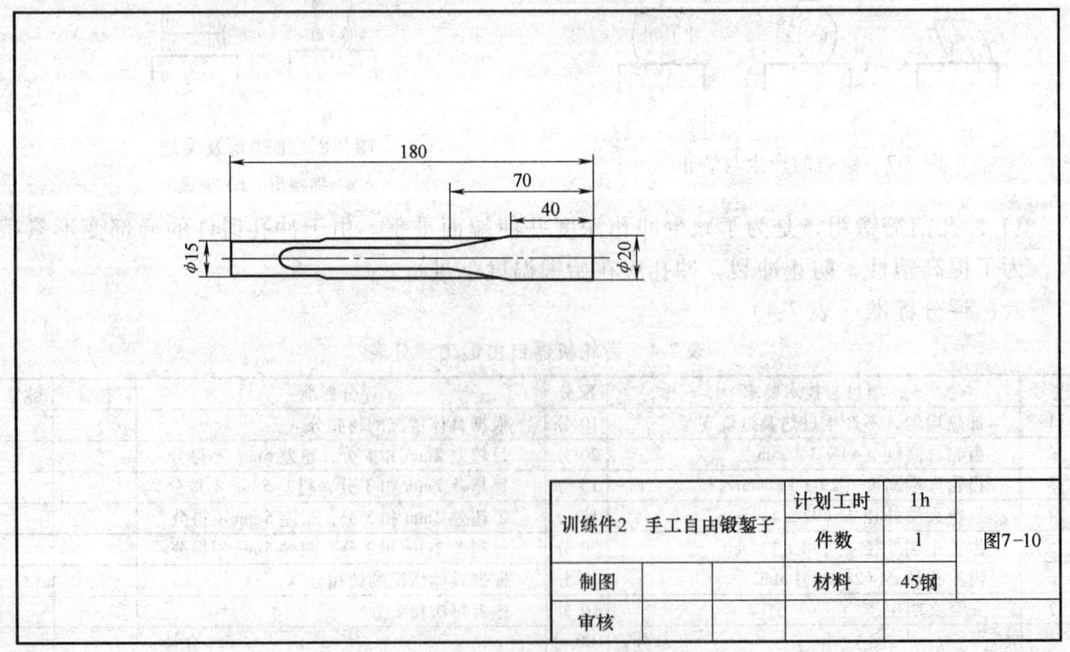

图 7-10 手工自由锻錾子

三、参考图 7-12 所示手工自由锻钩环工艺过程，完成图 7-11 所示钩环锻造的设计与制作。

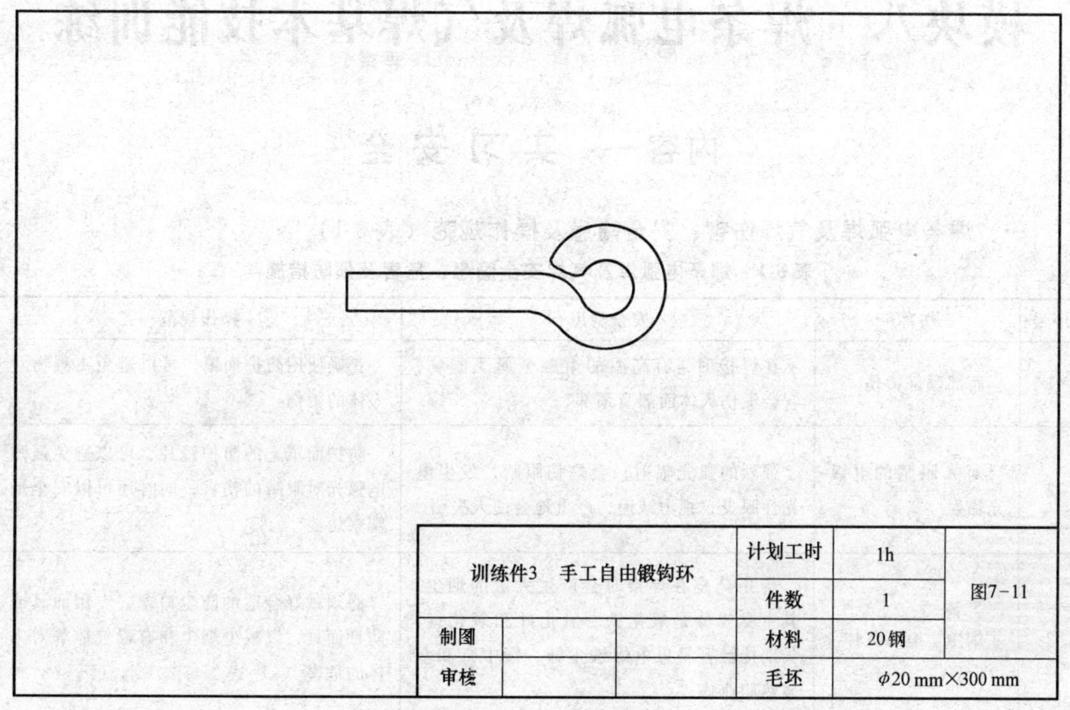

图 7-11　手工自由锻钩环

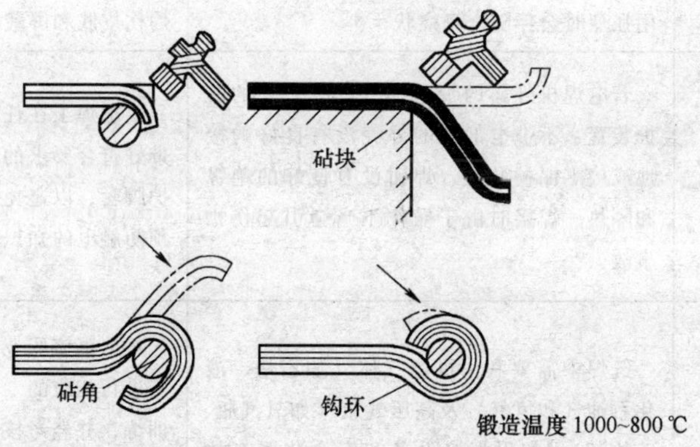

图 7-12　手工自由锻钩环工艺过程简图

模块八　焊条电弧焊及气焊基本技能训练

内容一　实 习 安 全

一、焊条电弧焊及气焊伤害、安全隐患及操作规范（表 8-1）

表 8-1　焊条电弧焊及气焊安全隐患、危害及预防措施

序号	伤害	安全隐患	操作规范
1	面部颈部烫伤	在焊接时，有高温的熔融金属飞溅物，它会烫伤人体面部及颈部	正确使用防护面罩，可以避免飞溅物对人体的烫伤
2	对人眼睛的电弧光辐射	强烈的弧光辐射，会灼伤眼睛，发生电光性眼炎，视力减退，严重地会使人失明	防护面罩上的防护镜片，可以避免强烈电弧光对眼睛的伤害，同时还可以安全地观察熔池
3	烟尘、有毒气体	焊条药皮在焊接时会产生大量的烟尘，其主要成分是氧化铁、氧化硅和氧化锰，长期接触容易患电焊铁尘肺、锰中毒和金属热职业病	必须戴好合适的防尘口罩、专用面具或防毒面具，以减少烟尘和有毒气体等对人体的危害
4	对人体的电弧光辐射和热辐射	电弧焊时产生的弧光辐射和热辐射，作用强烈时会伴随全身症状	最好穿戴白色帆布工作服，以防止弧光灼伤皮肤和屏蔽辐射作用
5	四肢触电	若电焊机外露的带电部分没有完好的防护装置、不带电部分的外壳没有良好的接地或接零保护装置、焊钳没有良好的绝缘和隔热、焊接时由于操作不当会引起伤亡事故	要求焊工在任何情况下操作时，必须佩带好符合要求的防护手套，穿好工作鞋及护脚套，以避免触电。同时应具备一定的预防触电的知识和急救知识
6	灼伤和砸伤	气焊中需要利用可燃气体（如乙炔、液化石油气和氢气）及高压气瓶（如氧气瓶、乙炔瓶）。如果焊接设备和安全装置有故障，或者操作人员作业时违反安全操作规程，都可能引起爆炸和火灾等事故发生	对从事该职业人员应严格要求，必须对其进行相应的专门的理论学习和实际操作训练，并经考核合格取得安全技术操作证方准独立作业。作业时必须严格执行安全操作规程、穿戴好劳动保护用品，加强自身防护，以避免灼伤和砸伤等事故发生

二、焊工的安全生产知识

焊工在工作时要与电、可燃及易燃气体、易燃液体、压力容器等接触；在焊接过程中还产生一些有害烟尘和气体、弧光辐射和热辐射、噪声、射线和高频电磁场等，工作环境有可能是设备内部、高空和野外作业等。由于这许多不安全因素的存在，要求焊工必须严格执行安全技术规程，严禁违反科学规律蛮干，以免造成设备和人身事故。对焊接安全生产的具体要求如下：

1. 基本要求

1）焊工没有操作证且没有正式焊工在场进行指导时，不能进行焊、割作业。

2）凡属一级、二级、三级动火范围的焊、割，未办理动火审批手续，不得擅自进行焊、割。

3）不了解焊、割现场周围情况，不能盲目进行焊、割。

4）盛装过可燃气体、液体和有毒物质的各种容器，未经清洗，不能焊割。

5）有电流、压力的导管、设备、器具等在未断电、泄压前，不能焊、割。

6）焊、割附近堆有易燃易爆物品，在未彻底清理或未采取有效措施前，不能焊、割。

7）与附近其他工种互相有抵触时，不能进行焊、割。

2. 焊接操作的安全注意事项

1）防止触电。弧焊机外壳应接地，焊把与焊钳间应绝缘良好。

2）避免弧光烧伤。电弧中较强的紫外线与红外线对人体有害，操作者应穿好工作服，戴好面罩、手套和护脚套后方可施焊。气焊时需戴有色眼镜和手套。

3）防止烫伤。焊件在焊后必须用钳子夹持，应注意敲渣方向，避免被焊渣烫伤。

4）注意通风。施焊场地要通风良好，防止或减少焊接时从焊条药皮中分解出来有害气体。

5）保护焊机。焊钳不可放置在工作台上，停止焊接时应关闭电源。

6）遵守气瓶的保管和使用规则。应根据国家《气瓶安全监察规程》进行定期技术检查，严禁超期使用。

内容二 项目实例

项目一 平敷焊训练

一、训练目标

1）了解焊接安全操作规程。

2）能够正确调整、使用焊接设备及工具。

3）掌握焊接参数选择原则。

4）掌握焊条电弧焊的引弧操作和运条的基本方法。

5）能够进行焊接的起头、收尾、接头的基本操作。

6）了解焊接缺陷以及缺陷产生的原因。

二、作业件及要求

（1）作业件材料与尺寸 低碳钢平板 200mm×100mm×8mm，一块。

（2）基本要求

1）用焊条电弧焊在平板上练习平敷焊操作。

2）正确地引弧运条。

3）正确运用焊道的起头、运条、连接和收尾的方法。

4）能正确使用焊接设备，调节焊接电流。

（3）质量要求

1）焊缝表面质量。焊缝表面应是原始状态，不允许有加工或修补；焊缝表面不允许有夹渣、气孔、焊瘤等缺陷。

2）焊缝外观质量。焊后的工件上没有引弧痕迹；焊道的起头和连接处基本平滑，无局部过高；收尾处无弧坑；焊缝无脱节现象；焊缝的鱼鳞状波纹光滑美观；焊缝与母材之间圆滑过渡。

3）焊缝外形尺寸。焊缝直线度超差 ±2mm；焊缝余高差≤2mm；焊缝宽度差≤2mm。

三、工艺分析

1）焊条种类选择。低碳钢一般选用 E4303 酸性焊条。

2）焊条直径的选择。根据焊件的板厚，可参见《金工实习教程》（书号为 978-7-111-36816-8）表 7-3 选取。本项目选焊条直径为 4mm。

3）焊接电流的确定。根据焊条直径，参见《金工实习教程》表 7-4 选取，选择焊接电流 $i=160\sim210A$。具体焊接电流大小的确定要根据焊件板厚、焊头形式、焊接位置、焊条种类等因素，通过试焊来调整和确定。

4）焊条角度。引弧后，应使焊条保持前后垂直，与焊接方向成 70°～80°夹角，如图 8-1 所示。

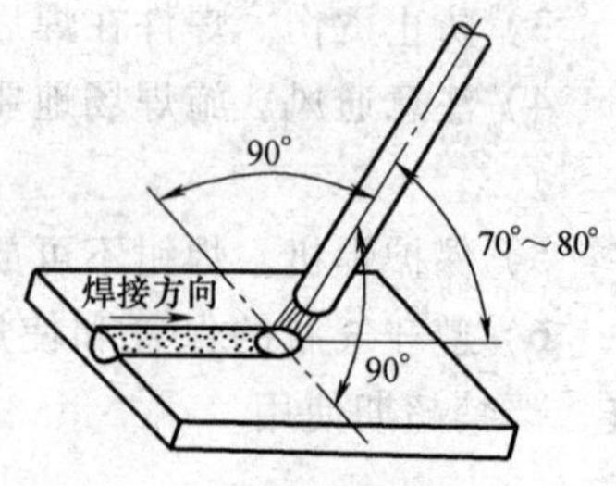

图 8-1 平敷焊焊条角度

5）焊接参数与焊缝成形的关系。①焊接电流（主要影响熔深）。在其他焊接参数不变时，增加焊接电流，焊缝厚度和余高都增加，而焊缝宽度几乎保持不变。②电弧电压（主要影响熔宽）。在其他焊接参数不变时，电弧电压增大，熔宽显著增大，焊缝厚度和余高有所减小。③焊接速度。在其他焊接参数不变时，焊接速度增加，熔深、熔宽和余高均减小。

四、加工重难点分析

1）调试正确的焊接参数。通过试焊调整合适的焊接参数是保证焊缝质量的前提。

2）保证焊缝均匀一致。这需要焊接过程中的送进动作、横向摆动和前移动作的协调，才能保证焊缝均匀一致。

五、加工前准备

1）试件材料为 Q235。

2）试件尺寸为 300mm×200mm，板厚 8mm，每人一块。

3）焊条。牌号为 E4303 酸性焊条若干。要求在干燥箱中烘焙温度 75～150℃，恒温 1～2h。

4）焊接设备。PE50-400 弧焊变压器。

5）焊接工具与防护用品。焊钳、防护服、电弧手套、护脚套、防护面罩；其他辅助工具敲渣锤、錾子、锉刀、钢丝刷、焊条烘干箱、焊条保温桶。

六、操作步骤

1. 安全检查

检查各处的接线是否正确、牢固可靠。启动焊机，查看它能否正常、安全地运行，并选择合适的电流。检查焊条质量，不合格者不能使用。焊条应严格按照规定的温度和时间进行烘干，再放在保温桶里，随用随取。

2. 焊接操作

1）用砂纸打光待焊处（焊线左右20mm范围内），直至露出金属光泽。

2）在待焊处划直线并打样冲眼作标记。

3）送电。合上电源开关，调节电流为120～200A。

4）接地。将连接电缆线夹在焊接平台（或工件）上，如图8-2所示。

5）焊条的安装。将焊条夹紧在电焊钳上如图8-2所示，焊条与焊钳的夹持角度可以为80°、90°、120°。

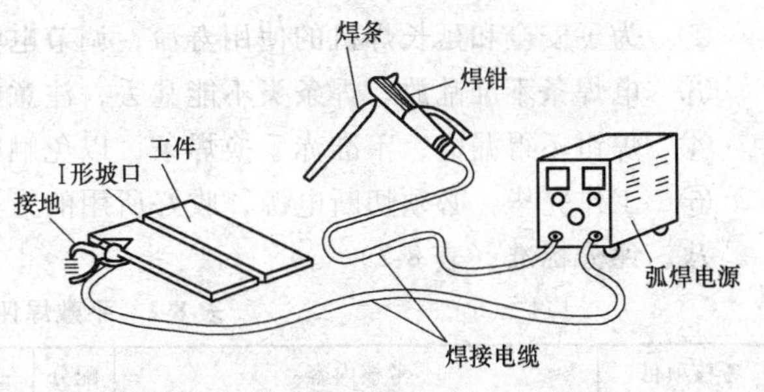

图8-2　焊前准备

6）平焊操作姿势。左手持面罩，右手握电焊钳，一般采用蹲式操作，蹲姿要自然，两脚夹角为70°～85°，两脚距离约为240～260mm。持焊钳的胳膊半伸开，要悬空无依托地操作，如图8-3所示。

7）引弧并运条。①采用摩擦法或敲击法引弧。②焊条角度。引弧后应使焊条保持前后垂直，与焊接方向成70°～80°夹角（如图8-1所示）。③运条方法。先采用圆圈法运条焊接，这样焊缝饱满，再采用直线往复运条焊接。④焊缝收尾。采用圆圈收尾法焊缝收尾（详细操作请参见《金工实习教程》）。

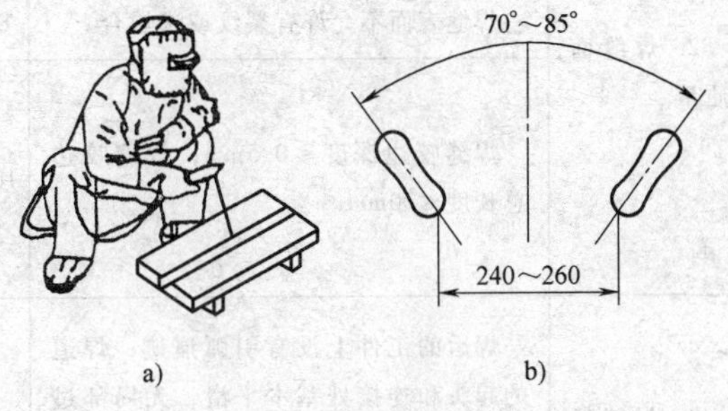

图8-3　平焊操作姿势
a）蹲式操作姿势　b）两脚位置

8）焊完后用敲渣锤敲击焊渣，用钢丝刷清除焊缝表面的焊渣和飞溅物。

9）检查焊缝。目测焊缝外观应无夹渣、裂纹、气孔等缺陷。

10）切断电源，清理工作场地。

七、容易产生的问题和注意事项

1）引不燃电弧的原因为：未送电；电缆线折断，没形成焊接回路；焊条没有夹持好；焊条与焊件接触时间太短等。

2）粘条的原因及防止措施：初学者引弧时，焊条与工件接触后，提起的时间要恰当，焊条提起太慢，焊条端部熔化，就会与工件粘在一起，不易脱开，即粘条。发生粘条现象，应迅速断开，时间太长，易烧坏焊机。断开方法是握着焊钳，左右摇摆几下，就可脱开；如果不能脱开，就应立即将焊钳从焊条上取下，待焊条冷却后将焊条用手扳下。

3）焊道的起头、接头及收尾注意事项

①　在焊道起头时，为了减少气孔，可将前几滴熔滴甩掉。操作时采用跳弧焊，电弧有规律地瞬间离开熔池，在电弧未中断时将熔滴甩掉。

②　焊道接头时，应观察前焊道弧坑，可将前焊道尾部焊渣清除掉后再进行接头焊接。

③　焊道收尾时，圆圈法和反复断弧法可结合使用。

4）安全注意事项

① 敲渣时，应戴眼镜或用面罩挡住，以免焊渣溅入眼内或灼伤皮肤。

② 为了安全和延长焊机的使用寿命，调节电流时，应在焊机空载状态下进行。

③ 电焊条不准乱放，焊条头不能乱丢，注意施工现场整洁。

④ 焊钳不得漏电，不准赤手换焊条，以免触电。

⑤ 工作完毕，必须切断电源，收好所用的工具。

八、评分标准（表 8-2）

表 8-2 平敷焊评分表

考核项目	考核内容	配分	评分标准	扣分	得分
1. 基本要求	劳保着装及工具准备齐全，参数设置、设备调试正确	20 分	每出现一处不正确扣 5 分		
2. 焊缝面质量	焊缝表面不允许有夹渣、气孔、焊瘤、烧穿等缺陷	12 分	出现任何一种缺陷扣 3 分		
	焊缝表面不允许有裂纹或未熔合	8 分	出现任何一种缺陷扣 4 分		
	焊缝咬边深度≤0.5mm，焊缝咬边总长度≤20mm	10 分	咬边深度 >0.5mm 或累计咬边总长 >20mm 扣 10 分。当咬边深度 <0.5mm 深时累计咬边长度每长 2mm 扣 1 分		
3. 焊缝外观质量	焊后的工件上没有引弧痕迹；焊道的起头和连接处基本平滑，无局部过高；收尾处无弧坑；焊缝无脱节现象；无结构变形；焊道焊波均匀，焊缝成形美观	20 分	每出现一种缺陷扣 4 分		
4. 焊缝外形尺寸	焊缝直线度超差 ±2mm；焊缝余高差≤1.5mm；焊缝宽度差≤2mm	30 分	每一项超差扣 10 分		
5	安全文明操作		违者每次扣 2 分		
6	总分：	100 分	合计：		
学生姓名：	学号：	实际工时：		教师签字：	

项目二 板件不开坡口平对接焊训练

一、训练目标

1）掌握焊条电弧焊安全操作规程。

2）掌握平对接焊条电弧焊技能。

3）学习有效控制焊接质量的方法。

4）分析焊条电弧焊缺陷产生的原因。

5）了解不同接头形式的焊条电弧焊。

二、作业件及要求

（1）作业件材料与尺寸　Q235 钢板，规格尺寸为 300mm × 125mm × 6mm，每人 2 块。

（2）基本要求

1）焊条电弧焊将两块平板进行平对接焊操作。

2）能正确使用焊接设备，调节焊接电流。

（3）质量要求

1）焊缝表面质量。焊缝表面应为原始状态，不允许有加工或修补；焊缝表面不允许有夹渣、气孔、焊瘤或未焊透、咬边、裂纹等缺陷。

2）焊缝外观质量。焊后的工件上没有引弧痕迹；焊道的起头和连接处基本平滑，无局部过高；收尾处无弧坑；焊缝无脱节现象；焊缝外观均匀（高度宽度要一致），纹理清晰。

3）焊接变形：焊后变形的角度≤2°；焊件的错边量≤1mm。

三、工艺分析

本项目为不开坡口平对接焊。平对接焊是在平焊位置上焊接对接接头的一种焊接操作方法。对于板厚小于等于 6mm 的平对接焊缝，可以不开坡口（I 形坡口）直接进行焊接。

四、操作步骤及要领

（1）工艺准备

1）焊机　交流弧焊机。

2）焊条　E4303，直径为 3.2mm 或 4.0mm，干燥箱中烘干。

3）工件　Q235 钢板，规格尺寸为 300mm × 125mm × 6mm，2 块为一组，要求钢板表面除锈、去污。

4）焊接工具与防护用品　焊钳、防护服、电弧手套、护脚套、防护面罩；其他辅助工具如敲渣锤、錾子、锉刀、钢丝刷、干燥箱、焊条保温桶。

（2）平对接焊焊接方法

1）定位焊。为了减小焊接变形，一般在焊接之前先采用定位焊，如图 8-4 所示。定位焊时应保证两板对接处平齐，无错边。根部间隙为 1 ~ 3mm，定位焊焊缝在接缝两端，如板厚较小，可间隔 50 ~ 100mm 进行多点定位。另外，定位焊缝一般作为正式焊缝留在焊接结构中，因此定位焊所用的焊条应与正式焊接用焊条相同。注意不能用受潮、脱皮、不知型号的焊条或焊条头代替。定位焊焊缝余高不能太大，如定位焊焊缝有裂纹、未焊透、超高等缺陷，必须铲除或打磨，必要时需重新定位。

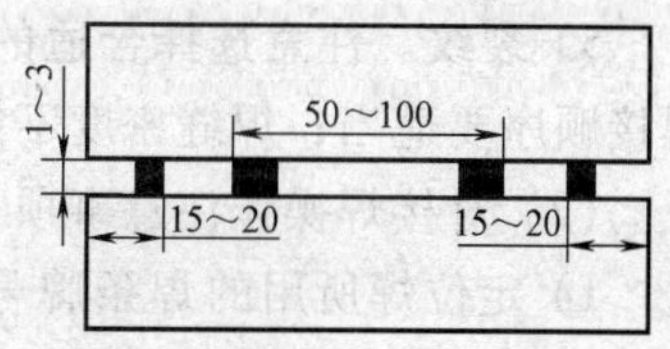

图 8-4　定位焊

2）正面焊缝的焊接。根据板厚选定不同的焊条直径。焊接较薄的板件时选用 $\phi3.2$mm 的焊条。工件较厚时选用 $\phi4.0$mm 的焊条。焊接时，采用直线运条或直线往复运条，为获得较大的熔深和宽度，运条速度可慢一些或微微摆动，平对接焊焊条角度如图 8-5 所示。正面焊缝应

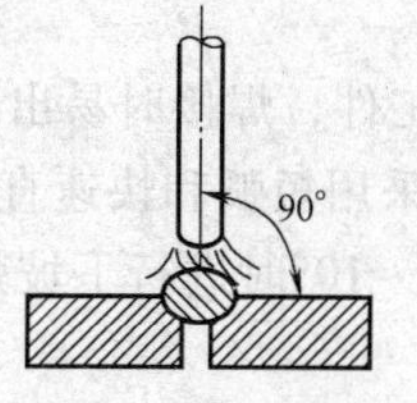

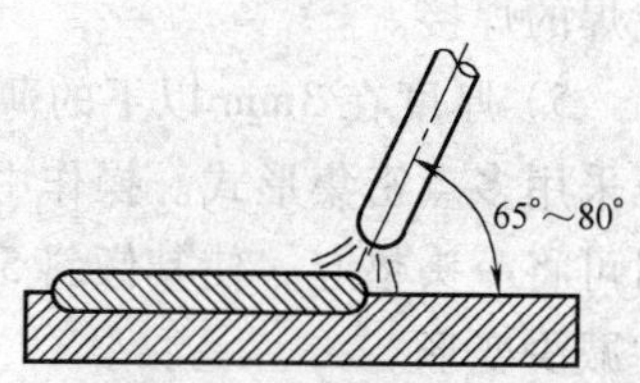

图 8-5　平对接焊操作角度

保证熔深达到板厚的2/3。

本项目正面焊缝采用 ϕ4.0mm 的焊条，焊接电流为 175~185A。

3）背面焊缝的焊接。正面焊缝焊完后，将工件翻转，清理焊渣，选择稍大的焊接电流进行焊接，以避免产生未焊透现象。如果在焊接时，工件温度较高，可采用稍大的焊接速度进行焊接。

本项目背面焊缝采用 ϕ3.2mm 的焊条，焊接电流为 120~130A。

平对接焊施焊要领：运条过程中，如有熔渣与铁液混合，可将电弧稍微拉长，同时将焊条角度向前倾斜，利用电弧吹力吹动熔渣，并做向后推送熔渣的动作，动作要快捷，以免熔渣超前而产生夹渣缺陷。

4）清理及检测。将完成的工件焊缝表面及飞溅清理干净，直到露出金属光泽。检测焊缝正反面质量。焊缝表面不得有焊瘤、气孔、夹渣、咬边等缺陷。

五、容易产生的问题和注意事项

（1）容易出现的问题和解决办法

1）平对接焊背面易出现焊瘤和未焊透。在焊接第一道焊缝时，要掌握好电弧的燃烧时间和节奏。运条过程中，掌握好电弧在坡口两侧停留的时间，从而保证正常的熔孔尺寸和熔池温度。否则，熔孔尺寸过大，熔池温度过高，就会产生焊瘤，反之熔孔尺寸过小，熔池温度过低就会出现未焊透。

2）气孔。为了防止气孔产生，必须杜绝熔池中气体的来源。即彻底清理坡口及其附近的油、铁锈、水蒸气；严格按要求烘干焊条；采用短弧焊接，适当掌握焊条角度。

3）夹渣。解决夹渣的方法是多方面的，通常彻底清除前道焊缝的焊渣，特别是要仔细地清除焊缝与坡口交界处的焊渣，电流不宜过小，以免熔渣上浮困难；利用电弧吹力且平稳运条，使熔池上的熔渣紧随着弧柱而不发生裹渣。

4）咬边。咬边是被电弧熔化的坡口边缘未能被熔化金属熔合的结果。解决方法为焊接时运条要平稳，并推动熔池金属覆盖好已被熔化的坡口边缘。

5）裂纹。注意选择合适的焊接参数；工件清理要彻底；焊条烘干温度和时间要足够；焊接顺序要适当；焊缝密度不能过于集中等。

（2）对接焊操作注意事项

1）定位焊所用的焊条牌号及直径与平对接焊相同；焊接电流可比平对接焊大 10%~15%。另外，定位焊时应注意根部间隙，一般以 3~4mm 为宜。

2）定位焊焊前与平对接焊一样要进行预热，焊后也要进行缓冷。

3）由于定位焊焊缝较短，焊缝起头和收尾处很接近，容易产生始端未焊透及收尾裂纹等缺陷，平对接焊焊接时必须把有缺陷的定位焊缝剔除重焊。

4）应避免在工件的端、角等应力集中的地方进行焊接；尽可能避免强制装配而进行定位焊的焊接。

5）厚度在 3mm 以下的薄工件，焊接时易出现烧穿，两板对接可不留间隙，定位焊焊缝可采用多点密集形式。操作中采用短弧和快速直线往复运条法，也可以采用分段焊接。必要时可将一头垫起，使其倾斜 5°~10°时进行下坡焊，可提高焊接速度，减小熔深，防止烧穿并减少变形。

六、评分标准（表 8-3）

表 8-3　不开坡口平对接焊评分表

考核项目	考核内容	配分	评分标准	扣分	得分
1. 基本要求	正确着装，工具准备齐全，设备调试正确，焊接操作熟练规范	20 分	每出现一处不正确扣 5 分		
2. 焊缝表面质量	焊缝表面为原始状态，不允许有加工或修补	10 分	违者全扣		
	焊缝表面不允许有夹渣、气孔、焊瘤或未焊透、咬边、裂纹等缺陷	30 分	出现任何一种缺陷扣 5 分		
3. 焊缝外观质量	焊后的工件上没有引弧痕迹；焊道的起头和连接处基本平滑，无局部过高；收尾处无弧坑；焊缝无脱节现象；焊缝外观均匀（高度宽度要一致），纹理清晰	20 分	每出现一种缺陷扣 4 分		
4. 焊接变形	焊后变形角度≤2°；焊件的错边量≤1mm	20 分	每一项超差扣 10 分		
5. 安全文明生产	安全文明操作		违者每次扣 2 分		
	总分：	100 分	合计：		
学生姓名：	学号：		实际工时：	教师签字：	

项目三　平角焊训练

一、训练目标

1）掌握焊条电弧焊安全操作规程。

2）掌握平角焊焊条电弧焊技能。

3）学习有效控制焊接质量的方法。

4）会分析焊条电弧焊缺陷产生的原因。

5）了解不同接头形式的焊条电弧焊方法。

二、作业件及要求

（1）作业件材料与尺寸　Q235 钢板或 Q345（16Mn）钢板两块，规格为 300mm × 100mm ×（8～12）mm。

（2）基本要求

1）用焊条电弧焊，将两块平板进行平角焊操作。

2）根部要求焊透。

3）能正确使用焊接设备，调节焊接电流。

（3）质量要求

1）焊缝表面质量。焊缝表面应是原始状态，不允许有加工或修补；焊缝表面不允许有夹渣、气孔、焊瘤、烧穿裂纹、未熔合等缺陷。

2）焊缝外观质量。焊后的工件上没有引弧痕迹；焊道的起头和连接处基本平滑，无局部过高；收尾处无弧坑；焊缝无脱节现象；焊缝外观均匀，纹理清晰。

3）焊缝外形尺寸：焊缝余高差≤2mm；焊缝宽度差≤2mm；焊后两板之间的夹角为90°±2°。

三、工艺分析

平角焊主要为T形接头，如图8-6所示。除了T形接头外，搭接接头和角接接头等接头形式也常采用平角焊。要求焊脚尺寸在5mm以下时，可采用单层焊，在要求焊脚尺寸为6~10 mm时，采用多层焊。

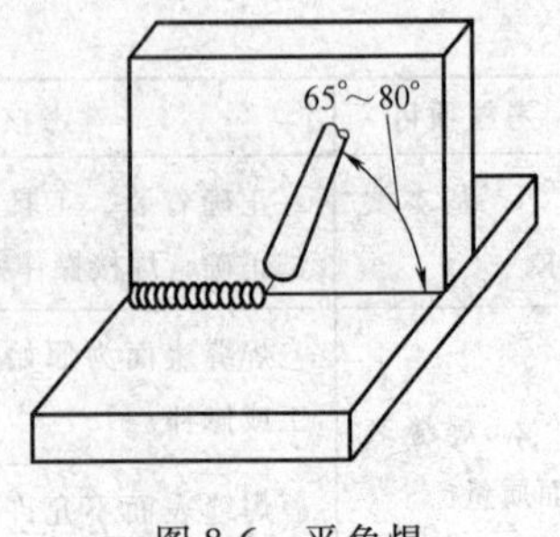

图8-6 平角焊

四、操作步骤及要领

（1）工艺准备。

1）焊机。交流弧焊机，一台。

2）焊条。E4303型，直径为3.2mm和4.0mm两种，要求烘干。

3）工件。Q235钢板两块，每块规格为300mm×100mm×（8~12）mm；2块为一组，要求在钢板焊接处两侧20~30mm范围内除锈、去污。

4）焊接工具与防护用品。焊钳、防护服、电弧手套、鞋盖、防护面罩；其他辅助工具如敲渣锤、錾子、锉刀、钢丝刷、焊条烘干箱、焊条保温桶。

（2）平角接焊焊接方法

1）定位焊。为了减小焊接变形，平角焊之前要先定位焊。将焊件装配成90°夹角的T形接头，不留间隙，采用平角焊接用的焊条进行定位焊，定位焊的位置应在工件两端的前后对称处，如图8-7所示。四条定位焊焊缝的长度均为10~15mm。装配时须校正工件，保证立板的垂直度。

2）第一层的焊接。采用ϕ3.2 mm焊条，焊接电流为130 A左右。焊接时可采用直线运条，焊条位于两板接缝部位。焊接速度要均匀。焊条与平板的夹角为45°，与焊接方向的夹角为65°~80°。在焊接过程中要始终注意熔池的情况，一方面要保持熔池在焊接处不上偏或下偏；另一方面要保证熔渣对熔化金属的保护作用，既不超前，也不拖后（超前会引起夹渣，拖后会导致焊缝表面粗糙）。在第一条焊缝完成之后，翻转工件进行另一侧焊缝的焊接。

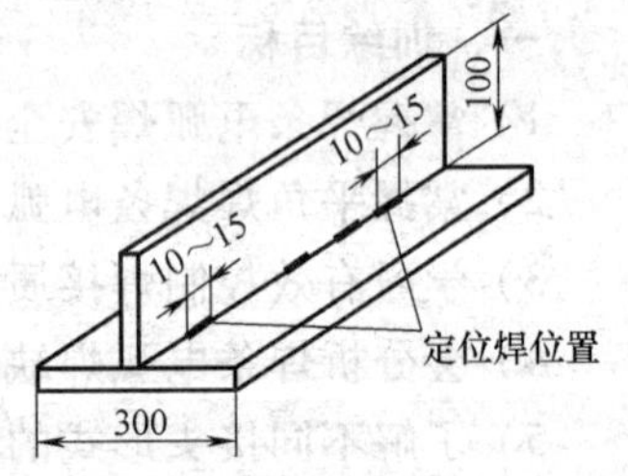

图8-7 平角焊定位

3）第二层的焊接。在第一层焊缝完成之后，清理焊缝表面的焊渣，更换直径为ϕ4.0mm的焊条，焊接电流调整至180 A左右，进行第二层焊缝的焊接。焊接时采用斜圆圈形运条（图8-8），依靠运条达到所需要的焊脚尺寸。

平角焊施焊要领：熟练掌握斜圆圈形运条是控制角焊缝焊脚尺寸和防止焊缝缺陷产生的关键。

斜圆圈形运条时应注意（图8-8）：a~b要慢，焊条作微微往复的前移动作，以防止熔渣超前；b~c要稍快，以防止熔化金属下流；c处稍做停顿，以添加适量的熔滴，避免咬边；c~d要稍慢，保持各熔池间形成1/2~2/3的重叠，以利于焊道成形；d~e

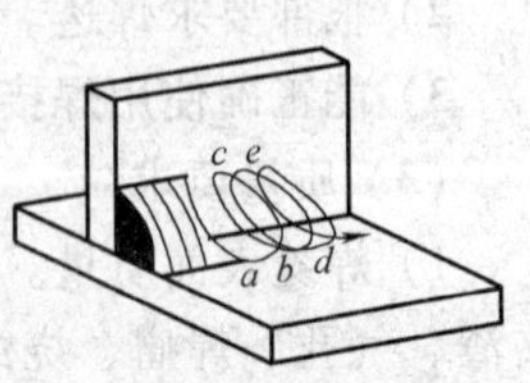

图8-8 斜圆圈形运条

稍快，到 e 处稍做停顿，如此动作循环。

4）清理及检测。将完成的工件焊缝表面及飞溅清理干净，直到露出金属光泽。检测焊缝正反面质量，焊缝表面不得有焊瘤、气孔、夹渣、咬边等缺陷。

五、操作注意问题

1）工件定位焊时，应注意根部间隙、反变形量、定位焊焊缝的长度和间距。

2）坡口及附近表面上的铁锈、氧化皮、油污等一定要清除干净。

3）角焊缝成形不良，焊缝下榻，焊脚超宽。为此，操作中要注意利用电弧力把熔化金属挤向上部板的坡口边缘。

4）弧坑裂纹，用断续灭弧法，填满弧坑，防止弧坑裂纹产生。

5）为防止工件产生变形，建议选用两面交替的焊接方法，以及采用合理的焊接参数。

六、评分标准（表 8-4）

表 8-4　平角焊接评分表

考核项目	考核要求	配分	评分标准	扣分	得分
1. 基本要求	正确着装、工具准备齐全、设备调试正确、焊接操作熟练规范	20 分	每出现一处不正确扣 5 分		
2. 焊缝表面质量	焊缝表面为原始状态，不允许有加工或修补	10 分	违者全扣		
	焊缝表面不允许有夹渣、气孔、焊瘤、烧穿、裂纹、未熔合等缺陷	30 分	出现任何一种缺陷扣 5 分		
3. 焊缝外观质量	焊后的工件上没有引弧痕迹；焊道的起头和连接处基本平滑，无局部过高；收尾处无弧坑；焊缝无脱节现象；焊缝外观均匀，纹理清晰	20 分	每出现一种缺陷扣 4 分		
4. 焊缝外形尺寸	焊缝余高差≤2mm；焊缝宽度差≤2mm	10 分	每超差一处扣 5 分		
5. 焊接变形	焊后两板之间的夹角为 90°±2°	10 分	超差扣 10 分		
6. 安全文明生产	安全文明操作		违者每次扣 2 分		
	总分：	100 分	合计：		
学生姓名：	学号：		实际工时：		教师签字：

项目四　平敷气焊训练

一、训练目标

1. 了解气焊安全操作规程。

2. 学习正确使用气焊设备及火焰的调节。

3. 了解气焊引弧和运条操作的基本方法。

二、作业件及要求

（1）作业件材料与尺寸　低碳钢板，规格为 200 mm×100 mm×（1.6～2）mm。

（2）基本要求

1）可在工件上作平行多条多道平敷气焊练习，各条焊道以间隔 20mm 左右为宜。

2）焊接时注意焊缝的宽度、高度和直线度，以保证焊缝的美观。

3）焊接时如发生回火，要严格按照处理回火的方法进行处理。

三、焊前准备

（1）工件　采用低碳钢板，规格尺寸为 200 mm×100 mm×（1.6～2）mm。

（2）焊接材料　氧气、乙炔、H08 焊丝，直径 1.6mm。

（3）设备与工具　氧气瓶、乙炔瓶、焊炬、护目镜、通针（打火枪、钢丝钳）等；

（4）焊前清理　将工件表面的氧化皮、铁锈、油污、脏物等用钢丝刷或砂布进行清理，使工件露出金属光泽。

四、操作要领

气焊的基本操作和回火现象的处理方法，详见《金工实习教程》（机械工业出版社，高琪主编余同）相关章节。以下为气焊的操作要领：

焊接时左手拿焊丝，右手拿焊炬，采用左焊法进行焊接。

（1）焊道的起头　将火焰调节至中性焰，自工件左端开始加热，火焰指向待焊部位，焊丝的端部置于火焰的前下方，距焰心 3 mm 左右，如图 8-9 所示。开始加热时，注意观察熔池的形成，而且焊丝端部应稍加预热，待熔池形成时，便可熔化焊丝，将焊丝熔滴滴入熔池，而后将焊丝抬起，形成新的熔池。

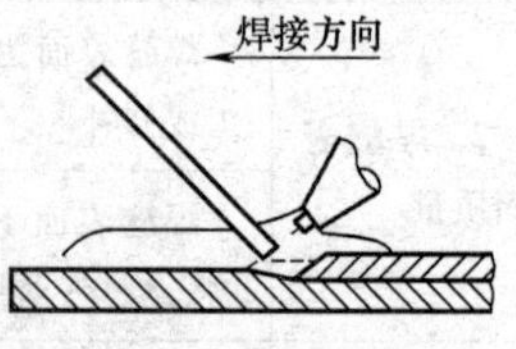

图 8-9　焊炬与焊丝端头的位置

（2）焊炬和焊丝的运动　在焊接过程中，焊炬和焊丝应作均匀协调的摆动，要既能将焊缝边缘良好熔透，又能控制好液体金属的流动，使焊缝成形良好，同时还要保证工件不至于过热。焊炬和焊丝要作沿焊接方向、横向摆动和垂直方向送进三个方向的运动。焊炬和焊丝的摆动方法如图 8-10 所示。

（3）焊道的接头　在焊接过程中，当中途停顿后继续施焊时，应用火焰把原熔池重新加热熔化，形成新的熔池后再加焊丝，重新开始焊接，每次焊道与前焊道重叠 5～10mm，重叠部分要少加焊丝或不加焊丝。

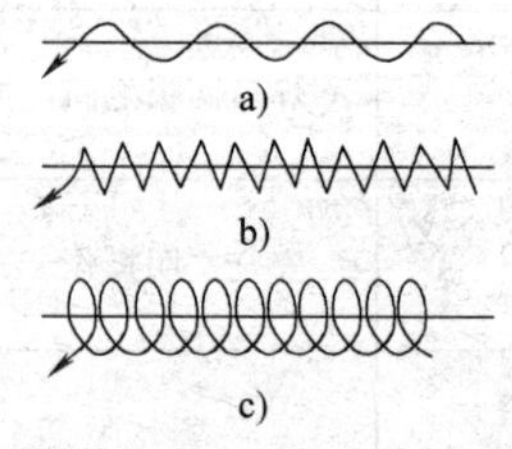

图 8-10　焊炬与焊丝的摆动方法

a）焊薄件　b）焊较厚件　c）焊厚件

（4）焊道的收尾　当焊接接近工件终点时，先减小焊炬与工件的夹角，同时要增大焊接速度和焊丝量，焊至终点处，在终点时先填满熔池，再将焊丝移开，用外焰保护熔池 2～3s，再将火焰移开。

要领：在焊接过程中，焊炬的倾角要不断变化。预热时，焊炬倾角为 50°～70°；正常焊接时，焊炬倾角为 30°～50°；收尾时，焊炬倾角为 20°～30°，如图 8-11 所示。焊炬角度不断变化是控制熔池温度的关键。

（5）焊后清理及检测　焊后用钢丝刷对焊缝进行清理，检查焊缝质量。焊缝不得有焊瘤、烧穿、凹陷、气孔等缺陷。

五、操作注意问题

（1）气焊和气割操作安全

1）气焊和气割时，要带好防护眼镜，注意不让火焰喷射到身上、手上和胶皮管上。

2）气焊和气割工作前要检查回火保险器。回火时要立刻关闭焊炬的乙炔阀门，检查原因，采取防护措施。

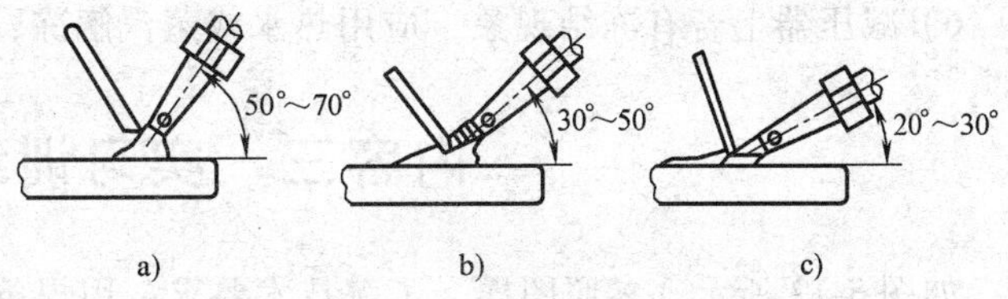

图 8-11　焊炬倾角在焊接过程中的变化

a）预热　b）焊接过程中　c）收尾时

（2）氧气瓶的使用安全

1）氧气瓶在使用时应直立放置，安放平稳，防止倾倒。只有在特殊情况下才允许卧放，但瓶头一端必须垫高，防止滚动。

2）瓶阀可用扳手直接开启与关闭。氧气瓶开启时，应站在出气口的侧面，先拧开瓶阀吹掉出气口内的杂质，再与氧气减压器连接。开启和关闭不要用力过猛。

3）氧气瓶内的氧气不能全部用完，至少应保持 0.1 ~0.3MPa 的压力，以便充氧时鉴别气体性质和吹除瓶阀内的杂质，还可以防止在使用过程中可燃气体倒流或空气进入瓶内。

4）夏季露天操作时，氧气瓶应放置在阴凉处，避免阳光的强烈照射。

（3）乙炔瓶的使用安全

1）乙炔瓶在使用时只能直立放置，不能横放。否则会使瓶内的丙酮流出，甚至会通过减压器流入乙炔胶管和焊炬内，引起燃烧或爆炸。

2）乙炔瓶应避免剧烈的振动和撞击，以免填料下沉形成空洞，影响乙炔的储存甚至造成乙炔的爆炸。

3）工作时，使用乙炔的压力不允许超过 0.15MPa，输出流量不能超过 1.5 ~2.5L/min。

4）乙炔瓶阀与减压器的连接必须可靠，严禁在漏气的状态下使用。

5）乙炔瓶内的乙炔不能完全用完，当高压表读数为零，低压表的读数为 0.01 ~0.03MPa 时，应关闭瓶阀，禁止使用。

6）乙炔瓶温度不应超过 30 ~40℃，温度过高会降低乙炔在丙酮中的溶解度，使瓶内乙炔的压力急剧增高。夏季使用时应注意不可在阳光下暴晒，应置于阴凉通风处。

（4）减压器的使用

1）安装减压器前，先检查减压器接头螺纹是否完好，保证减压器接头螺纹与氧气瓶阀连接达到 5 扣以上，以防止安装不牢而使高压气体射出；同时还要检查高压表和低压表的指针是否处于零位。

2）开启瓶阀前，应先将减压器的调节螺钉旋松，使其处于非工作状态，以免开启瓶阀时损坏减压器；开启瓶阀时，瓶阀出气口不得对着操作者或者他人，以防止高压气体突然冲出伤人。

3）调节工作压力时，要缓缓地旋进调节螺钉，以免高压氧冲坏弹簧、薄膜装置和低压表。停止工作时，应先关闭高压气瓶的瓶阀，然后再放出减压器内的全部余气，放松调节螺钉使指针降到零位。

4）减压器上不得沾染油脂、污物，如有油脂，应擦拭干净再使用。

5）减压器和压力表不得混用。

6）减压器上若有冻结现象，应用热水或蒸汽解冻，绝不能用火焰烘烤。

内容三　实习训练件

如图 8-12 所示，参照图样，了解技术要求，用焊条电弧焊完成不等边角钢的焊接。

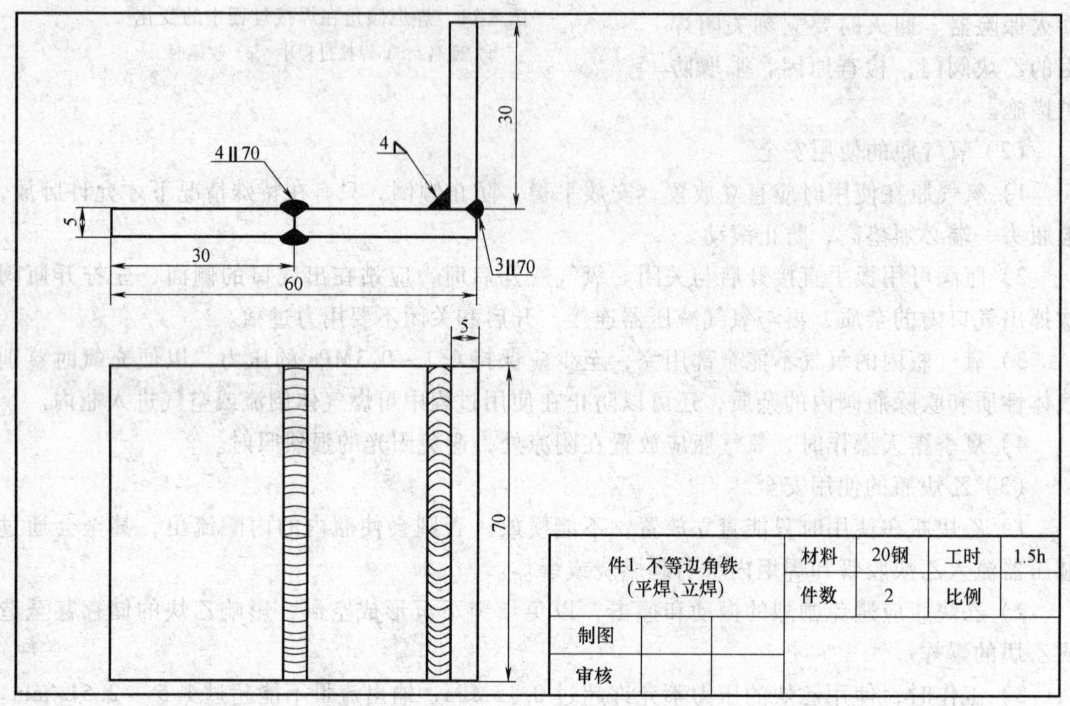

图 8-12　不等边角钢（平焊、立焊）

模块九　热处理基本技能训练

内容一　实习安全

一、热处理的伤害、安全隐患及操作规程（表9-1）

表9-1　热处理安全隐患、危害及操作规程

序号	伤害	安全隐患	操作规程
1	高温、光辐射	不少热处理工艺的温度高达900～1280℃，在打开炉门、取送工件时，高温和热辐射会烫伤人体手臂或面部；工件进出炉时，强烈的光辐射刺激操作者眼睛，时间久了也会损伤眼睛	炉门打开取、送工件时，操作要迅速。防护面罩上的防护镜片，可以避免强烈热辐射对眼睛的伤害，穿戴工作服，以减少辐射对皮肤的直接作用。经热处理出炉的工件，不要用手触摸，以防烫伤
2	毒物、毒气和粉尘	热处理中直接应用的有毒物品，如三酸（硝酸、盐酸、硫酸）、烧碱、纯碱、熔融的铅和金属盐等。 使用氰浴槽时可逸出氰化物蒸气；使用有机溶剂进行气体渗碳时，可逸出苯、甲苯、甲醇等有机溶剂蒸气；氮化过程会产生氨气；盐浴炉熔融的硝盐与工件的油污作用产生氮氧化物，长期接触容易使人中毒	对于产生高浓度一氧化碳、氰化氢、甲醛、苯等剧毒气体的工作场所，首先要制订急性职业中毒事故应急预案，设置警示标志、配备防毒面具或防毒口罩，按照国家有关规定，做好劳动者职业健康检查工作
3	高频电磁场	高频感应加热设备在工作时，向外发射250～300kHz的电磁波，3m以内对人体有伤害。长期接触高频电磁场使人体生理功能紊乱，对人体内分泌系统、心血管系统、神经细胞等都有影响	做好防护工作，屏蔽电磁场作用
4	四肢触电	热处理车间用电量很大，很多炉子使用电加热设备，而且还有不少用电设备，且均为高压电（如高频设备可高达15kV）。在使用中违章操作，会发生触电和电击伤事故	箱式电炉或井式电炉在工件装出炉时必须断电，每次装载量不得超过炉子的额定容量，工件不得与电阻丝相接触，也不要将带水的工件装炉
5	烫伤和砸伤	热处理的加热介质很多是利用熔融的金属盐（氯化钡、氯化钠、氯化钾和碳酸钠）。熔融的金属盐一旦碰到水或水蒸气就会发生熔盐的崩爆，使熔盐飞溅而烫伤人。作为“冷却”介质的低温硝盐浴，虽然温度在150～200℃，一旦碰到皮肤也会造成严重烫伤。取送灼热的工件更是造成烫伤和砸伤的安全隐患	要求热处理过程中在任何情况下操作时，必须佩带好符合要求的防护手套、工作鞋，以避免烫伤和砸伤等事故发生

（续）

序号	伤害	安全隐患	操作规程
6	易燃易爆	热处理中应用的某些油料（汽油、煤油和柴油）、有机物（甲醇、乙醇、乙炔、丙烷、丁烷、丙酮和香蕉水等），都是易燃易爆物质。使用气体和液体燃料的热处理炉，由于操作不当，也经常发生炉子爆炸事故	热处理操作人员必须熟悉其使用的设备和附属设备的主要构造、技术性能、操作方法。了解常用易燃易爆、有毒有害化学物品的性能及其安全使用规则。自觉、严格按操作规程进行操作 热处理车间一旦发现可燃气体泄漏，应立即关闭阀门，切断气源，加强通风，如有液化气钢瓶等，应立即搬离现场。同时禁止将明火带进，也不要开关电门，以防火花产生

二、热处理工的安全文明生产知识

1. 工作前

1）按规定穿戴好劳动防护用品。

2）熟悉设备、工艺操作规程，有不清楚的问题必须弄懂，方能工作。

3）检查炉子、风机设备各部分是否正常，电气绝缘及接地是否良好，天然气的供应是否稳定，仪表是否失灵，各安全装置是否安全可靠，检查确认无误后方可使用。

4）检查管道。闸门是否畅通，有无渗漏现象，检查冷却介质是否够用，循环是否良好。

5）对被热处理的工件及专用工艺装置也要进行检查，不合格不能随便投产使用

2. 工作中

1）对天然气炉、盐浴炉等要严格地按专门制定的安全操作规程进行“开炉操作”和“停炉操作”。操作中应集中精力，谨防爆炸事故发生。

2）箱式电炉或井式电炉在工件进、出炉时必须断电，每次装载量不得超过电炉的额定容量。工件不得与电阻丝接触，也不要将含有水分的工件放入炉中。

3）工作中要经常检查炉温，不得超过额定温度。尽量不要在高温时长期打开炉门。

4）淬火油温一般不超过80℃，并切忌将水带入油池内。

5）禁止其他人员接近电炉和工件。

3. 工作后

1）关闭电源及气源。

2）清理好现场。

3）认真做好工作记录及交接班记录。

内容二 项目实例

一、实习目的

1. 了解热处理的特点和应用。

2. 了解热处理的分类、常用热处理的名称和结构。

3. 了解钢的热处理工艺（正火、退火、淬火、回火、表面淬火）和作用。

4. 了解温度和冷却速度对钢组织结构和力学性能的影响及各种钢的热处理状况。

5. 了解热处理加工的安全操作规程。

二、作业件及要求

1. 观察比较 T10 钢锯条经过退火、淬火、回火的热处理后、所表现出的不同性能。

2. 观察比较热处理对弹簧性能的影响。

3. 观察比较热处理对改变锤头性能的作用。

4. 在热处理实习时，参加工件热处理的同学不允许脱离岗位，并且时时做记录，内容包括：零件名称、材料、热处理前性能、热处理目的、热处理设备名称与型号、加热温度、保温时间、冷却方式、工件热处理后性能与热处理前性能有何不同。

三、仪器、设备和材料

1. 45kW、75kW 箱式电阻炉以及控温仪表。

2. 热处理试验用 45 钢、T10、65Mn 钢丝以及中碳钢丝试样一套。

3. 淬火冷却介质：水、油。

4. 砂轮机、洛氏和布氏硬度试验机或者新细锉刀。

四、钢的热处理试验方法（表 9-2）

表 9-2　钢的热处理试验方法

项目	热处理方法	工艺名称	工艺内容	备　注
锤头的热处理试验	锤头（淬火 + 回火）（不同冷却方式\回火温度）	材料	45 钢手工锤头（钳工实习件）	
		淬火	电阻炉加热，800 ~ 850℃；保温 15 ~ 20min；水或油冷却	1）淬火时，必须戴手套，使用夹钳将试样从炉中取出后，在冷水中冷却连续调头淬火，浸入水中深度约 5mm。待工件呈暗黑色后，全部浸入水中 2）淬火时，水温应保持在 20 ~ 30℃左右，水温过高应及时换水 3）热处理后硬度测试。将试样磨去两边氧化皮，然后用硬度计（洛氏硬度）或锉刀检查锤头的硬度（洛氏硬度）。新细锉刀硬度在 60HRC 以上：锉刀打滑或者有刮痕说明工件硬度高于锉刀；锉刀稍用力可锉动工件说明工件硬度为 30 ~ 40HRC；锉刀不易锉动工件说明工件硬度为 50 ~ 55HRC；锉刀只能锉动部分工件说明工件硬度为 55 ~ 60HRC
		回火	电炉加热，180 ~ 250℃低温回火，保温 1h 后空冷 （350 ~ 500℃中温回火、500 ~ 600℃高温回火）	
		硬度检测Ⅰ	原状态下的锤头硬度值	
		硬度检测Ⅱ	中间状态下的锤头硬度值	
		硬度检测Ⅲ	最终状态下的锤头硬度值	

（续）

<table>
<tr><th>项目</th><th>热处理方法</th><th>工艺名称</th><th>工艺内容</th><th>备　注</th></tr>
<tr><td rowspan="20">锯条的热处理试验</td><td rowspan="5">退火</td><td>材料</td><td>T10 钢手工废锯条 1 根</td><td rowspan="20">退火目的：细化晶粒，降低硬度，提高塑性，消除内应力，改善材料切削加工性能，并为以后淬火作组织准备
正火目的：细化晶粒，降低硬度，提高塑性，消除内应力，改善切削加工性能，并为最终热处理作组织准备
淬火目的：为了使工件获得马氏体组织，从而使工件的强度、硬度、耐磨性等力学性能提高
回火目的：降低工件淬火后的脆性，消除在快速冷却过程中产生的内应力，使组织趋于稳定，获得要求的力学性能
根据工件不同技术要求可以采用不同的热处理方法来达到各种力学性能
例如 T10 工具钢的热处理工艺：
1）预备热处理，即球化退火。目的是获得均匀组织（球状珠光体），改善热处理工艺性能；降低硬度，改善切削性能，利于机械加工；
2）最终热处理，淬火 + 低温回火。淬火的目的是提高锯条的硬度、耐磨性。淬火后的组织是马氏体和残留奥氏体，使材料具有高的硬度、强度及耐磨性等特点。但淬火后有较大的淬火内应力和较多的显微裂纹，需要及时进行低温回火消除淬火内应力和残留应力。低温回火后的组织为回火马氏体和残留奥氏体，使工件保持淬火后的高硬度与高耐磨性，获得了足够的强度和韧性。
3）锯条端部进行防锈处理</td></tr>
<tr><td>退火温度</td><td>电炉加热，750 ~ 770℃</td></tr>
<tr><td>保温时间</td><td>3 ~ 5min（锯条加热部热透）</td></tr>
<tr><td>冷却方式</td><td>随炉冷却至室温</td></tr>
<tr><td>检验</td><td>1）观察退火前后颜色的变化
2）弯折锯条比较其强度及塑性的变化
3）退火前后硬度变化，硬度检测同上</td></tr>
<tr><td rowspan="5">正火</td><td>材料</td><td>T10 钢手工废锯条 1 根</td></tr>
<tr><td>正火温度</td><td>电炉中加热，750 ~ 770℃</td></tr>
<tr><td>保温时间</td><td>3 ~ 5min 分钟（锯条加热部热透）</td></tr>
<tr><td>冷却方式</td><td>出炉空冷至室温</td></tr>
<tr><td>检验</td><td>1）观察正火前后颜色的变化
2）弯折锯条比较其强度及塑性的变化
3）正火前后硬度变化，硬度检测同上</td></tr>
<tr><td rowspan="5">淬火</td><td>材料</td><td>T10 钢手工废锯条 1 根</td></tr>
<tr><td>淬火温度</td><td>电炉中加热，770 ~ 790℃</td></tr>
<tr><td>保温时间</td><td>3 ~ 5min</td></tr>
<tr><td>冷却方式</td><td>水中急冷</td></tr>
<tr><td>检验</td><td>1）观察锯条淬火部位呈何颜色
2）手折锯条看结果如何
3）淬火前后硬度变化，硬度检测同上</td></tr>
<tr><td rowspan="5">回火</td><td>材料</td><td>淬火后的锯条 1 根</td></tr>
<tr><td>回火温度</td><td>电炉加热，350 ~ 450℃</td></tr>
<tr><td>保温时间</td><td>3 ~ 5min</td></tr>
<tr><td>冷却方式</td><td>空冷</td></tr>
<tr><td>检验</td><td>锯条是否具有一定的弹性</td></tr>
</table>

（续）

项目	热处理方法	工艺名称	工艺内容	备　注
弹簧的热处理试验	弹簧热处理试验Ⅰ（淬火）	材料	中碳钢弹簧	弹簧制作方法：将 $\phi2$ 钢丝在芯棒上绕制成弹簧 弹簧钢一般使用中碳钢，需淬火加中温回火。淬火能获得使用性能较好的马氏体，回火能消除内应力。若回火温度高了，即调质处理，虽然可以得到综合的力学性能好的回火索氏体组织，但弯曲疲劳强度不高；若回火温度低了，得到回火马氏体组织，其内应力未充分消除，故弹性疲劳极限比较低。马氏体在中温区回火，出现较高的弹性极限，因此弹簧钢中温回火 因此，有的弹簧件在受力的情况下发生变形，出现断裂或载荷卸载后，形状没有回到原来的状态。这些现象说明弹簧件的热处理质量没有达到技术要求
		淬火温度	电炉加热，820～850℃	
		冷却方式	水中急冷	
		检验	拉、压弹簧，观察结果	
	弹簧热处理试验Ⅱ（淬火＋中温回火）	材料	65Mn 钢弹簧	
		淬火	电炉加热，820～850℃，油淬火	
		回火	中温回火（400～600℃）	
		检验	弹簧功能，拉、压弹簧，观察结果	

五、容易产生的问题和注意事项

1）钢的热处理试验中，都从室温开始加热，切忌炉尚处高温就开始热处理。

2）炉门打开取、送工件时，操作要迅速，因较高的炉温在室温环境下降温速度非常快。

3）为防止触电，取、送工件时应关闭电源。并注意工件或工具不得与炉内电阻丝相碰撞和接触。

4）电阻炉使用温度不得超过额定值。

六、考核方法

1）分成两组，每组一套试样（炉冷试样可由实验室事先制好）轮换进行。

2）实习后由学生将实习内容所得的结果进行归纳整理和材料性能分析，符合实习规范要求，经教师检验签字后方可离开实验室。

3）指导教师对每个实验报告进行批改评分。

模块十　数控加工基本技能训练

内容一　实习安全

一、数控加工伤害、安全隐患及操作规范（表 10-1）

表 10-1　数控加工伤害、安全隐患及操作规范

序号	伤害	安全隐患	操作规范
1	机床损坏	机床撞刀，主轴精度下降，机床损坏，甚至造成人身伤害	编写的程序必须经过指导老师审阅，输入机床后必须经过两人以上校对，经指导老师批准后才能运行
2	机床硬件与软件损坏	误操作或随意修改机床参数，损坏软件系统和硬件系统	操作机床前必须熟知每个按钮的作用以及操作注意事项必须征得指导老师同意，并在指导老师指导下方可操作机床
3	刺伤	高压空气使切屑刺破皮肤，甚至使空气进入到人体的动脉或静脉血管，造成人体器官破裂；高压冲击还会造成切屑破坏机床的密封功能和机床高精度的光滑表面	绝不要将高压气流对准人或机床的密封件。当压缩空气用于手工操作机床时，最好设置挡板，以免伤害周围的人
4	烫伤	高温屑飞出，伤及身体和眼睛	切削加工时务必关好机床安全防护门，并穿戴工作服和工作帽
5	划伤	锋利的刀具或铁屑会划伤手臂	不要用手减速或制动正在旋转的工件，要用切屑钩清除铁屑，不能用手拉铁屑

二、数控实习安全操作规则

1）严禁在未熟悉使用步骤的情况下，触摸各按钮开关。

2）严禁随意修改系统参数、擅自拆卸机器零部件。

3）严禁将刀具、量具，工件等物品堆放于工作台上。

4）学生若需操作机床，必须征得指导老师同意，并在指导老师指导下方可操作机床。

5）编写程序必须经过指导老师审阅，输入机床后必须经过两人以上校对，并经指导老师批准后才能运行。

6）操作时不得离开机床，遇到紧急情况，立刻按下急停按钮并保持现场，待有关人员检查。

7）电源发生异常应及时切断主电源。

8）机床出现故障时必须及时向主管部门汇报，不得擅自拆卸维修。

9）严禁戴手套操作机床，以免造成人身事故。

10）机床完全停止前不得触摸运动部件及拆卸加工零件。

11）实习结束后，必须切断电源，擦拭机床并加油润滑，打扫地面。

内容二　项目实例

本节主要以 FANUC 数控系统为例，介绍数控仿真操作和数控机床的操作方法。其目的为：

1）通过对典型零件的仿真加工训练，熟悉数控机床的操作加工技术。

2）通过仿真软件操作训练，熟悉数控车床、数控铣床的手工编程方法。

3）掌握 FANUC 系统数控车床、数控铣床的基本操作技能。并能熟练完成典型零件的数控加工。

项目一　数控车仿真加工操作

一、操作条件

1）加工零件，轴类零件如图 10-1 所示。

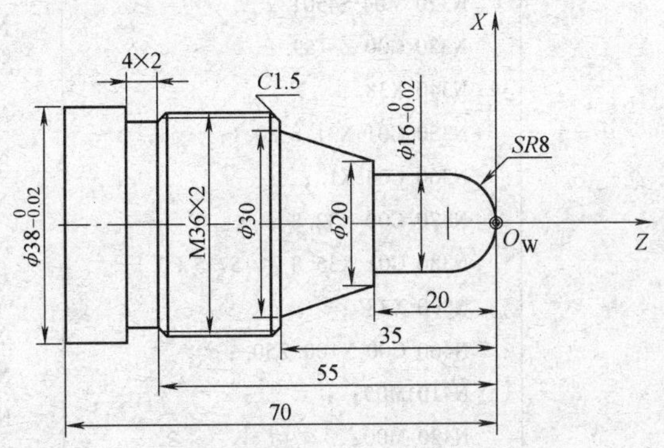

图 10-1　轴类零件

2）设备。装有上海宇龙数控加工仿真 4.0 版本软件的计算机。

3）毛坯尺寸 $\phi40\times150$mm。

4）夹具：三爪自定心卡盘。

5）刀具：根据工序选择刀具，见表 10-2。

6）参考程序 O1111 见表 10-3。

表 10-2　轴类零件加工工序及刀具

序号	工序	刀具	刀具号	刀具补偿地址号
1	粗车外轮廓	93°外圆粗车刀（55°刀片）	T01	01
2	精车外轮廓	93°外圆精车刀（35°刀片）	T02	02
3	割槽	外割刀（宽 5mm）	T03	03
4	车螺纹	60°外螺纹刀	T04	04

二、基本要求

根据操作条件，在仿真系统上完成零件加工。

三、操作步骤

(1) 进入仿真系统　单击 Windows“开始”→“所有程序”→“数控加工仿真系统”

→“加密锁管理程序”→“数控加工仿真系统”→“快速登录”进入仿真系统，如图 10-2 所示。

表 10-3 轴类零件参考程序

O1111	N220 T0202；	N420 T0404；
N10 T0101；	N230 M04 S1000；	N430 M04 S350；
N20 M04 S800；	N240 G42 G00 Z2.；	N440 G00 Z-30.；
N30 G00 Z2.；	N250 X42.；	N450 X38.；
N40 X42.；	N260 G70 P70 Q170；	N460 G92 X35. Z-57. F2.；
N50 G71 U1. W0 R0.5；	N270 G42 G00 X100. Z50.；	N470 X34.3；
N60 G71 P70 Q170 U0.4 W0.2 F0.3；	N280 M05；	N480 X33.8；
N70 G00 X0 F0.15；	N290 M00；	N490 X33.5；
N80 Z0；	N300 T0200	N500 X33.4；
N90 G03 X16. Z-8. R8.；	N310 T0303；	N510 G00 X100. Z50.；
N100 G01 Z-20.；	N320 M04 S450；	N520 M05；
N110 X20.；	N330 G00 Z-59.；	N530 M00；
N120 G01 X30. Z-35.；	N340 X38.；	N540 T0400；
N130 X32.8；	N350 G01 X31.8 F0.1；	N55 T0303
N140 X35.8 Z-36.5；	N360 G04 X1.；	N560 M04 S450；
N150 Z-60.；	N370 G00 X32.8；	N570 G00 Z-74.；
N160 X38.；	N380 G01 X35.8 Z-57.5 F0.1；	N580 X40.；
N175 Z-74.；	N390 X38.；	N590 G01 X-0.5 F0.1；
N170 X42.；	N400 G00 X100. Z50.；	N600 G00 X100.；
N180 G00 X100. Z50.；	N410 M05；	N610 Z50.；
N190 T0100；	N420 M00；	N620 T0300；
N200 M05；	N430 T0300；	N630 M05；
N210 M00；		N640 M30；

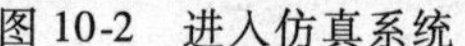

图 10-2 进入仿真系统

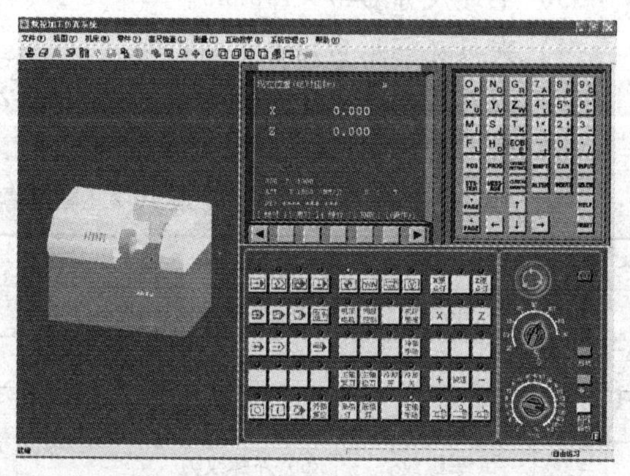

图 10-3 数控车加工仿真系统界面

（2）启动 单击仿真系统界面（图 10-3）左上角的选择机床按钮，按图 10-4 所示选择需要的机床类型；然后单击释放按钮→单击按钮，这时界面上“机床电机”与“伺服控制”指示灯亮。

（3）回零　如图 10-3 所示，单击按钮→单击或按钮→单击按钮→完成回零操作，和指示灯亮。

（4）定义毛坯　单击图 10-3 系统界面左上方按钮，按照图 10-5 参数填写。

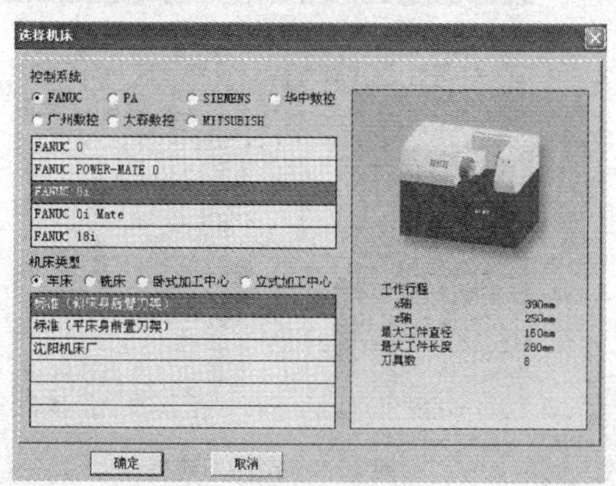

图 10-4　选择机床

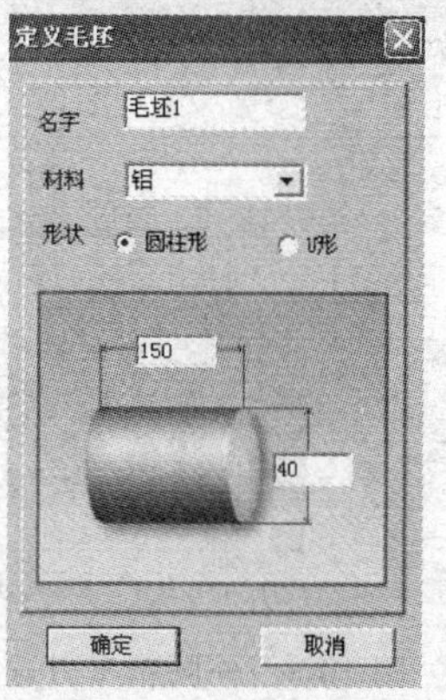

图 10-5　定义毛坯

（5）放置零件　单击界面左上方按钮，按照图 10-6 参数选择并按“确定”放置零件。

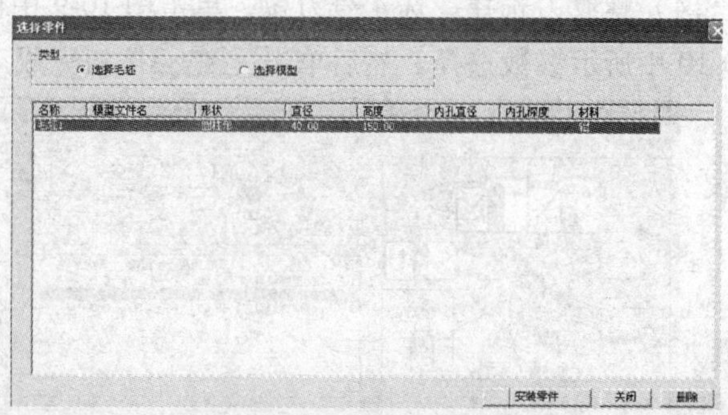

图 10-6　放置零件

（6）选择安装刀具　单击仿真系统操作界面（图 10-3）左上方刀具选择按钮，结果如图 10-7a 所示。注意，首先要选刀位，然后再选刀具。

1）外圆粗车刀选择。选 1 号刀位，单击按钮、按钮和“序号 2”、“刀尖半径 0.4”，如图 10-7b 所示。

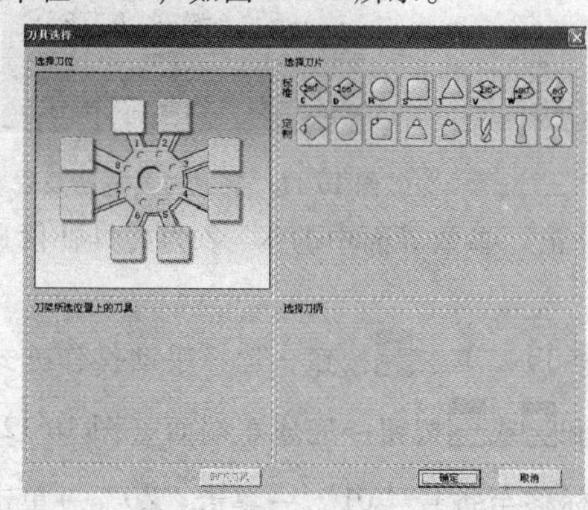

a)

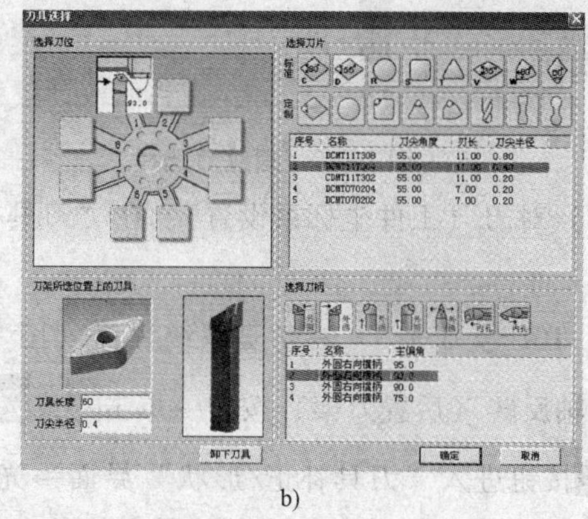

b)

图 10-7　外圆粗车刀选择

2）外圆精车刀选择。选 2 号刀位，单击图 10-7b 中的按钮→单击按钮→按图 10-8

中所示参数选择。

3）切槽刀选择。选 3 号刀位，单击图 10-8 中的刀位按钮→单击按钮→按图 10-9 中所示参数选择。

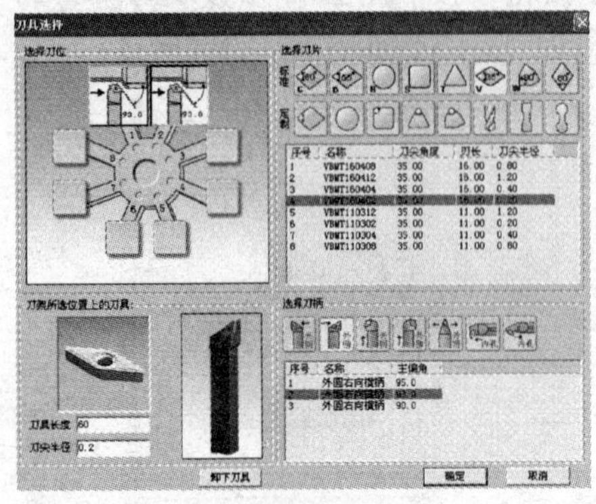

图 10-8　外圆精车刀选择

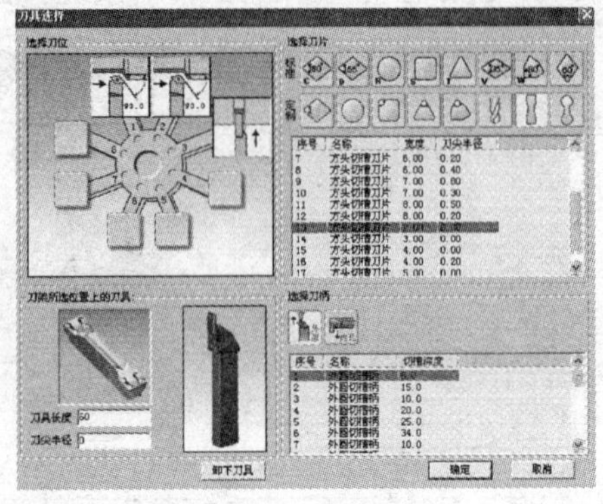

图 10-9　割断刀选择

4）螺纹刀选择。选 4 号刀位，单击图 10-9 中的刀位按钮→单击按钮→按图 10-10 中所示参数选择。然后单击 确定 按钮完成刀具选择及安装，如图 10-11 所示。

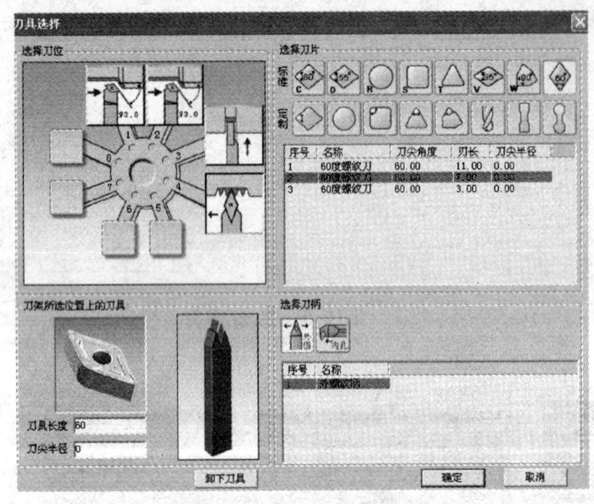

图 10-10　螺纹刀选择

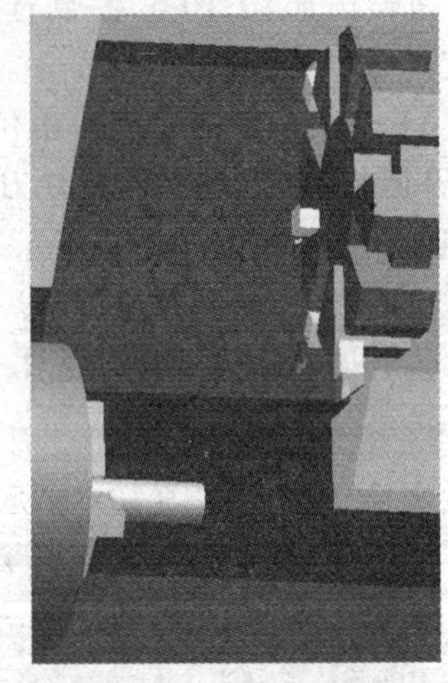

图 10-11　完成刀具选择及安装

（7）对刀（工件坐标系设置）。在“刀具补正”参数界面中的 X、Z 为刀具补偿量设定值。

1）T01 号刀对刀。在仿真系统界面（图 10-3），单击按钮，选择手动操作方式→单击主轴反转（后置刀架）按钮→单击 X 或 Z 和 + 或 - 按钮→完成车端面（图 10-12a）→单击 OFFSET SETTING 按钮进入“刀具补正/形状”界面→光标移至番号“01”→单击“Z0”→单击软键［测量］→工件坐标系中的 Z 向的零点偏置自动输入刀具补偿地址号“01”→页面如图 10-12b 所示。

单击 X 或 Z 和 + 或 - 按钮完成车外圆（图 10-12c）→单击主轴停按钮→单击仿真系

统界面（图 10-3）工具栏中“测量→剖面图测量”→测量并记录所车的直径值（图 10-13）→退出测量，返回“刀具补正”界面，光标移至补偿地址号→“01”→按“X 输入直径值”，如“X37.633”→单击软键［测量］→工件坐标系中的 X 向的零点偏置自动输入刀具补偿地址号“01”→页面如图 10-12d 所示。

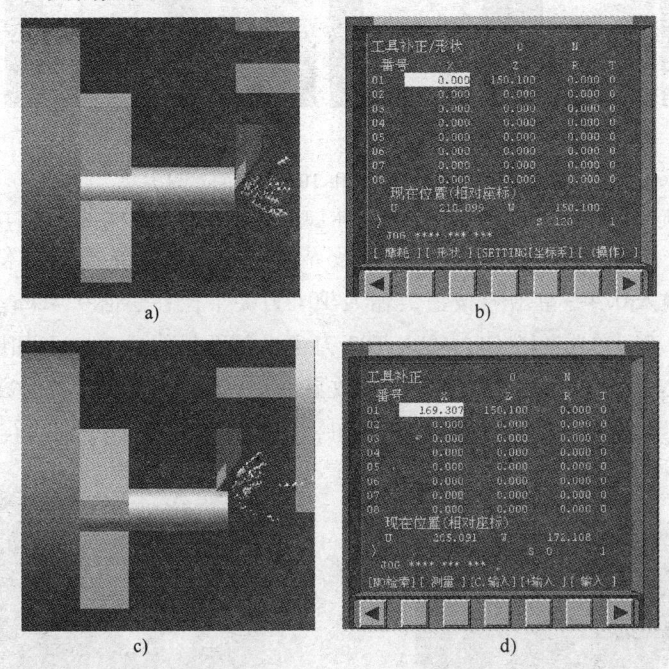

a)　b)　c)　d)

图 10-12　对 T01 外圆粗车刀

a）T01 车端面　b）输入 T01 的补偿值 Z　c）车外圆　d）输入 T01 的补偿值 X

2）T02、T03 和 T04 号刀的对刀方法

① 换刀方法。MDI 方式→单击按钮→输入刀具号（如 T0200）→单击程序结束符→单击插入按钮→单击系统界面下方的循环启动按钮，完成换刀工作。

② 对刀方法。外圆精车刀 T02、割刀 T03 和螺纹刀 T04 的对刀方法与上述 T01 对刀方法相同，但要注意，上述三把刀对刀时不是车端面和车外圆，而是分别碰或对准第一把刀（T01）车出的端面和外圆，如图 10-14 所示。然后将所对刀的 Z 向和 X 向的刀具补偿数值分别输入到与所对刀号相对应的番号“02”、“03”、“04”的

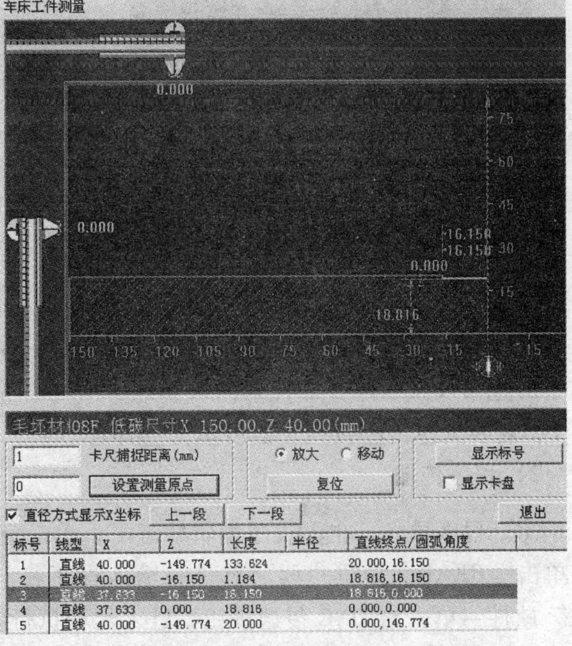

图 10-13　零件测量

X、Z 位置上，如图 10-15 所示。

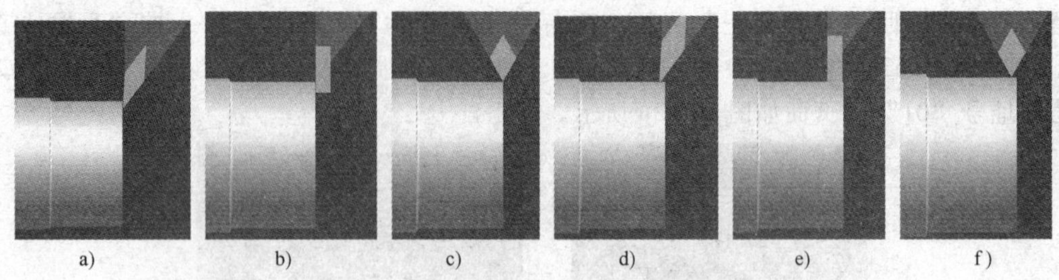

a) b) c) d) e) f)

图 10-14 T02、T03 和 T04 号刀的对刀方法

a）T02 碰端面 b）T03 碰端面 c）T04 对准端面 d）T02 碰外圆 e）T03 碰外圆 f）T04 碰外圆

③ 刀尖半径补偿。在“刀具补正”参数界面中的 R 为刀尖半径补偿值。将光标分别移至番号“01”输入 0.4→单击按钮，输入 T01 刀尖半径补偿值 0.4mm；将光标分别移至番号“02”输入 0.2→单击按钮，输入 T02 刀尖半径补偿值 0.2mm，如图 10-15 所示。

④ 刀尖方位输入。在“刀具补正”参数界面中的 T 为假想刀尖的方位数。T01，T02 刀具的方位为“3”，故输入“3”，单击按钮，如图 10-15 所示。

图 10-15 设置刀具补偿参数

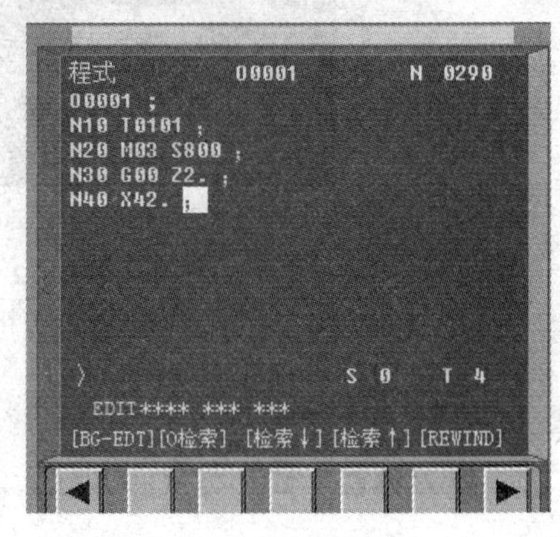

图 10-16 程序输入

（8）程序输入

1）键盘输入。单击系统界面程序按钮→单击按钮，在编辑状态下输入 O1111 →单击插入按钮→单击程序结束符按钮，程序名被输入，结果如图 10-16 所示，如此逐段将程序输入。如果程序输入错误可以把光标移至要删除或修改的位置，单击删除按钮或单击修改按钮即可将其删除或修改。对于双字母键，可用按钮转换，例如要输入字母 P，就要先单击按钮，然后单击即可。

2）程序传输

① 程序导入。在程序编辑状态下，单击按钮→单击［操作］按钮→单击按钮→单击［READ］按钮“读”软件→输入程序名，如“O1111”→单击［EXEC］按钮“执行”软件→单击 DNC 传送按钮，进入远程执行状态→进入程序目录，选择所需传送的程序名→单击 打开(O) 按钮→程序出现在机床页面上，如图 10-17 所示。

注意，导入的程序一定要保存为文本文件（. txt 文件），且不要保存在电脑桌面上。

② 程序输出。在程序编辑状态下，单击按钮→单击［操作］按钮→单击按钮→单击［PUNCH］按钮→输入程序名→单击按钮，程序输出，存入 FANUC 的程序目录下。

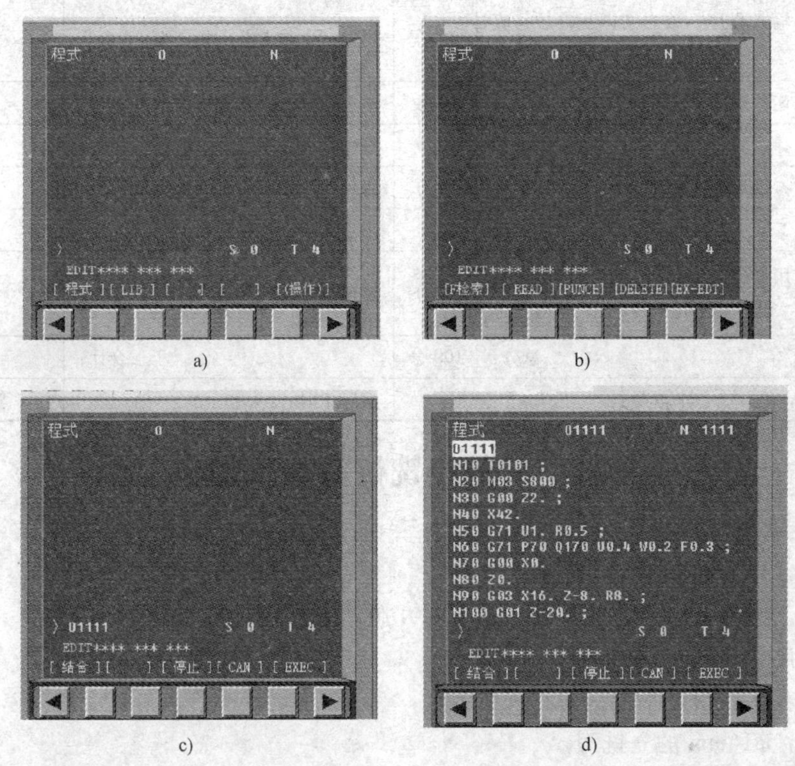

图 10-17　程序导入步骤

（9）轨迹显示　单击图 10-3 系统界面中的自动运行按钮→单击按钮→单击循环启动按钮，并单击按钮，仿真轨迹显示结果如图 10-18 所示。再次单击按钮，可以切换回机床界面。

（10）仿真加工　机床回零→单击图 10-3 系统界面自动运行按钮→单击循环启动按钮，仿真加工结果如图 10-19 所示。

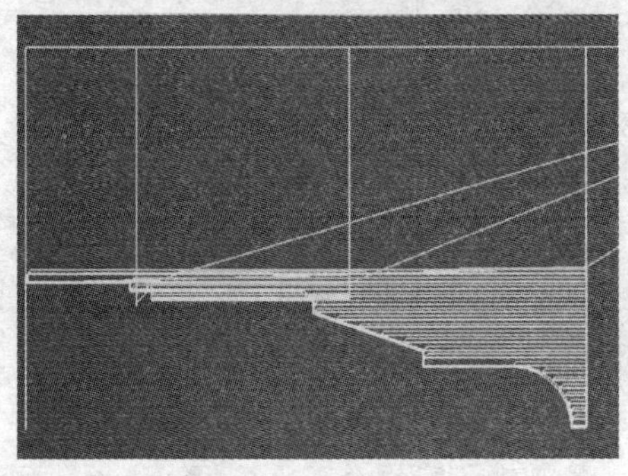

图 10-18　轨迹显示

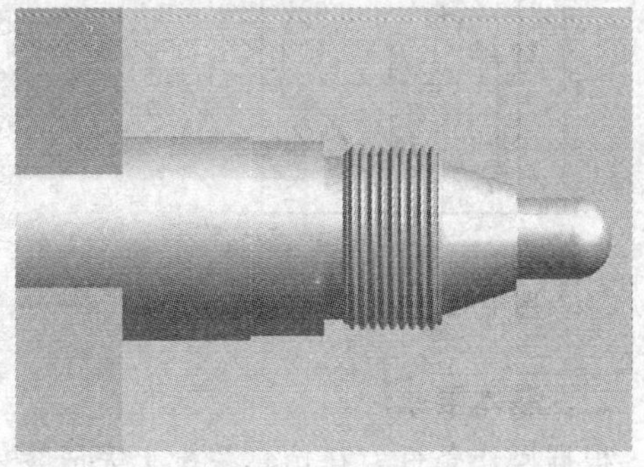

图 10-19　仿真加工

四、评分标准（表10-4）

表10-4 数控车仿真加工操作评分表

序号	项目与技术要求	配分	评分标准	扣分	得分
1	熟练操作仿真软件	10分	根据具体情况酌情扣分		
2	能正确输入程序、独立调试程序、仿真轨迹正确	40分	提示一次扣5分，扣完为止		
3	定义毛坯、工件装夹正确	10分	每项5分，不符合要求全扣		
4	刀具选择、安装正确	10分	每项5分，不符合要求全扣		
5	对刀、参数设置正确	10分	每项5分，不符合要求全扣		
6	仿真加工尺寸 $\phi16_{-0.02}^{\ 0}$mm 和 $\phi18_{-0.02}^{\ 0}$mm	10分	每项5分，不符合要求全扣		
7	电脑使用操作无误，自觉遵守机房规章制度	10分	违反规定酌情扣分		
	总分：	100分	合计：		
学生姓名：	学号：		实际工时：	教师签字：	

项目二 数控铣仿真加工操作

一、操作条件

1）加工零件，如图10-20所示。

2）设备：装有上海宇龙数控加工仿真4.0版本软件的计算机。

3）毛坯尺寸60mm×60mm×100mm。

4）夹具：平口钳。

5）刀具：ϕ16mm的立铣刀。

6）程序O1234见表10-5。

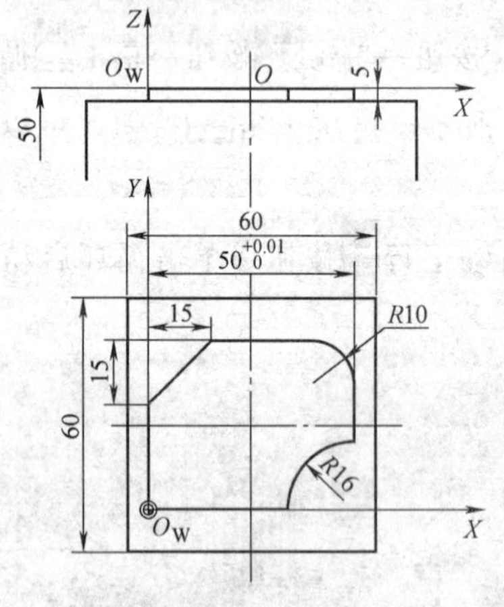

图10-20 圆弧规轮廓

表10-5 圆弧规轮廓参考程序

```
O1234                          N100 X15. Y40. ;
N10 G54;                       N110 X40. ;
N20 M03 S1000;                 N120 G02 X50. Y30. R10. ;
N30 G00 Z50. M08;              N130 G01 Y16. ;
N40 G00 X0 Y0                  N140 G03 X34. Y0. R16. ;
N50 X-30. Y-30. ;              N150 G01 X-10. ;
N60 Z5. ;                      N160 G40 X-30. Y-30. ;
N70 G01 Z-5. F100;             N170 G00 Z50. M09;
N80 G41 G01 X0. Y-10. D01;     N180 M05;
N90 G01 Y25. ;                 N190 M30;
```

二、基本要求

根据操作条件，在仿真系统上完成零件加工。

三、操作步骤

（1）启动　启动上海宇龙数控加工仿真软件，单击界面左上角的选择机床按钮，按图 10-21 所示选择需要的机床类型，进入铣床仿真系统界面，如图 10-22 所示。然后单击释放按钮→单击按钮，这时界面上“机床电机”与“伺服控制”指示灯亮，即。

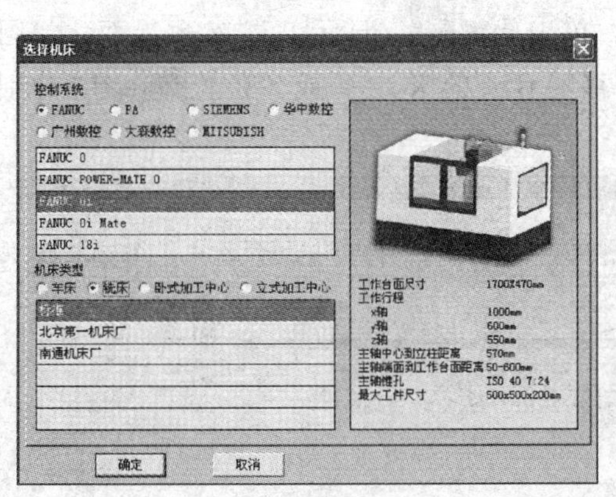

图 10-21　选择机床

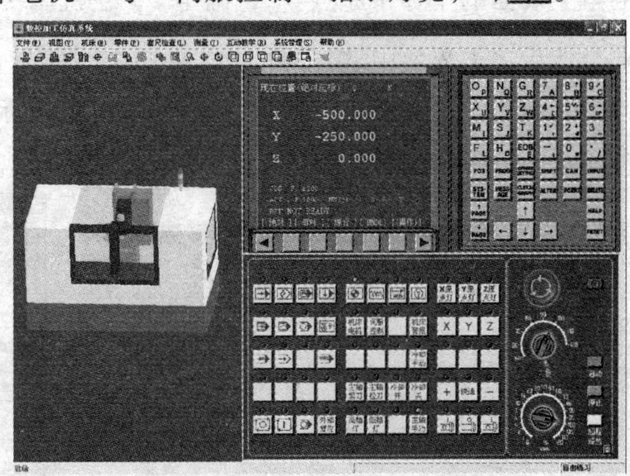

图 10-22　数控加工仿真系统界面

（2）回零　单击按钮→单击按钮、按钮和按钮→单击按钮，完成回零操作，指示灯亮，机床位于零位。

（3）安装工件及刀具

1）定义毛坯。单击系统界面左上角定义毛坯按钮，按照图 10-23 参数填写。

2）选择夹具。单击系统界面左上角夹具按钮，按照图 10-24 参数选择。

3）放置零件。单击界面左上方按钮，按照图 10-25 参数选择。

4）选择并安装刀具。单击界面左上方按钮，按照图 10-26 参数选择。

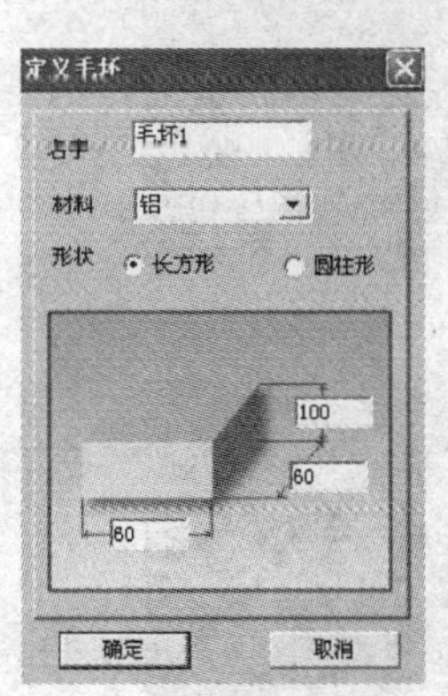

图 10-23　定义毛坯

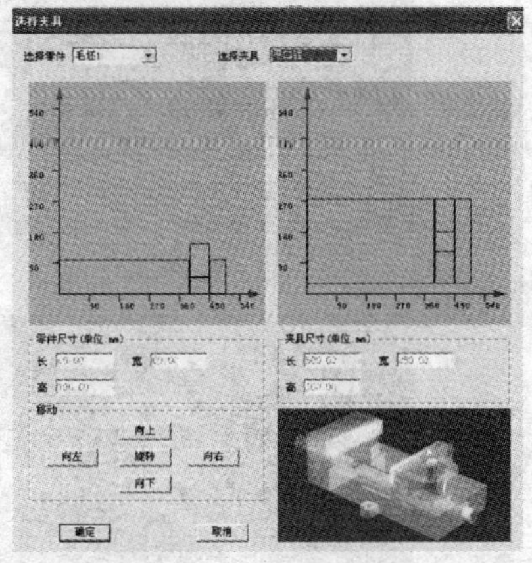

图 10-24　选择夹具

（4）工件坐标系设置及刀具半径补偿设置

1）显示机床坐标。如图 10-22 所示，单击手动按钮→单击按钮，结果如图 10-27a 所示，然后单击图 10-22a 中的软键［综合］（按钮），显示机床坐标，如图 10-27b 所示。

2）对刀。单击菜单“视图/选项”，将机床罩壳移开；机床回零操作后，单击系统界面下方的“主轴手动”按钮→单击按钮，使主轴正转，单击按钮或按钮或按钮→单击按钮，并通过单击按钮和按钮，不断调整刀的位置，找到立铣刀中心在工件左下角上表面的坐标系原点 O_W，确定 O_W 在机床坐标系下的坐标 X、Y 和 Z 值，并分别记录下来。然后单击界面中按钮，如图 10-27c 所示，单击软键，显示 G54 参数界面，如图 10-27d 所示，通过单击按钮或按钮，把光标移至 G54 的 X 或 Y 或 Z 位置，分别将记录的值单击按钮输入，如图 10-27d 所示。

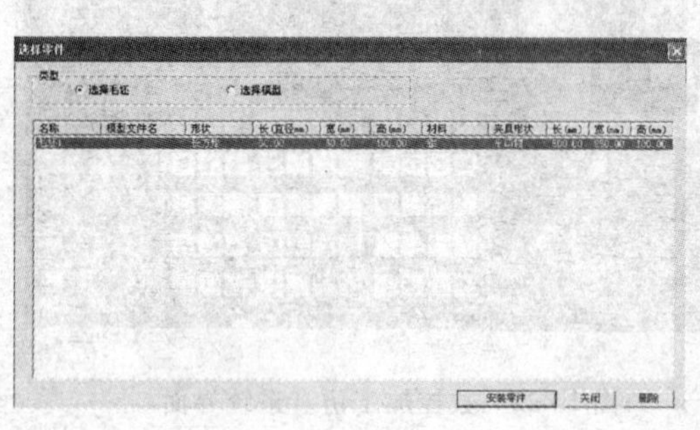

图 10-25　放置零件

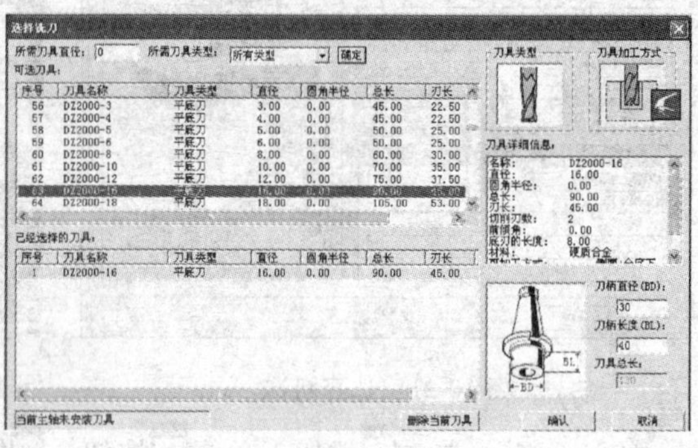

图 10-26　选择刀具

3）刀具半径补偿。单击图 10-27d 中的按钮，进入刀具补偿界面，如图 10-27c 所示，并移动光标至图中“形状（D）”的位置，输入刀具半径补偿值 8. 0mm。

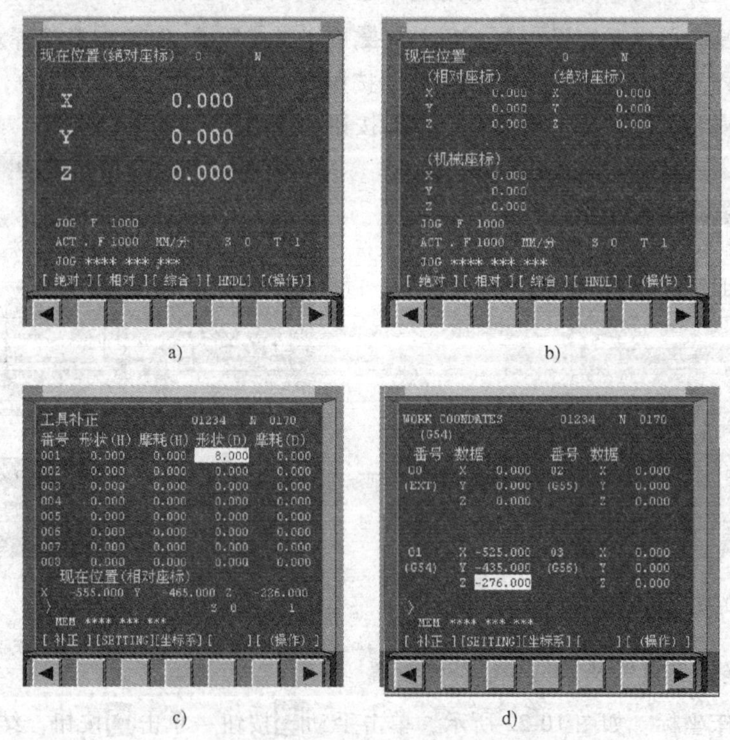

图 10-27　对刀

（5）程序输入　与数控车床仿真加工的程序输入方法相同。

（6）轨迹显示　单击系统界面中的自动运行按钮→单击按钮，进入图形显示界面→单击左下方的循环启动按钮，并单击按钮，仿真轨迹显示结果如图 10-28 所示。再次单击按钮可以返回到机床加工界面。

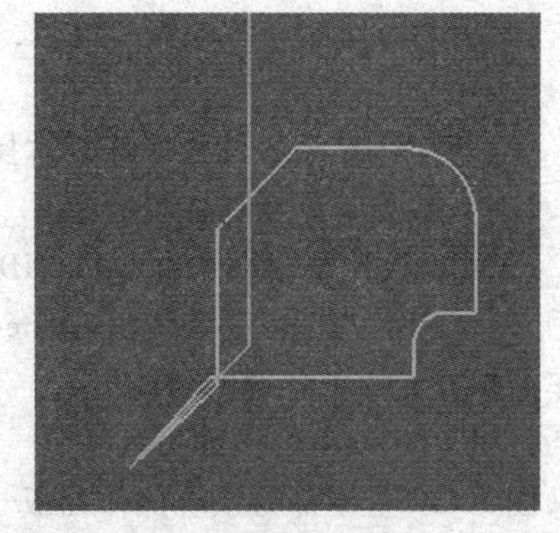

图 10-28　轨迹显示

（7）仿真加工　机床回零后，单击系统界面自动运行按钮→单击左下方的循环启动按钮，得到仿真加工的结果如图 10-29 所示。

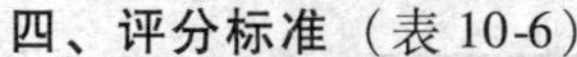

四、评分标准（表 10-6）

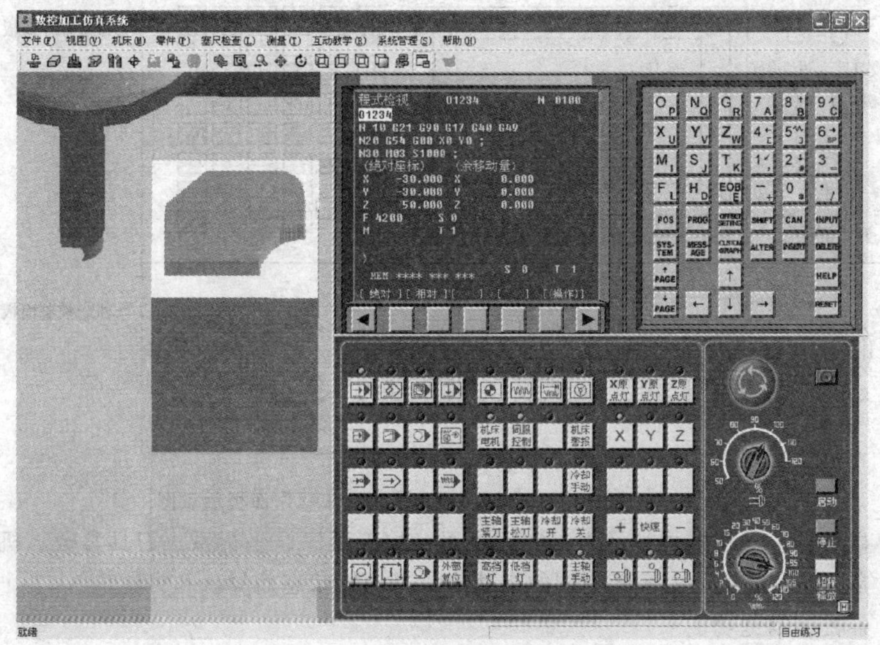

图 10-29　仿真加工

表 10-6　数控铣仿真加工操作评分表

序号	项目与技术要求	配分	评分标准	扣分	得分
	熟练操作仿真软件	10 分	根据具体情况酌情扣分		
1	正确输入程序，能独立调试程序	20 分	提示一次扣 5 分，扣完为止		
2	仿真轨迹正确（不加刀补，加刀补）	10 分	每项 5 分，不符合要求全扣		
	定义毛坯、工件装夹正确	10 分	每项 5 分，不符合要求全扣		
	刀具选择、安装正确	10 分	每项 5 分，不符合要求全扣		
3	对刀、参数设置正确	20 分	每项 5 分，不符合要求全扣		
	仿真加工正确	10 分	根据具体情况酌情扣分		
4	电脑使用操作无误，自觉遵守机房规章制度	10 分	违反规定酌情扣分		
	总分：	100 分	合计：		
学生姓名：	学号：		实际工时：	教师签字：	

项目三　数控车床加工操作

一、FANUC 系统数控车床基本操作

（一）数控车床操作面板介绍

FANUC 数控车床操作由 CRT/MDI 系统操作面板和机床控制面板两部分组成，如图 10-30 所示。下面以配套 FANUC Oi Mate-TB 数控系统的 CK6136H 数控车床为例，简要介绍数控车床操作面板上各键的功能。

1. CRT/MDI 系统操作面板

图 10-30 上半部为系统操作面板（即 CRT/MDI），其主要由一个显示器（CRT）和操作键盘（MDI）组成。

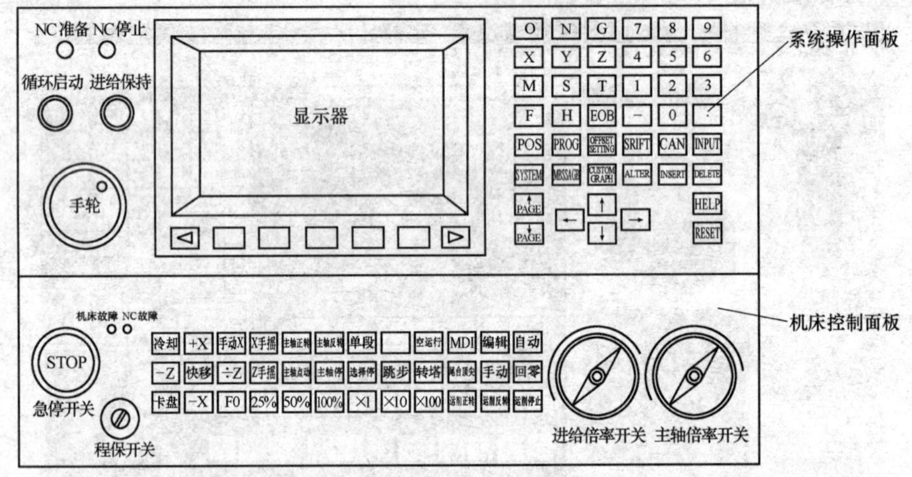

图 10-30　FANUC Oi Mate－TB 数控机床操作面板示意图

（1）显示器　显示器可显示刀具实际位置、加工程序、坐标系、刀具参数、机床参数、报警信息等。显示器显示内容随不同的主功能、子功能状态而异。

（2）各类控制键功能

1）启动开关。①循环启动按钮（绿色键），用于在自动方式或 MDI 方式下启动程序执行，在自动方式下按下循环启动按钮，程序自动运行，并且开关上指示灯亮。②进给保持按钮（红色键），当按下进给保持按钮时，程序暂停，指示灯亮，此时只要再按一下循环启动按钮，程序继续执行。在急停或复位情况下，程序复位，指示灯灭。

2）其他各类控制键的功能见表 10-7。

表 10-7　各类控制键操作说明

名称		说　明
RESET（复位键）		CNC 系统复位，以消除报警
HELP（帮助键）		用来显示如何操作机床，如 MDI 间的操作。可在 CNC 发生报警时提供报警详细信息
地址和数字键		用来输入字母、数字以及其他字符
程序编辑键	ALTER	替换当前字符
	INSERT	插入字符
	DELETE	删除整段程序

（续）

名称		说明
CNC（取消键）		删除已输入到输入缓冲器中的最后一个字符或符号。如，当显示输入缓冲器数据 > N10X100Z_ 时，单击 CNC 键，则字符 Z 被取消，并显示 > N10X100
INPUT（输入键）		把数据输入到寄存器中
EOB		程序段结束符，并换行
功能键	POS	地址功能键，显示当前机床（刀具）的位置
	PROG	显示程序画面
OFFSET OFFSETTING		显示刀偏/设定画面
SYSTEM		显示系统画面
MESSAGE		显示信息画面
GRAPH		显示图形画面，模拟演示刀具运行轨迹
CUSTOM		按此键显示用户宏画面（会话式宏画面）

2. 控制面板

图 10-30 下半部分为数控机床控制面板，其各功能键与旋钮的功能见表 10-8。

表 10-8　各功能键与旋钮的功能

名称	功　能
MDI	手动数据输入方式
编辑	编辑工件加工程序文件
自动	程序自动运行方式
手动	手动进行 X、Z 向的连续移动，可以快速移动
回零	机床回零
X 手摇、Z 手摇	用手轮来控制 X 向、Z 向移动
机床锁住	执行加工程序时，机床不移动但显示器上的各轴位置随程序运行在变化
单段	程序每执行一段就暂停，按循环启动开关，程序又执行下一段
空运行	没有装夹工件，机床为空运行，该功能是为了检验机床的空运行情况。当快速移动开关有效时，机床以最大进给倍率对应的进给速度运行。当快速移动开关无效时，机床以切削速度运行
跳步	当程序执行到前面有“/”的程序时，程序就跳过这一段
转塔	手动换刀开关。只在手动方式下有效。在手动方式下，一直按着转塔开关，刀架电动机就一直朝着正方向旋转；当放开开关时，刀架就在当前位置停下并反向锁定，换刀结束
25%、50%、100%（进给倍率）	刀具的进给是按程序中指定的进给量乘以相应的进给倍率运行
×1、×10、×100（手轮倍率）	在手摇方式下，通过选择手轮倍率来控制机床移动速度；在增量进给方式下，通过此三个档位开关来控制机床在“+X”、“-X”、“+Z”、“-Z”方向的进给量（×1、×10、×100 对应进给当量分为 0.001、0.01、0.1）
STOP	机床遇到紧急情况时，按下 STOP，机床紧急停止，主轴也立刻制动
KEY	开关打开，加工程序可以进行编辑，参数可以修改；开关关闭，程序和参数得到保护，不能修改

二、数控车床操作要点

1. 开机

接通机床电源→接通机床控制面板上的电源→系统自检，自检结束后进入待机状态，可进行正常工作。

2. 回零（回参考点）

单击“回零”按钮→单击“+Z”按钮→单击“+X”按钮→回零指示灯亮，完成回零操作。

注意事项：

1）系统通电后，必须回参考点，如发生意外而按下急停按钮，也必须重新回一次参考点。

2）注意在回参考点前，应将刀架移到减速开关和负限位开关之间，以便机床在返回参考点时不会超程报警。

3）为保证安全，防止刀架与尾架相撞，在回参考点时应先让 X 轴回参考点，再让 Z 轴回参考点。

3. 手动移动

手动移动机床有两种方法：①连续移动，用于较长距离的刀架移动；②手轮控制移动。

4. MDI 运行方式

在 MDI 方式下可以编制一个程序段加以执行。

操作步骤：①单击“MDI”按钮，进入 MDI 模式；②单击“PROG”按钮，进入输入程序窗口；③在数据输入行输入一个程序段，单击“EOB”按钮，再单击“INSERT”按钮确定；④单击“循环启动”按钮，立即执行输入的程序段。

5. 选择一个程序

（1）在“自动”模式下选择一个加工程序　操作步骤：①单击“自动”按钮，进入“AUTO”模式；②单击“PROG”按钮，输入搜索的号码，如 O1111；③单击“INPUT”按钮开始搜索程序，O1111 程序显示在屏幕上。

（2）在“编辑”模式下选择一个程序　操作步骤：①单击“编辑”按钮，进入编辑模式；②单击“PROG”按钮，输入搜索的号码，如 O1111；③单击“检索”按钮或“↓”按钮，开始搜索程序，O1111 程序显示在屏幕上；④也可以输入程序段号如 N100，单击“检索”软键或“↓”按钮，搜索程序段。

6. 删除一个程序

将系统中无用的程序删除，以释放系统内存空间。

操作步骤：①单击“编辑”进入“EDIT”模式；②单击“PROG”按钮，输入要删除的程序的号码，如 O0002；③单击“DELETE”，O0002 程序被删除。

7. 删除全部程序

删除系统内存中的所有程序。

操作步骤：①单击“编辑”，进入“EDIT”模式；②单击“PROG”按钮，然后输入号码 O9999；③单击“DELETE”，全部数控程序都被删除。

8. 编辑和输入一个新程序

向系统中输入一个新程序，以加工零件。

操作步骤：①单击“编辑”，进入“EDIT”模式；②单击“PROG”按钮，进入程序页面；③输入程序名O1111（不能与已有的程序名重复）；④单击“EOB”按钮，再单击“INSERT”按钮，开始程序输入；④每输完一个程序段，单击“EOB”按钮，再单击“INSERT”按钮，该程序段输入，再继续输入；⑤在编辑模式下可以通过系统操作面板上的一些编辑键进行修改、插入、替换等操作；⑥程序输入后系统会自动保存。

9. 自动加工

在自动方式下，可以执行自动加工程序，这是零件加工中通常使用的方式。

操作步骤：①单击“自动”按钮，进入“AUTO”模式，视图窗口左下角显示“MEM”；②选择要运行的程序；③在视图窗口右上角显示程序名称；单击“循环启动”按钮，程序开始运行。

10. 输入和修改零点偏置值

通过设定零点偏置值，可以修改工件坐标系的原点位置。

操作步骤：①单击“编辑”或“自动”按钮，进入EDIT或AUTO模式；②单击“OFFSET”按钮，进入参数设定页面；③单击【坐标系】软键，显示工件坐标系设定窗口；④用↓和↑按钮，在坐标系页面N01～N06之间切换，N01～N06分别对应G54～G59；⑤输入地址字（X/Z）和数值，单击“INPUT”，把内容输入到指定的位置。

11. 数控车床对刀方法

对刀就是在机床上确定刀补值或工件坐标系原点的过程。

1）X轴方向对刀。①单击“手动”或“手摇”按钮，在安全位置选择所要对的刀，单击启动主轴“正转”按钮（前置刀架），将车刀移到工件附近，然后将进给倍率调到低速挡，配合以增量进给，使刀具轻轻触碰到工件外圆或试切外圆一刀；②单击+Z按钮使刀具退出工件到合适的位置，按“停止”键，停止主轴，注意在X轴方向不能移动刀具；③测量刚才对刀处外圆的直径后，记录下来；④单击“OFFSET”按钮，进入参数设定页面；⑤单击“补正”，再单击“形状”，进入刀具补偿窗口；按↓和↑键，找到对应的补偿值番号；⑥输入“X外圆直径值”，单击“测量”，刀具在X轴方向上被设定到该刀偏置番号的偏置单元X中。

2）Z轴方向对刀。①单击启动主轴“正转”按钮，将车刀移到工件附近，然后将进给倍率调到低速挡，配合以增量进给，使刀具轻轻触碰工件右端面或试切端面一刀；②单击+X按钮，使刀具退出工件到合适的位置，单击“停止”按钮，停止主轴，注意在Z轴方向不能移动刀具；③单击“OFFSET”按钮，进入参数设定页面；④单击“补正”按钮，再单击“形状”按钮，进入刀具补偿窗口；⑤单击↓和↑按钮，找到对应的补偿值番号；⑥输入“Z0”，单击“测量”按钮，刀具在Z轴方向上，被设定到该刀偏置番号的偏置单元Z中。

到此，对刀完毕，其余刀具依同样的方法进行对刀。注意后面的刀具在对刀时，要以上述第一把刀对好的外圆和端面为基准，用刀位点碰外圆和碰（螺纹刀是对准）端面，得到各自X向和Z向的对刀结果，分别设定到各自刀偏置番号的偏置单元中。

以上方法是把工件坐标系零点建立在试切端面和工件中心线的交点处。

12. 加工尺寸调整

加工时，当有误差时，调整方法如下：单击“补正”按钮，再单击“磨耗”按钮，进入刀补窗口，设置需要调整刀具相应偏置号的刀补值。

1）U +调整量：少进，使尺寸（直径）加大（向正方向偏移）。

2）U -调整量：多进，使尺寸（直径）减小（向负方向偏移）。

3）W +调整量：使尺寸向右偏移，使尺寸加长（向正方向偏移）。

4）W -调整量：使尺寸向左偏移，使尺寸变短（向负方向偏移）。

一般来说，对 X 轴，凡是加工出的工件尺寸（直径）比要求尺寸大时，输入负的增量刀补值。凡是加工出的工件尺寸（直径）比要求尺寸小时，输入正的增量刀补值。

一般来说，对 Z 轴，凡是加工出的工件尺寸比要求尺寸长时，输入负的增量刀补值。凡是加工出的工件尺寸比要求尺寸短时，输入正的增量刀补值。

例如：T01 刀输入刀补测量之后，测量加工完成的工件的实际加工尺寸比要求的尺寸在 X 轴（直径）上大了 0.02mm，在 1 号刀补的偏置番号输入 U -0.02。

三、数控车削加工实例

1. 作业件

用配套 FANUC 系统的 CK6136H 数控车床加工如图 10-1 所示零件，材料为 LY12，毛坯尺寸 ϕ40mm × 150mm。

2. 加工工艺卡（表 10-9）

表 10-9　轴类零件加工工艺卡

零件图号	图 10-1	图 10-1　轴类零件	计划工时	1h		
机床型号	CK6136H 数控车床		毛坯材料	LY12	毛坯尺寸	ϕ40mm × 150mm

刀具		量具		夹具、工具	
T01	93°外圆粗车刀（55°刀片）	1	游标卡尺（0 ~ 150mm）	1	三爪自定心卡盘
T02	93°外圆精车刀（35°刀片）	2	千分尺（0 ~ 25mm）	2	卡盘扳手、刀架扳手、内六角扳手、螺纹对刀样板、螺距规
T03	5mm 宽外割刀	3	千分尺（25 ~ 50mm）	3	刷子、油枪
T04	60°螺纹车刀	4	金属直尺		

工序	工步	工序内容	切削用量			备注
			主轴转速 /(r/min)	进给速度 /(mm/min)	背吃刀量 /mm	
1	开机	开机回零				建立机床坐标系
2	装夹工件	用三角自定心卡盘夹工件左端，伸出长度 90mm				注意工件找正
3	装夹刀具	分别把外圆粗车刀、外圆精车刀、切槽刀和螺纹刀对应地装到刀架上				注意装刀高度和伸出长度。螺纹刀用螺纹对刀样板找正装刀
4	对刀	用试车法先对 T01 外圆粗车刀，然后以 T01 号刀的对刀面为基准，分别对出另外 3 把刀的刀偏置，并输入机床对应的刀补参数				工件坐标系原点设在右端面

（续）

工序	工步	工序内容	主轴转速/(r/min)	进给速度/(mm/min)	背吃刀量/mm	
5	程序输入	为了熟悉机床操作面板,用手工输入的方式把编好的程序输入机床				注意小数点编程
6	轨迹显示	通过轨迹显示来验证程序的正确性				注意锁住机床
7	粗加工	回零,T01 粗车各外圆、倒角、台阶和锥面,留加工余量 0.4mm;为了检查对刀是否正确,粗车前先执行单段模式	800	0.3	1	模拟轨迹之后,回零(对某些系统机床)
8	精加工	T02 外圆精车刀,精车外圆、倒角、台阶和锥面至图样要求尺寸 $\phi16_{-0.02}^{0}$mm、$\phi38_{-0.02}^{0}$mm	1000	0.15	0.5	测量并修正尺寸,调整 T02 对应的偏置单元 X
9	切槽	T03 外割刀车 5mm×2mm 槽	450	0.1	2	割刀必须与工件轴线垂直
10	粗车螺纹	T04 螺纹车刀粗车 M36×2 螺纹	350	2	2.4	分 5 刀递减车削
11	精车螺纹	T04 螺纹车刀精车 M36×2 螺纹至要求	350	2	0.1	用螺纹环规检测螺纹的正确性
12	割断	T03 外割刀割断工件,并保证总长	450	0.1		

3. 容易产生的问题和注意事项

1）操作数控机床要遵守车工实习规范。

2）机床回零操作时，为避免撞刀，务必先回 X 轴。

3）任何情况下不允许乱按操作面板上的按键，以免发生事故。

4）对于增量式测量装置的机床要注意回参考点，即

① 初次进行轨迹显示和机床加工时，务必在指导老师的指导下完成。注意看图再回零(对某些系统的机床)；

② 加工过程中如遇紧急情况需停止加工，应按急停键，解除急停后，注意要回零；

③ 如果机床超程（刀具进入禁止区域），则显示超程报警。此时，用手动，把刀具向安全方向移动，按复位按钮，解除报警，并回零。

5）手动对刀时，应注意选择合适的进给速度；手动换刀时，刀架距工件要有足够的转位距离，不至于发生碰撞。

6）加工结束后，关闭电源，打扫工作场地，清扫导轨、刀架、滑板等部位的切屑，擦拭干净机床，在导轨和滚珠丝杠上加润滑油。

4. 评分标准（表 10-10）

表 10-10 数控车削加工操作评分表

序号	项目与技术要求	配分	评分标准	扣分	得分
1	正确输入程序，能独立调试程序	20	提示一次扣 4 分		
2	工件装夹、刀具选择和安装	10	每项 5 分，不符合全扣		
3	对刀及参数设置正确（4 把刀）	20 分	每把刀 5 分，不符合要求全扣		

（续）

序号	项目与技术要求	配分	评分标准	扣分	得分
4	外圆尺寸 $\phi16_{-0.02}^{0}$mm	15分	超差0.01扣3分，扣完为止		
5	外圆尺寸 $\phi38_{-0.02}^{0}$mm	15分	超差0.01扣3分，扣完为止		
6	螺纹 M36×2 正确	10分	根据具体情况酌情扣分		
7	机床操作无误，自觉遵守车间规章制度	10分	违反规定酌情扣分		
	总分：	100分	合计：		
学生姓名：	学号：		实际工时：	教师签字：	

项目四　数控铣床加工操作

一、FANUC 系统数控铣床基本操作

配套 FANUC Oi Mate-TB 数控系统的 XK7136 数控铣床，操作面板及操作要领与数控车床基本相同，具体可参考项目三中对应的内容。

二、数控铣削加工实例

1. 作业件

用配套 FANUC 数控系统的 XK7136 数控铣床铣削圆弧规轮廓，如图 10-31 所示。刀具：ϕ16mm 立铣刀，毛坯尺寸：ϕ80mm×50mm，材料为 LY12。

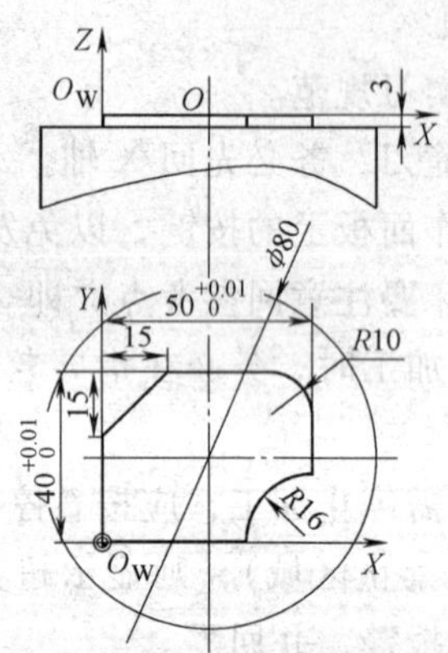

图 10-31　圆弧规轮廓

2. 加工工艺卡（表 10-11）

表 10-11　圆弧规轮廓加工工艺卡

零件图号	图 10-31	项目四　圆弧规轮廓		机床型号	XK7136 数控铣床		
计划工时	1h			毛坯材料	LY12	毛坯尺寸	ϕ80mm×50mm
刀具、夹具、工具表				量具			
1	ϕ16mm 立铣刀	4	三爪自定心卡盘	1	游标卡尺(0~150mm)		
2	磁性底座	5	Y形扳手、月牙扳手	2	塞尺		
3	橡皮锤	6	毛刷、油枪	3	百分表		

（续）

工序	工步	工序内容	切削用量			备　注
			主轴转速/(r/min)	进给速度/(mm/min)	背吃刀量/mm	
1. 加工前准备	1	开机回零				建立机床坐标系
	2	装夹工件。用三爪自定心卡盘夹紧工件				注意工件找正
	3	装夹刀具。根据刀具表，把铣刀装到主轴上				注意刀具伸出弹簧夹头的长度
2. 对刀	1	X、Y 轴设置。将磁性底座装在主轴上，百分表装在磁性底座上，百分表的量杆测头垂直坯料外圆并环绕坯料，找配料中心(X,Y)坐标。不断调整机床 X 轴和 Y 轴，直至百分表环绕坯料时，指针变化在 ± 0.01 范围内，此时记录工件中心点 O 在机床坐标系下的坐标值 $O_{机}(X_{机},Y_{机})$（均为负值）。由于工件坐标原点 $O_W(X,Y)$ 在左下角（如右图），因此 $X=X_{机}+(-25)$；$Y=Y_{机}+(-20)$。拆下百分表与磁性底座				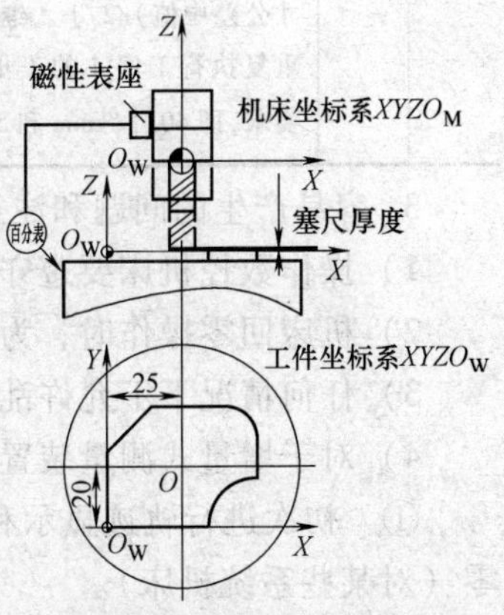
	2	Z 轴设置。将塞尺放在工件的上表面，让铣刀端刃轻碰塞尺（以抽出有阻力为宜，如右图）。记录此时的 O 点在机床坐标系下的 $Z_{机}$（为负值）。由于工件坐标系原点 O_W 的 Z 在工件的上表面，因此 $Z=Z_{机}+(-塞尺厚度)$				注意本项目工件坐标系 $O_W(X,Y,Z)$ 在工件的左下角上表面
	3	输入 G54 界面参数。将上述记录和计算得到的 $O_W(X,Y,Z)$ 的机床坐标值，分别输入到 G54 界面中的 X \Y\Z 位置上				
3.	1	刀具半径补偿设置。在刀具补偿输入界面，输入粗加工的 $D_{01}=8.1$mm（放余量 0.1mm）				注意粗加工前放余量。如单边放余量 0.1mm，即大于刀具半径真实值 0.1mm，所以 $D_{01}=8.1$mm
4. 程序输入及程序校验	1	输入程序。为了熟悉机床操作面板，用手工输入的方式把编好的程序输入机床				注意有些机床设置为小数点编程
	2	轨迹显示。通过轨迹模拟显示来验证程序的正确性				注意机床锁住，可在空运行状态下模拟

（续）

工序	工步	工序内容	切削用量			备　注
			主轴转速/(r/min)	进给速度/(mm/min)	背吃刀量/mm	
5. 自动加工	1	粗加工。取消“机床锁住”及“空运行状态”，“回零”以后，再单击“循环启动”按钮自动粗加工。为了检查对刀是否正确，粗加工前先执行单段模式，确定无误后再自动连续进给	1000	100	5	加工前注意调整合适的进给倍率
	2	精加工。根据粗加工后的测量结果，修改刀具半径补偿值 D_{01}。可按下式计算精铣的刀具半径补偿修正值：$D_{精}=D_{粗}-\|(实际测量尺寸-图样尺寸公差中值)/2\|$。继续自动连续加工，重复执行工序 4 的工步 2，直到达到图样要求，即 $40^{+0.01}_{0}$mm 和 $50^{+0.01}_{0}$mm	1000	100	5	工件深度尺寸可修改 G54 中的 Z（Z_{G54}）：$Z_{G54精}=Z_{G54粗}-(H_{图样尺寸}-H_{测量尺寸})$ $H_{图样尺寸}$为图样深度 $H_{测量尺寸}$为测量深度

3. 容易产生的问题和注意事项

1）操作数控机床要遵守铣工实习规范。

2）机床回零操作时，为避免撞刀，务必先回 Z 轴。

3）任何情况下不允许乱按操作面板上的按键，以免发生事故。

4）对于增量式测量装置的机床要注意回参考点，即

① 初次进行轨迹显示和机床加工时，务必在指导老师的指导下完成。注意看图以后回零（对某些系统机床）。

② 加工过程中如遇紧急情况需停止加工，应单击急停键，解除急停后，注意要回零。

③ 如果机床超程（刀具进入禁止区域），则显示超程报警。此时，用手动，把刀具向安全方向移动，按复位按钮，解除报警，并回零。

5）加工结束后，关闭电源，打扫工作场地，清扫导轨、刀架、滑板等部位切屑，擦拭干净机床，在导轨和滚珠丝杠上加润滑油。

4. 评分标准

表 10-12　圆弧规轮廓评分表

序号	项目与技术要求	配分	评分标准	扣分	得分
1	正确输入程序，能独立调试程序	20 分	提示一次扣 4 分，扣完为止		
2	工件装夹、刀具选择安装、参数设置正确	18 分	每项 6 分，不符合要求全扣		
3	尺寸 $40^{+0.01}_{0}$mm	20 分	超差 0.01mm 扣 4 分，扣完为止		
4	尺寸 $50^{+0.01}_{0}$mm	20 分	超差 0.01mm 扣 4 分，扣完为止		
5	其他尺寸（4 处）	12 分	每处 3 分，不符合要求全扣		
6	机床操作无误，自觉遵守车间规章制度	10 分	违反规定酌情扣分		
7	总分：	100 分	合计：		
学生姓名：	学号：		实际工时：	教师签字：	

5. 关于对刀的思考

如果毛坯是方料（尺寸为 60mm×60mm×50mm），加工图 10-31 所示的圆弧规轮廓，要求零件轮廓在毛坯的中间，应如何对刀。工件坐标系原点 O_W 设置位置如图 10-32a 所示。

方法一：

1）X 轴对刀。如图 10-32a 所示，在手轮方式下使刀具置于工件左侧，并在工件与刀具之间放置塞尺，调整手轮倍率至最低档，使切削刃轻碰塞尺，以塞尺抽出受阻为宜，记下此时的机床坐标 $X_{机}$（为负值）。

2）Y 轴对刀。如图 10-32a 所示，在手轮方式下使刀具置于工件的前侧，并在工件与刀具之间放置塞尺，调整手轮倍率至最低档，使切削刃轻碰塞尺，以塞尺抽出受阻为宜，记下此时的机床坐标 $Y_{机}$（为负值）。

3）Z 轴对刀。如图 10-32a 所示，在手轮方式下使刀具置于工件的上侧，并在工件与刀具之间放置塞尺，调整手轮倍率至最低档，使切削刃轻碰塞尺，以塞尺抽出受阻为宜，记下此时的机床坐标 $Z_{机}$（为负值）。

4）计算工件坐标系 O_W 在机床坐标系下的坐标。

由于工件坐标系 O_W 的 X 向距毛坯左侧边距 $a=5\text{mm}$，Y 向距毛坯前侧边距 $b=10\text{mm}$，刀具半径 $R=8\text{mm}$，塞尺厚 $\delta=0.2\text{mm}$。因此工件坐标系 X、Y 坐标为：

$X=X_{机}+(R+\delta+a)=X_{机}+8\text{mm}+0.2\text{mm}+5\text{mm}=X_{机}+13.2\text{mm}$

$Y=Y_{机}+(R+\delta+b)=X_{机}+8\text{mm}+0.2\text{mm}+10\text{mm}=X_{机}+18.2\text{mm}$

$Z=Z_{机}+(-\delta)=Z_{机}-0.2\text{mm}$

5）输入 G54。计算出的 O_W（X，Y，Z）分别用“INPUT”输入到 G54 界面中的 X \ Y \ Z 位置上。

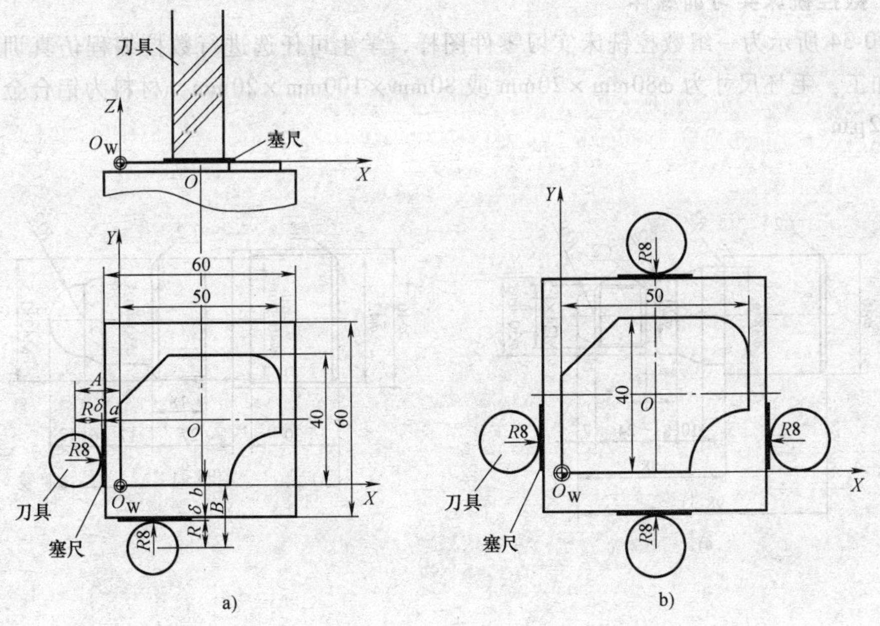

图 10-32　方料对刀方法

方法二：

1）X 轴对刀。找出工件的中心 X 向在机床坐标系下的位置 X_0，如图 10-32b 所示，在手轮方式下使刀具置于工件的左侧，记下此时的机床坐标 $X_{机1}$。再将刀具置于工件右侧，记下此时的机床坐标 $X_{机2}$，$X_0 = (X_{机1} + X_{机2})/2$。

2）Y 轴对刀。找出工件的中心 Y 向在机床坐标系下的位置 Y_0，如图 10-32b 所示，在手轮方式下使刀具置于工件的前侧，记下此时的机床坐标 $Y_{机1}$。再将刀具置于工件的后侧，记下此时的机床坐标 $Y_{机2}$，$Y_0 = (Y_{机1} + Y_{机2})/2$。

3）计算工件坐标系 O_W（X，Y）在机床坐标系下的坐标。

由于工件坐标系 O_W 的 X 向距中心 O 距离为 25mm，Y 向距中心 O 距离为 20mm，刀具半径 $R=8$mm，塞尺厚 $\delta=0.2$mm。因此工件坐标系 X、Y 坐标为：

$X = X_0 + (-25\text{mm})$

$Y = Y_0 + (-20\text{mm})$

4）Z 轴对刀。同方法一。

5）输入 G54。计算出的 O_W（X，Y，Z）分别用“INPUT”输入到 G54 界面中的 X \ Y \ Z 位置上。

内容三　实习训练件

一、数控车床实习训练件

如图 10-33 所示为一组数控车床实习零件图样，学生可任选进行数控编程仿真训练或用数控车床加工。毛坯尺寸为 ϕ50mm × 100mm，材料为铝合金，粗糙度 Ra 为 3.2μm。

二、数控铣床实习训练件

图 10-34 所示为一组数控铣床实习零件图样，学生可任选进行数控编程仿真训练或用数控铣床加工。毛坯尺寸为 ϕ80mm × 20mm 或 80mm × 100mm × 20mm，材料为铝合金，粗糙度 Ra 为 3.2μm。

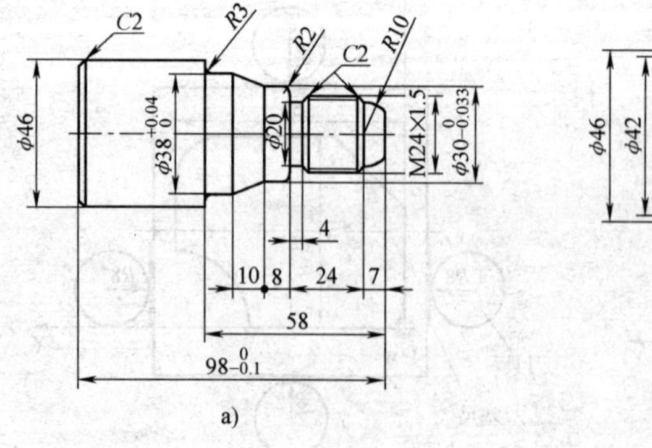

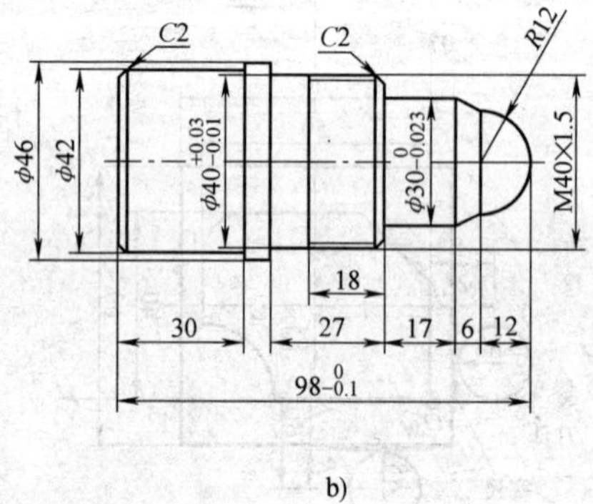

图 10-33　数控车实习训练件

C1
C2
R12
R8
φ46
φ30
M40×1.5
φ35.314
φ37.133
φ14
φ32
4.706
23
18
7
12
20
46
46
98
c)
C1.5
R10
R3
R4
C1.5
φ46
φ27
M30×1.5
5
10
4
24
19
15
98
d)
C2
R16
R2
R4.45
C1.5
C1
M30×1.5
φ38
φ42
φ34
φ29
4×1.5
11
4
20
16
22
10
98
e)
R5
R2
R2
C1
R11
C1.5
φ46
φ30
φ40
M30×1.5
φ34
28
12
15
40
23
5
20
98
f)
C1
C2
R11
φ46
M40×1.5
φ30
7.3
10
22
15
24.6
15.2
8
42
51
98
g)
R12.5
R15.725
R7
C1
C1
C1.5
R38
φ32
φ19
φ36
M30×1.5
φ36
7
8
15
20
4×1.5
4
25
98
h)
C1.5
R5.667
C2
R5
M30×1.5
φ20
φ30
φ46
φ38
φ32
3
4
15
10
9
20
21
35
98
i)
C2
R3
R2
C1.5
SR11
φ46
φ30
φ22
M30×1.5
34
4×1.5
7.8
10.4
7.8
22
10
98
j)

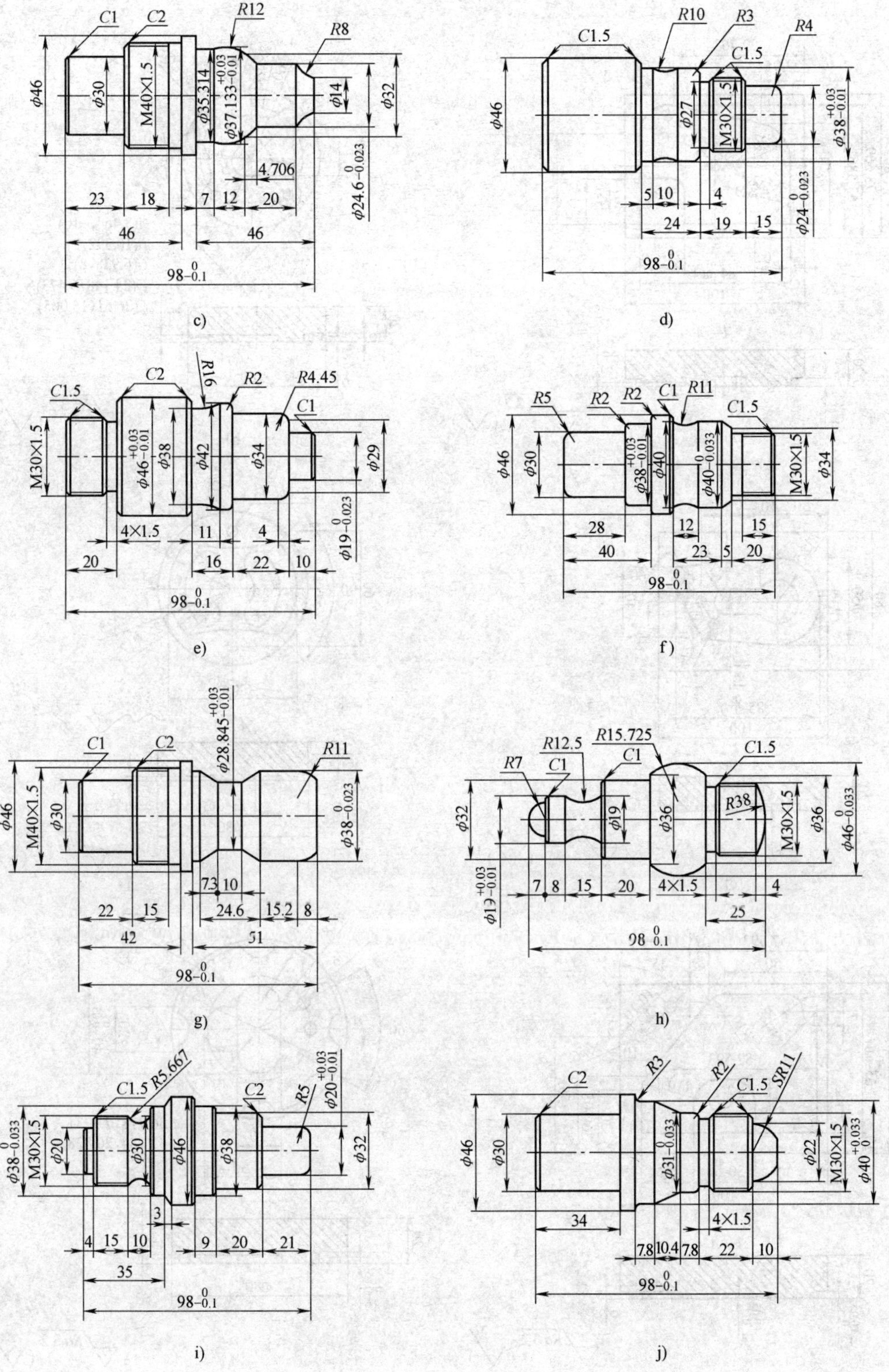

图 10-33　（续）

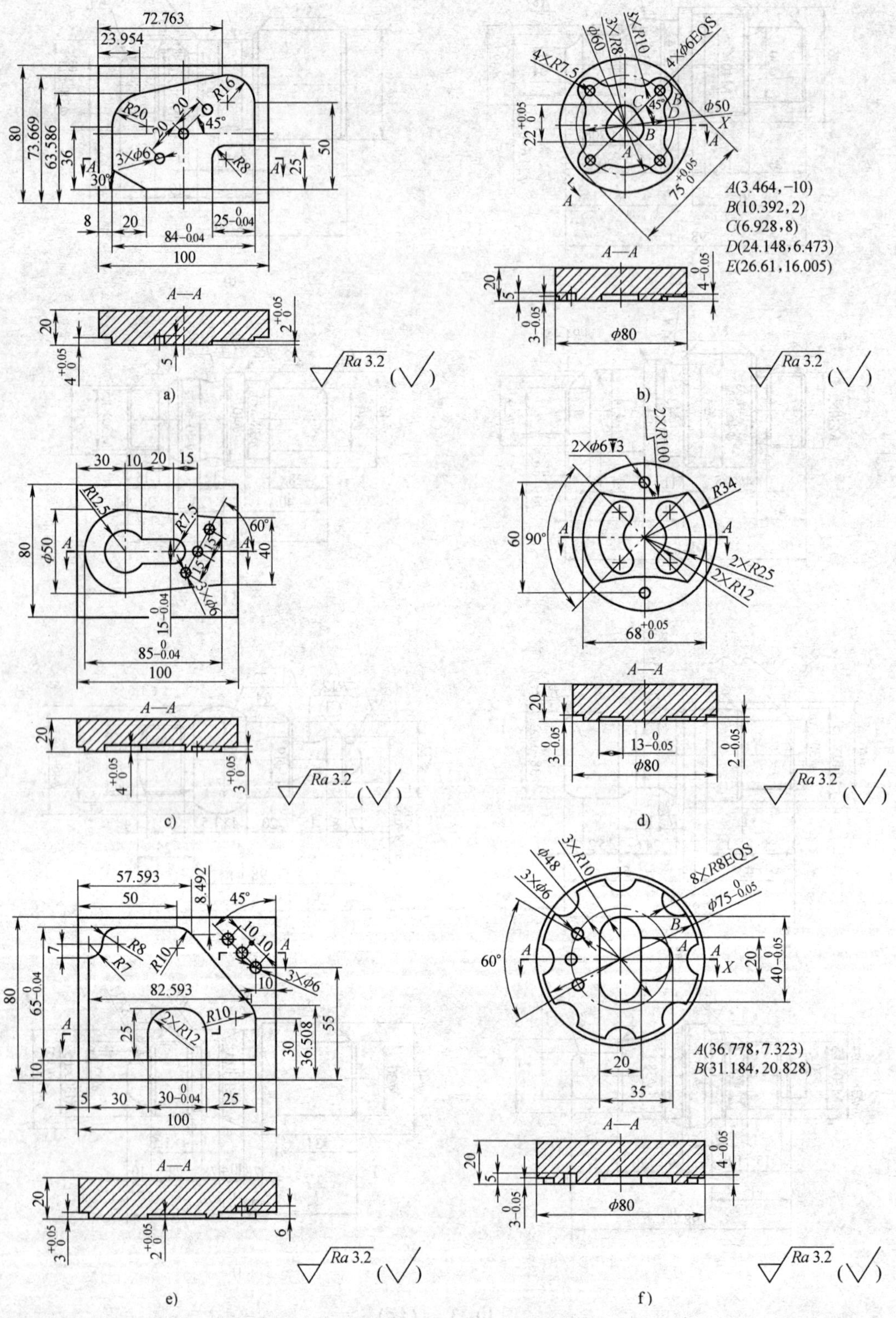

图 10-34 数控铣实习训练件

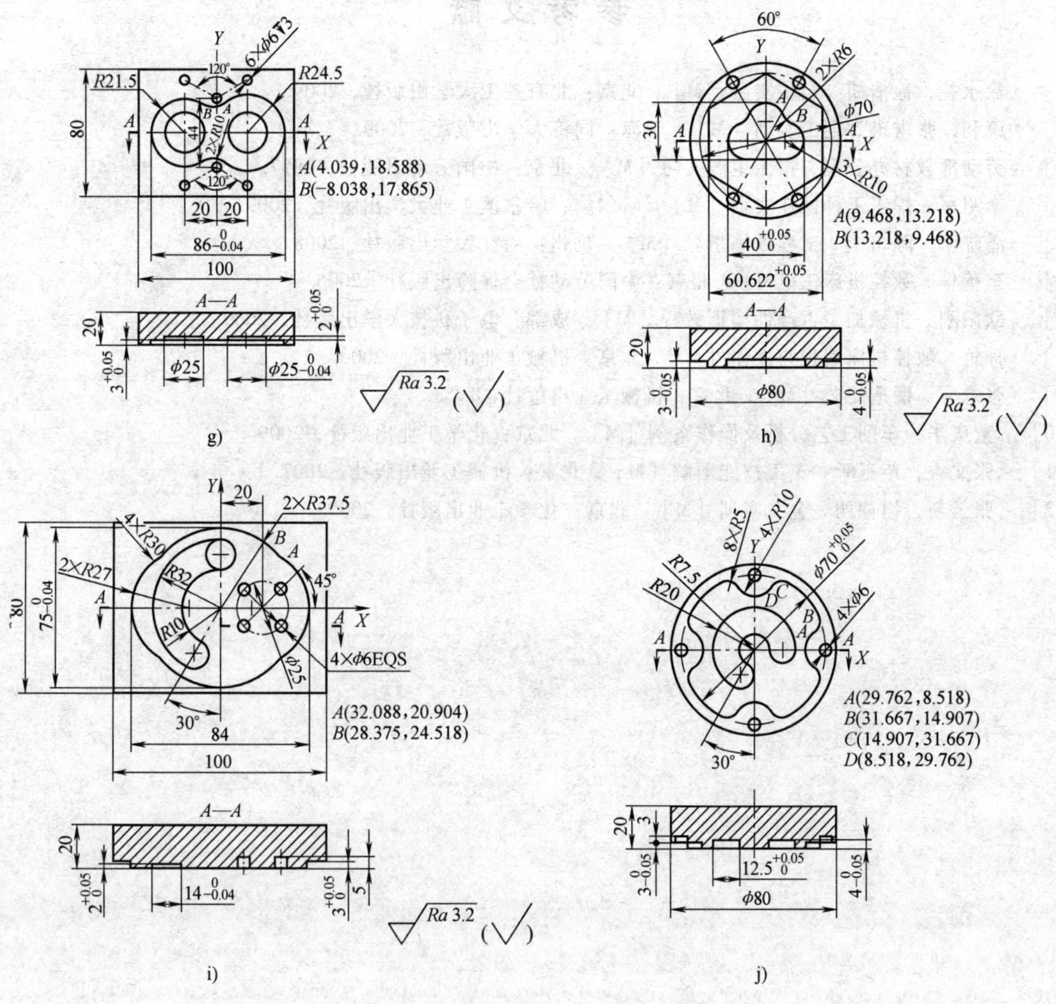

图 10-34　（续）

参考文献

[1] 徐永礼，徐清胡．金工实习［M］．北京：北京理工大学出版社，2009.

[2] 康利，张琳琳．金工实训［M］．上海：同济大学出版社，2009.

[3] 劳动部教材办公室．钳工生产实习［M］．北京：中国劳动出版社，1997.

[4] 李绍军．焊工工种操作实训［M］．哈尔滨：哈尔滨工业大学出版社，2009.

[5] 潘晓弘，陈培里．工程训练指导［M］．杭州：浙江大学出版社，2008.

[6] 李蓓华．数控机床工［M］．北京：中国劳动社会保障出版社，2006.

[7] 欧阳刚．机械加工生产性实训教程［M］．成都：电子科技大学出版社，2009.

[8] 孙竹．数控机床编程与操作［M］．北京：机械工业出版社，2000.

[9] 张志文．锻造工艺［M］．北京：机械工业出版社，1983.

[10] 董庆华．车削工艺分析及操作案例［M］．北京：化学工业出版社，2009.

[11] 张文香，芦玉昕．车工技能图解［M］．北京：机械工业出版社，2007.

[12] 张云新，钮德明．金工实训［M］．北京：化学工业出版社，2005.